全国中等职业技术学校冶金专业教材

转炉炼钢工艺及设备

人力资源和社会保障部教材办公室组织编写

中国劳动社会保障出版社

图书在版编目(CIP)数据

转炉炼钢工艺及设备/人力资源和社会保障部教材办公室组织编写. —北京：中国劳动社会保障出版社，2009

全国中等职业技术学校冶金专业教材

ISBN 978-7-5045-7656-9

Ⅰ. 转…　Ⅱ. 人…　Ⅲ. 转炉炼钢-专业学校-教材　Ⅳ. TF71

中国版本图书馆 CIP 数据核字(2009)第 126801 号

中国劳动社会保障出版社出版发行

（北京市惠新东街 1 号　邮政编码：100029）

出 版 人：张梦欣

*

北京隆昌伟业印刷有限公司印刷装订　新华书店经销

787 毫米×1092 毫米　16 开本　12.25 印张　290 千字

2009 年 8 月第 1 版　2021 年 9 月第 6 次印刷

定价：21.00 元

读者服务部电话：（010）64929211/84209101/64921644

营销中心电话：（010）64962347

出版社网址：http://www.class.com.cn

http://jg.class.com.cn

前　言

冶金工业是国民经济发展的重要基础工业。随着我国国民经济的高速发展，我国钢铁产量逐年增加，冶金工业现代化水平也不断提高。冶金企业对技术工人的知识水平和技能水平以及相关的职业教育和职业培训提出了更高、更新的要求。为更好地适应行业发展、满足中等职业技术学校的教学需求，我们根据原劳动和社会保障部培训就业司颁发的《冶金专业教学计划与教学大纲(2008)》，组织全国有关学校的一线教师及行业专家，编写了这套冶金专业教材。

在教材开发工作中，我们力求突出以下几个方面的特色：

第一，根据中等职业技术学校冶金专业学生就业岗位的实际需求，合理安排知识点和技能点，以“够用”“实用”为标准，摒弃“繁难偏旧”的理论知识，同时，注重工作能力的培养，满足企业对技能型人才的需求。

第二，在内容安排上，尽可能多地引入新知识、新技术、新设备和新材料等方面的内容，淘汰陈旧过时的技术，反映行业发展趋势。同时，在教材编写过程中，严格执行国家相关技术标准的要求。

第三，在结构和表达方式方面，强调由浅入深、循序渐进，使用图片、实物照片、表格等多种表现形式，更加生动、直观地讲解相关知识和技能，提高学生的学习兴趣，力求使教材做到易教易学。

本次开发的教材涉及“炼铁”“炼钢”和“轧钢”三个专业方向，包括《冶金概论》《热工常识》《冶金仪表》《炼铁工艺》《炼铁设备》《炼钢原理》《转炉炼钢工艺及设备》《连铸设备及工艺》《轧钢原理》《轧钢机械设备》《型钢生产工艺》《热轧板带钢生产工艺》《冷轧板带钢生产工艺》。

本套教材可供中等职业技术学校冶金专业使用，也可作为职业培训教材。

本套教材的编写工作得到了辽宁、河北、江苏等省人力资源社会保障（劳动保障）厅及有关学校的大力支持，在此，我们表示诚挚的谢意。

人力资源和社会保障部教材办公室

2009年6月

内 容 简 介

本教材从原材料、操作工艺、基本原理、常用设备等方面，介绍了转炉炼钢的相关知识，主要内容包括：氧气转炉炼钢用原材料、氧气顶吹转炉炼钢工艺操作、高磷铁水的吹炼、氧气转炉炼钢炉衬与转炉炉衬使用寿命、氧气顶底复吹转炉炼钢法、氧气顶吹转炉炼钢设备、铁水炉外处理。

本教材针对中等职业技术学校学生的认知特点和职业需求，深入浅出地讲解了其应知、应会的教学内容，教材中还穿插了“生产小提示”“知识链接”等小栏目，帮助学生理解和掌握相关知识。

本教材由张晓兰主编，吴颖、张璨参加编写；杨金审稿。

《转炉炼钢工艺及设备》参考学时

教学内容	学时
绪论	2
第一章　氧气转炉炼钢用原材料	10
第二章　氧气顶吹转炉炼钢工艺操作	96
第三章　高磷铁水的吹炼	4
第四章　氧气转炉炼钢炉衬与转炉炉衬使用寿命	20
第五章　氧气顶底复吹转炉炼钢法	14
第六章　氧气顶吹转炉炼钢设备	34
第七章　铁水炉外处理	20
总　计	200

目 录

绪　　论

一、炼钢的基本任务

1. 钢与铁的区别

生铁和钢都是铁与碳的合金，二者通常以碳含量的多少来划分，见表0—1。

表0—1　　生铁和钢的划分

材料	含碳量 w_C/%	熔点/℃	特性
生铁	2.0～4.5	1 100～1 200	脆而硬，无韧性，不能锻、轧，铸造性能好
钢	<2.0（工业上实际用钢的含碳量多小于1.4%）	1 450～1 500	强度高，塑性、韧性好，可以锻、轧、铸

生铁和钢在性能上有很大的不同，其性能比较见表0—2。

表0—2　　生铁和钢的性能比较

材料	力学性能	冷热加工性能	焊接性能	铸造性能	刚性	耐腐蚀性能	熔化温度/℃
生铁	差	差	差	好	好	较好	1 100～1 150
钢	好	好	好	差	差	较差	1 450～1 530

生铁与钢在性能方面有很大差别的根本原因是它们的化学成分不同，见表0—3。

表0—3　　生铁和钢的化学成分

材料	化学成分 w/%				
	C	Si	Mn	P	S
普通炼钢生铁	3.5～4.5	0.6～1.6	0.20～0.80	0.1～0.4	0.03～0.07
碳素镇静钢	0.06～1.5	0.12～0.37	0.25～0.80	≤0.045	≤0.045
沸腾钢	0.05～0.27	≤0.07	0.25～0.70	≤0.045	≤0.045

钢不仅强度高、韧性好，而且容易加工和焊接。可以进行拉、压、轧、冲、拔等深加工，因此，钢比生铁的用途广泛，在金属材料的用量中约占85%以上。在国民经济中，钢铁的需求量是相当大的。

2. 炼钢的基本任务

炼钢的基本任务是：利用当前主要炼钢方法，在造好渣的前提下，进行脱碳、脱磷、脱硫、升温以及脱氧和合金化、去除有害气体、去除非金属夹杂等过程。

二、炼钢方法分类

炼钢方法可分为平炉炼钢法、电弧炉炼钢法和转炉炼钢法三种。其中氧气转炉炼钢法是目前国内外主要的炼钢方法。

1. 平炉炼钢法

1879 年碱性平炉投入生产，100 多年来平炉炼钢法一直是主要的炼钢方法，对炼钢生产和科学技术的发展起着巨大的作用。平炉炼钢法对原料适应性强、冶炼品种广、钢质量比较好、冶炼过程容易控制。虽然平炉冶炼工艺和设备不断革新和改进，但随着氧气转炉炼钢法的迅速发展，平炉炼钢法的缺点明显突出，主要表现为冶炼周期长、生产效率低、基建投资大、冶炼品种少等，已无法与氧气转炉炼钢法相竞争，因此，现已被氧气转炉炼钢法所取代。

2. 电弧炉炼钢法

19 世纪后半期，继平炉炼钢法、转炉炼钢法出现后，电炉炼钢法也诞生了。电炉炼钢法包括电弧炉炼钢法、感应电炉炼钢法和电渣炉炼钢法。但通常所说的电炉炼钢法则指电弧炉炼钢法。

电弧炉炼钢法最初主要用于生产工具钢，也用于冶炼高合金钢、不锈钢及其他高质量钢，后来又扩大到生产低合金钢，现在电弧炉不但用于生产合金钢，同时也用于生产碳素钢。

3. 转炉炼钢法

转炉炼钢法分为空气转炉炼钢法和氧气转炉炼钢法两大类。氧气转炉炼钢法是目前国内外最主要的炼钢方法。氧气转炉炼钢法自 20 世纪 50 年代初问世以来，在世界各国得到了广泛的应用，技术不断进步，设备不断改进，工艺不断完善。从顶吹、底吹、侧吹发展到顶底复合吹炼，氧气转炉炼钢的飞速发展使炼钢生产进入了一个崭新的阶段，钢产量不断提高，钢的品种不断增加。转炉吹炼示意图如图 0—1 所示，转炉炼钢的主要设备和工艺流程如图 0—2 所示。

3 种常见炼钢方法的比较见表 0—4。

表 0—4　　3 种常见炼钢方法的比较

平炉炼钢法	电弧炉炼钢法	转炉炼钢法
将金属料、熔剂、氧化剂等装入炉内，利用高炉、焦炉煤气、天然气和重油等作为燃料进行燃烧提供冶炼过程所需的热量，通过氧化反应将炉料中有害元素从钢液中分离出来，使之进入炉渣，以达到冶炼成钢的目的	以电能为热源，利用电极与炉料间产生的电弧的高温来加热和熔化炉料，并经过脱磷、脱碳、熔池沸腾去除钢液中的气体和夹杂物，最终冶炼出钢水	以铁水为主要原料，吹入氧气来氧化铁水中的元素及杂质，并利用铁水中各元素氧化时的化学热及铁水物理热作为热源，将一定成分的铁水炼成合格温度及成分的钢液

三、氧气转炉炼钢的发展史

早在 1856 年贝塞麦就曾指出利用纯氧炼钢的可能性，但这种方法因制氧技术及设备未能获得较经济的解决办法而未能用于大生产。第二次世界大战后，随着从空气中分离氧气技术的成功，即通过分离空气中的氧和氮可提供大量廉价的氧气，为发展氧气炼钢创造了条件。

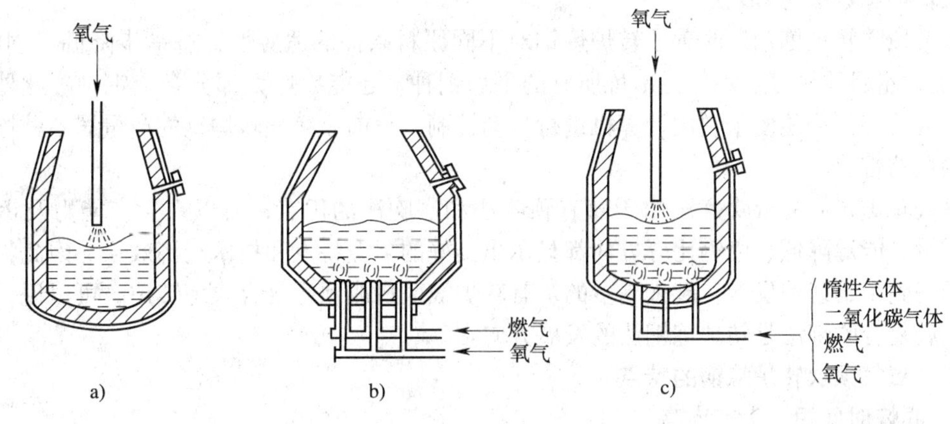

图 0—1　转炉吹炼示意图

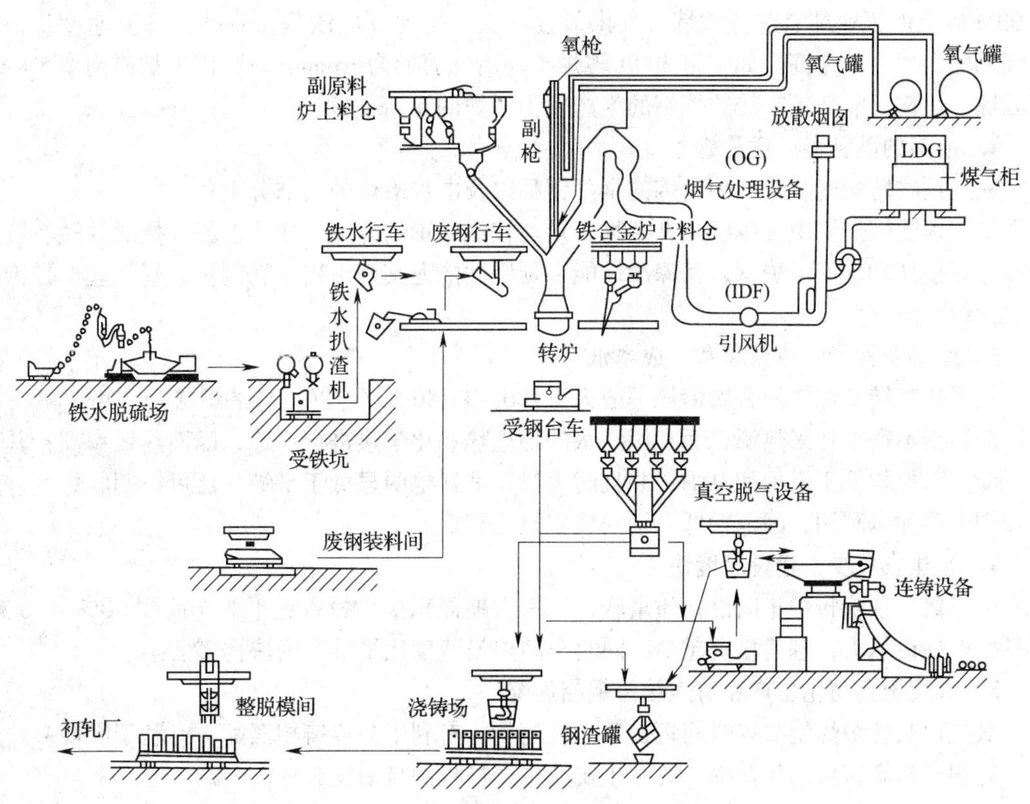

图 0—2　转炉炼钢的主要设备和工艺流程

1948 年德国人杜雷尔改进了使用纯氧的吹炼方法，采用水冷氧气喷管，从转炉炉口伸入炉内，在熔池上方供氧进行吹炼，经过不断试验与改进后，形成了氧气顶吹转炉的雏形。奥地利钢铁公司根据杜雷尔的实际，先后经过 2 t、10 t、15 t 氧气顶吹转炉炼钢的工业性试验，取得了丰富的经验。于是在 1950 年和 1951 年先后在林茨和多那维茨两地兴建 30 t 氧气顶吹转炉车间，并于 1951 年和 1953 年相继投产。由于氧气顶吹转炉炼钢首先在林茨和多那维茨投产，所以取这两个城市名称的第一个字母 L－D 作为氧气顶吹转炉炼钢法的代称，即称氧气顶吹转炉炼钢法为LD法。

氧气顶吹转炉炼钢法改善了转炉炼钢对不同原料条件的适应性，进一步降低了钢中N、P、O的含量且质量好。不但能冶炼所有的平炉钢种，还能冶炼大部分合金钢种。此外，氧气顶吹转炉炼钢法还便于利用计算机进行自动控制。目前，氧气转炉钢的产量居各种炼钢方法产钢量的首位。

氧气转炉顶底复合吹炼法由于兼有顶吹法和底吹法的优点，所以在生产能力及钢的品种、质量、能源降低、废钢比等方面都显示出良好的冶金特点和技术经济效果。因此，在世界各国得到了迅速的发展，越来越多的现有转炉被改造成顶底复合吹炼转炉。可以说，氧气转炉顶底复合吹炼法是转炉炼钢法的发展方向。

四、氧气顶吹转炉炼钢的特点

1. 吹炼时间短、生产率高

氧气顶吹转炉采用热装铁水做原材料，因而装料速度快。在整个冶炼过程中采用氧含量为99%以上的工业纯氧进行吹炼，其供氧强度大，熔池反应激烈，脱碳、升温速度快，冶炼周期短，生产效率高。如宝钢300 t转炉平均冶炼周期为36 min/炉，而平炉则需要5～6 h才能炼一炉钢。氧气顶吹转炉炼钢的生产率为平炉的6～8倍。

2. 冶炼的品种多、质量好

氧气顶吹转炉能吹炼平炉冶炼的全部钢种以及电炉冶炼的大部分钢种。

氧气顶吹转炉钢中气体以及夹杂物含量均较低，钢的冷加工变形性能、抗时效性、抗脆断性、焊接性均优于平炉钢，其深冲性能和延展性能尤其好，用于轧制板、管、丝、带钢材更为优越。

3. 原料消耗少、热效率高、成本低

氧气顶吹转炉炼钢的金属消耗一般为1 100～1 140 kg/吨钢，与平炉接近。由于氧气顶吹转炉炼钢不需要外来热源，而利用铁水的物理热和化学热进行冶炼，因而热效率高；其燃料、动力消耗均低于平炉和电炉，并且耐火材料消耗也明显低于平炉，还可以回收煤气、蒸汽和烟尘并加以利用，因消耗低，钢的成本也比较低。

4. 基建投资少、建设速度快

由于氧气顶吹转炉车间设备质量轻，厂房占地面积少，投资比平炉车间少30%～40%。而且生产规模越大，基建投资越少，同时车间建设速度比平炉车间快得多。

5. 有利于自动化生产和与连续铸钢相匹配

氧气顶吹转炉炼钢吹炼时间短，且比较均衡，有利于与连铸相匹配，有利于实现多炉连浇，有利于提高铸机的作业率，有利于实现生产过程的自动化。

第一章

氧气转炉炼钢用原材料

原材料是炼钢的基础。大量生产实践证明：采用精料以及原料标准化是实现氧气转炉炼钢过程自动化和提高各项技术经济指标的先决条件。

保证原材料的质量不仅指化学成分和物理性质应该符合技术要求，而且还要使连续供应的原材料的化学成分和物理性质保持相对稳定。必要时应该对入炉原材料进行预处理，以便提高其质量。

氧气转炉炼钢用原材料可分为金属料和非金属料两大类。金属料主要是指铁水、废钢和铁合金；非金属料主要是指造渣材料、氧化剂、冷却剂和增碳剂等。

第一节　金　属　料

一、铁水

铁水是氧气转炉炼钢的主要金属料，一般占炉内金属装入量的70%～100%。铁水的物理热和化学热是氧气转炉炼钢的基本热源。铁水的化学成分和温度是否合适和稳定对于简化和稳定转炉炼钢操作十分重要。

1. 铁水化学成分

氧气转炉炼钢对铁水的适应性较强，可以将各种成分的铁水吹炼成钢。铁水成分直接影响炼钢炉内的温度、化渣和钢水质量。因此，要求铁水成分要符合技术要求，并力求稳定。国家标准规定的炼钢用生铁化学成分见表1—1。

表1—1　　国家标准规定的炼钢用生铁化学成分

铁种			炼钢用生铁		
铁号	牌号		炼04	炼08	炼10
	代号		L04	L08	L10
化学成分 w/%	C		≥3.50		
	Si		≤0.45	>0.45～0.85	>0.85～1.25
	Mn	一组	≤0.30		
		二组	>0.30～0.50		
		三组	>0.50		
	P	一组	≤0.15		
		二组	>0.15～0.25		
		三组	>0.25～0.40		

续表

<table>
<tr><td colspan="3">铁种</td><td colspan="3">炼钢用生铁</td></tr>
<tr><td rowspan="2">铁号</td><td colspan="2">牌号</td><td>炼 04</td><td>炼 08</td><td>炼 10</td></tr>
<tr><td colspan="2">代号</td><td>L04</td><td>L08</td><td>L10</td></tr>
<tr><td rowspan="4">化学成分 w/%</td><td rowspan="4">S</td><td>特类</td><td colspan="3">≤0.02</td></tr>
<tr><td>一类</td><td colspan="3">>0.02 ~ 0.03</td></tr>
<tr><td>二类</td><td colspan="3">>0.03 ~ 0.05</td></tr>
<tr><td>三类</td><td colspan="3">>0.05 ~ 0.07</td></tr>
</table>

(1) 碳（C）

碳是铁水中除铁之外含量最多的元素。铁水中碳的质量分数一般在 4.00% 左右（本书如无特指均为质量分数）。碳的氧化不仅为氧气转炉炼钢提供吹炼过程所需要的大量热能，同时碳氧化后产生的 CO 气体在上升逸出时能强烈搅拌熔池，对净化钢液十分重要。

(2) 硅（Si）

硅是氧气转炉炼钢重要的发热元素之一。硅的氧化物（SiO_2）是炉渣的主要酸性成分。铁水含硅量高，可增加热量来源，提高废钢比，降低炼钢成本。根据热平衡计算可知，铁水中含硅量每增加 0.1%，废钢比则可增加 1.3% ~ 1.5%。由于铁水中含硅量的增加，渣量也随之增大，对去除硫、磷有一定好处。但是，如果铁水含硅量过高，则会给吹炼带来以下不良后果。

1）增加渣料的消耗，渣量增大，容易引起喷溅。铁水中含硅量每增加 0.1%，吹炼1 t 铁水将增加 2 kg 多的 SiO_2，同时需多加 6 kg 的石灰造渣。根据某些厂生产实践统计，当铁水含硅量为 0.55% ~ 0.65% 时，渣量占装入量的 12%。如果铁水含硅量增加到 0.95% ~ 1.05%，渣量则增加到装入量的 15%。生产实践表明，过多的渣量容易引起喷溅，对去除硫、磷十分不利。

2）加剧对炉衬的侵蚀。铁水含硅量过高，初期渣中（SiO_2）含量明显增加，使炉渣碱度降低，增加对碱性炉衬的侵蚀，不利于炉龄的提高。

3）渣中（SiO_2）含量高，影响成渣速度。渣中（SiO_2）含量高会使渣中（FeO）、（MnO）含量相应降低，并在石灰块的表面容易生成 $2CaO \cdot SiO_2$，造成石灰溶解困难，不利于早期去磷，延长了冶炼时间，使吹损增加。

铁水含硅量也不能过低，否则会造成热量不足，使石灰溶解困难。而且渣量过少不仅不利于硫、磷的去除，同时也不足以覆盖金属液而容易引起金属喷溅，降低金属收得率。国内生产实践表明，铁水含硅量一般在 0.5% ~ 0.8% 较为合适。

(3) 锰（Mn）

元素锰是弱发热元素，它不是氧气转炉炼钢的主要热量来源。铁水中含有一定数量的锰，可在吹炼中形成适量的 MnO，有利于改善炉渣的形成，化渣速度明显加快；有利于去除硫；有利于减轻氧枪粘钢现象；萤石用量明显减少，有利于炉衬使用寿命的提高；同时还可提高金属收得率，提高终点钢液中残余锰量，减少锰铁的消耗，降低成本。

我国锰矿资源不多，因此，对转炉用铁水的锰含量未做强行规定。当前使用较多的是低锰铁水，一般铁水中 $w_{Mn}=0.2\%\sim0.4\%$。

(4) 磷 (P)

磷是强发热元素，一般来讲是炼钢过程中要去除的有害元素，所以铁水中含磷量越低越好。氧气转炉在吹炼过程中去磷效果可以达到85%～95%。铁水含磷量低于0.5%，氧气转炉炼钢的去磷任务并不难完成。但如果铁水含磷量偏高，则应采用双渣法或采取其他措施去磷。

应当指出，高炉内不能去磷，高炉铁水含磷量主要取决于铁矿石的条件。因此，只能要求铁水含磷量相对稳定。

铁水中的磷来源于铁矿石，根据磷含量的多少铁水可以分为以下三类。

1) $w_P<0.3\%$ 为低磷铁水。

2) $w_P=0.3\%\sim1.0\%$ 为中磷铁水。

3) $w_P>1.0\%$ 为高磷铁水。

(5) 硫 (S)

一般来讲，硫也是炼钢过程中要去除的有害元素。由于氧气转炉炼钢去硫效率不高，一般只有35%～40%，最高也仅为50%左右。所以铁水中含硫量越低越好，一般要求铁水中含硫量应低于0.02%，有的甚至要求更低些，为此必须对铁水进行预处理。

2. 铁水温度

氧气转炉炼钢的热量来源主要是铁水的物理热和化学热。铁水入炉温度的高低意味着带入物理热量的多少。为保证氧气转炉吹炼顺利进行，我国规定铁水入炉温度应高于1 250℃，并且稳定。这样有利于迅速成渣、操作热行，使C－O反应均衡，减少喷溅。

3. 铁水带渣量

铁水带来的高炉渣中S、SiO_2含量均较高，若随铁水进入转炉会导致石灰消耗量增多、渣量增大、喷溅加剧、炉衬损坏、金属收得率降低、热量损失等。为此铁水在入转炉之前应扒渣。铁水带渣量要求低于0.5%。

目前，各钢铁企业对铁水的带渣量规定不一，一般规定1 000 m^3 以上的高炉所产铁水带渣量不大于0.8%，1 000 m^3 以下的高炉所产铁水带渣量不大于1.2%。

总之，氧气转炉炼钢所用铁水的化学成分和温度应保持相对稳定，尽量不带渣或少带渣，保证氧气转炉吹炼顺利进行。

二、废钢

废钢是氧气顶吹转炉炼钢的主原料之一，也是常用的冷却剂。一般允许废钢的装入数量不超过金属料装入量的30%。

1. 废钢主要来源

- 废钢
  - 本厂废钢
    - 返回料（废钢锭、轧钢切头等）
    - 回收料（加工废料、报废设备等）
  - 外购废钢
    - 加工工业的废料（机械、造船、汽车等行业的废钢，削等的断屑等）
    - 钢铁制品报废件（船舶、车辆、机械设备、土建材料等）

因废钢来源不同，其质量也各不相同。废钢质量对钢的质量、炼钢成本、劳动生产率等各项技术经济指标有很大影响，因此，必须加强废钢的管理工作。

2. 对入炉废钢的要求

（1）合金废钢应按其所含合金元素的不同分类存放，避免不同合金元素的废钢混杂在一起，使贵重合金元素损失或误带入钢中造成冶炼废品。

（2）废钢应尽量清洁干燥，无泥沙、油污。

（3）不得混有密闭容器、易燃物、爆炸物和有毒物质，以确保安全生产。

（4）废钢中不得混有铅、锡、锌、铜等有色金属。因为铅的密度大，熔点低，不溶于钢液，容易沉积于炉底缝隙中造成漏钢事故。锡、铜易引起钢的热脆，降低成品钢的力学性能。锌易挥发，氧化后生成氧化锌易造成冶炼废品。

（5）废钢的块度应小于炉口直径的1/2，否则入炉困难；废钢的单重不能太重，否则在整个吹炼时间内不能完全熔化，容易引起出钢时钢液量波动及温度与成分不均匀；如果入炉废钢是轻薄废钢，则会因其体积过大而高出熔池液面很多，造成送氧点火困难。因此，轻薄废钢入炉前应进行机械打包，使其尺寸及物理状态符合入炉要求。

生产小提示

1）配料时，应根据炼钢要求合理搭配使用各种废钢铁。

2）对于一时难以确认的有色金属可以先行挑出，待确认后再处理。

3）对挑出的密闭容器及爆炸物要及时进行慎重处理，不可挑出后再乱丢乱放，以免重新混入。

三、铁合金

氧气转炉在吹炼到终点时，为了除去钢液中多余的氧，并使其化学成分及质量符合所炼钢种的要求，必须向钢液中加入一定数量的铁合金，以达到脱氧合金化的目的。氧气转炉炼钢生产中广泛使用各种元素和铁的合金。

氧气转炉炼钢常用的各种铁合金的化学成分见表1—2。

表1—2　　氧气转炉炼钢常用的各种铁合金的化学成分

铁合金 \ 成分 w/%		C	Mn	Si	P	S	其他	备注
高碳锰铁	FeMn78	8.0	75.0～80.0	<2.5	<2.5	<0.03		1）电炉锰铁 2) GB/T 3795—1996
	FeMn68	7.0	65.0～72.0	<1.5	<2.0	<0.03		
中碳锰铁	FeMn78	2.0	75.0～82.0	<1.5	<0.20	<0.03		
	FeMn82	1.0	78.0～85.0	<1.5	<0.20	<0.03		
低碳锰铁	FeMn84	0.7	80.0～87.0	<1.0	<2.0	<0.02		
	FeMn88	0.2	85.0～92.0	<1.0	<1.0	<0.02		
硅铁	FeSi75A	0.1	<0.4	74.0～80.0	<0.035	<0.03		GB 2272—87
	FeSi75B	0.1	<0.4	74.0～80.0	<0.04	<0.02		
	FeSi75C	0.2	<0.5	72.0～80.0	<0.04	<0.02		
硅钙合金	Ca28Si6	0.8	Al<2.4	55～65	<0.04	0.06	$w_{Ca}>28$	YB/T 5051—93

续表

铁合金 \ 成分 w/%		C	Mn	Si	P	S	其他	备注
锰硅合金	FeMn68Si22	1. 2	65. 0 ~ 72. 0	20. 0 ~ 23. 0	0. 10	0. 04		GB/T 4008—1996
	FeMn64Si18	2. 5	60. 0 ~ 67. 0	14. 0 ~ 17. 0	0. 20	0. 05		
铬铁	FeCr69	0. 03		<1. 0	<0. 03	0. 025	$w_{Cr}=63.0\sim75.0$	GB 5683—87
	FeCr69	1. 0		<1. 5	<0. 03	0. 025	$w_{Cr}=63.0\sim75.0$	
	FeCr67	9. 5		<3. 0	<0. 03	0. 04	$w_{Cr}=62.0\sim72.0$	
钒铁	FeV40A	0. 75		<2. 0	<0. 10	0. 06	$w_V>40.0$；$w_{Al}<1.0$	GB 4139—87
	FeV75B	0. 30	<0. 50	<2. 0	<0. 10	<0. 05	$w_V>75.0$；$w_{Al}<3.0$	
钛铁	FeTi30A	0. 10	<2. 5	<4. 5	<0. 05	<0. 03	$w_{Al}<8.0$；$w_{Mo}<2.5$	1）GB 3282—87 2）$w_{Cu}<0.40$
	FeTi30B	0. 15		<5. 0	<0. 06	<0. 04	$w_{Al}<8.5$	
	FeTi40A	0. 10		<3. 0	<0. 03	<0. 03	$w_{Al}<9.0$	
	FeTi40B	0. 15		<4. 0	<0. 04	<0. 04	$w_{Al}<9.5$	
钼铁	FeMo55	0. 20		<2. 0	<0. 08	<0. 10	$w_{Sb,Sn}<0.05$；$w_{Cu}<0.5$	GB 3649—87
	FeMo60	0. 15		<1. 0	<0. 05	<0. 10	$w_{Sb,Sn}<0.04$；$w_{Cu}<0.5$	
硼铁	FeB23	0. 05		<2. 0	<0. 015	0. 10	$w_B=20.0\sim25.0$；$w_{Al}<3.0$；$w_{Cu}<0.05$	GB/T 5682—1995
	FeB16	1. 0		<4. 0	<0. 2	<0. 10	$w_B=15.0\sim17.0$；$w_{Al}<0.5$	
稀土硅铁合金	FeSiRE29		<3. 0	<42. 0			$w_{RE}=27.0\sim30.0$；$w_{Ca}<5.0$；$w_{Ti}<3.0$	GB/T 4137—1993
	FeSiRE38			<38. 0			$w_{RE}=36.0\sim39.0$；$w_{Ca}<5.0$；$w_{Ti}<3.0$	
	FeSiRE41			<37. 0			$w_{RE}=39.0\sim42.0$；$w_{Ca}<5.0$；$w_{Ti}<3.0$	
铌铁	FeNb70		<0. 30	<1. 5	0. 04	0. 03	$w_{Nb+Ta}=70\sim80$；$w_{Ta}<0.8$；$w_{Al}<3.8$；$w_{Ti}<0.3$；$w_{Cu}<0.3$；$w_W<0.3$	GB 7737—87
	FeNb60A			<0. 4	<0. 02	<0. 02	$w_{Nb+Ta}=60\sim70$；$w_{Ta}<0.5$；$w_W<0.20$，$w_{Ti}<0.20$	
	FeNb50A			<1. 2	<0. 05	<0. 03	$w_{Nb+Ta}=50\sim60$；$w_{Ta}<0.8$；$w_{Cu}<0.3$，$w_{Ti}<0.3$	

续表

铁合金 \ 成分 w/%		C	Mn	Si	P	S	其他	备注
钼铁	FeMo70	<0.10		<1.5	0.05	0.10	w_{Mo} =65.0 ~ 75.0；w_{Cu} <0.50	GB 3694—87
	FeMo60	<0.15		<2.0			w_{Mo} ≥60.0；w_{Cu} <0.50	
磷铁	FeP24	<1.0	<2.0	<3.0	23.0 ~ 25.0	<0.5		GB 3210—82
	FeP21	<1.0	<2.0	<3.0	21.0 ~ 23.0	<0.5		
磷铁	FeP18	<1.0	<2.5	<3.0	17.0 ~ 20.0	<0.5		
	FeP16	<1.0	<2.5	<3.0	15.0 ~ 17.0	<0.5		
硅钡铝合金	FeAl34Ba6Si20	<0.20	<0.30	<0.20	<0.30	<0.02	w_{Ba} >6.0；w_{Al} >34.0	YB/T 066—1995
	FeAl26Ba9Si30			>30.0			w_{Ba} >9.0；w_{Al} >26.0	
	FeAl12Ba15Si40			>40.0	<0.04	<0.03	w_{Ba} >15.0；w_{Al} >12.0	
硅钙钡合金	Fe16Ba9Ca12Si30	<0.40	<0.40	>30.0	<0.04	<0.02	w_{Ca} >12.0；w_{Ba} >9.0；w_{Al} >16	YB/T 067—1995
	Fe12Ba9Ca9Si35			>35.0			w_{Ca} >9.0；w_{Ba} >9.0；w_{Al} >12.0	
	Fe8Ba12Ca6Si40			>40.0			w_{Ca} >6.0；w_{Ba} >12.0；w_{Al} >8.0	
钒铁	FeV50 - A	<0.40	<0.50	<2.0	<0.07	<0.04	w_V >50.0；w_{Al} <0.5	GB 4139—87
	FeV75 - A	<0.40		<1.0	<0.05		w_V >75.0；w_{Al} <2.0	

铁合金特征及用途见表1—3。

表1—3　　铁合金特征及用途

合金	特征	用途	补充说明
硅铁	呈青灰颜色，断面较疏松且有闪亮光泽	常用的脱氧剂和合金化剂	含硅50% ~60%左右的硅铁极易粉化，一般不使用
锰铁	表面颜色很深，近似于黑褐色，具有混合色彩（如紫色、淡红色、黄色），断面呈灰白色	用于合金化，也是脱氧剂	前述特征是锰铁区别于其他合金的重要标志
钼铁	表面为灰褐色，断口结晶细小并呈灰白色，密度大，熔点高	作为合金剂加入钢中，细化钢的晶粒组织，提高钢的淬透性、硬度和耐磨性	使用时块度不宜过大
钒铁	外观形态和锰铁（特别是低碳锰铁）、钼铁相似，断口无明显差异，只是色泽和易脆断程度有所不同	用于钢的合金化。也是一种很好的脱氧剂，但因其价格昂贵，通常不作为脱氧剂使用	使用时应严格与锰铁、钼铁加以区别，以免误用造成冶炼废品

续表

合金	特征	用途	补充说明
钛铁	断口组织细小，颜色为金黄色	用于钢的合金化，是一种强脱氧剂，因价格昂贵，所以只用于合金化	特征与其他铁合金较为不同
硼铁	硼极易与氧和氮结合	作为含硼的合金元素加入钢中，用于含硼钢的合金化	加入前应先充分脱除钢中的氧和氮。硼铁需经低温烘烤，须以块状加入
钨铁	密度大，熔点高。钨铁外观为铁青颜色	主要用在炼钢，作为钨元素的合金添加剂，用于高速工具钢、含钨钢的合金化	特征明显，比较容易分辨
铌铁	熔点较高（1 400～16 100℃）	作合金剂使用，主要用于不锈钢、高速工具钢等钢种的合金化	还原条件下加入，应充分预热，而且块度要小
铬铁	通常碳素铬铁呈无规则的块状，低碳铬铁及中碳铬铁呈板状	能改善钢的机械性能和使钢具有特殊的物理化学性能，是钢中重要的合金元素	依据其含碳量不同可分为碳素铬铁和中、低、微碳铬铁
硅锰合金	以硅、锰为主要合金元素的铁合金，外形与高碳铬铁相似	炼钢常用的复合脱氧剂	使用时应注意与高碳铬铁区分
铝	银灰色的轻金属	一种很强的脱氧剂，同时也是耐热合金、电热合金、结构钢等钢种的合金剂	几乎所有的钢种都用铝作终脱氧剂
硅钙合金	复合脱氧剂，与硅铁外形相似，呈银灰色，密度小	其脱氧能力很强，能改善钢的性能，提高钢的塑性、冲击韧性和流动性。可以代替铝进行终脱氧，应用于优质钢、特殊钢生产中	硅钙合金价格较贵，较易烧损，因此，一般只用于终脱氧
稀土合金	呈块状，有金属光泽，坚硬而脆，易粉碎。稀土硅铁合金呈银灰色	可起到脱氧、变性、中和低熔点有害杂质（铅、砷等）、固溶强化的作用。此外，对钢的脆性转变温度、淬透性、耐热不锈钢的高温塑性、耐腐性均有良好影响	

生产小提示

（1）铁合金实物和成分单据要正确对应，不能搞错，否则一旦加错合金品种或者合金成分有误，均会造成钢的成分出格而报废。

（2）铁合金必须按品种、规格、成分分类堆放，保证正确选用，否则拿错（用错）合金也会导致钢种成分出格而报废。

■ 思考题

1. 氧气转炉炼钢所用原材料主要分为哪两类？各包括哪些材料？
2. 氧气转炉炼钢对铁水化学成分和温度都有哪些要求？
3. 对铁水带渣量有什么要求，为什么？
4. 废钢主要来源于哪两个方面？对入炉废钢有什么要求？
5. 铁合金在使用时应注意哪些问题？

第二节　非金属料

氧气转炉炼钢所用非金属料的具体分类如图 1—1 所示。

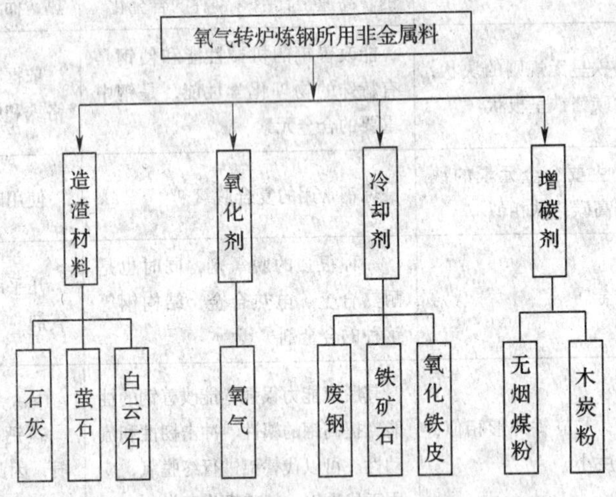

图 1—1　氧气转炉炼钢所用非金属料的具体分类

一、造渣材料

氧气转炉炼钢常用的造渣材料主要是石灰、萤石、白云石等。

1. 石灰

石灰是氧气转炉炼钢的主要造渣材料，其主要成分是 CaO。石灰是由石灰石煅烧而成的。石灰具有相当强的脱磷和脱硫能力，可中和酸性氧化物（SiO_2）而保护炉衬。

生产实践表明，石灰的质量对炼钢工艺操作、钢的质量、金属收得率以及炉衬使用寿命等均有很大影响。因此，对石灰质量应予以足够的重视。

氧气转炉炼钢所用石灰的质量，一般根据其 CaO 含量、杂质含量以及活性度等指标来衡量。由于氧气转炉炼钢具有吹炼周期短、反应速度快等特点，所以要求石灰在造渣过程中尽快溶解，以达到快速成渣的要求。否则未溶解的石灰会使炉渣黏度增大，不利于去除硫、磷等有害杂质。

决定石灰各种性质的主要因素是煅烧温度。

石灰通常由石灰石在竖窑或回转窑内用煤、焦炭、油、煤气煅烧而成。

石灰石在煅烧过程中的分解反应如下：

$$CaCO_3 \xrightarrow{880\sim910℃} CaO + CO_2$$

将石灰石的煅烧温度控制在1 050～1 150℃时，烧成的石灰晶粒细小，气孔率高达50%左右，体积密度小（一般为1.7～2.0 g/cm³），比表面积大（一般为0.5～1.3 m²/g），石灰呈海绵状，这种石灰称为软烧石灰。

生产实践表明，块度适宜的软烧石灰在氧气转炉吹炼过程中溶化快、成渣早且渣量较少，并能提早去除硫、磷等有害杂质，保证工艺操作顺利进行。

若石灰石的煅烧温度过高或煅烧时间过长，所得到的石灰称为过烧石灰。由于石灰过烧，经过再结晶，晶粒粗大、气孔率极低。这种石灰加入炉内熔化反应性差，不利于化渣，去除硫、磷效果差。

若石灰石的煅烧温度过低或煅烧时间过短，所得到的石灰就称为生烧石灰。由于煅烧温度低，石灰的核心部分来不及分解，加入转炉受热后再进行分解，因而延长了化渣时间，使各项技术经济指标受到很大影响。

氧气转炉炼钢对石灰的要求如下：

（1）石灰中 CaO 的含量越高越好，以便提高炉渣的碱度，SiO_2和 S 含量应尽量低。

（2）石灰极易受潮粉化，因此在运输、保管过程中要注意防潮。

（3）入炉石灰的块度应该均匀适中，一般为20～50 mm。

（4）石灰生、过烧率要低，以保证快速成渣。

石灰的具体成分如下：

$w_{CaO} \geqslant 85\%$，$w_{SiO_2} \leqslant 3.0\%$，$w_{MgO} \leqslant 5\%$，$w_{Fe_2O_3+Al_2O_3} \leqslant 3\%$，$w_S \leqslant 0.15\%$，$w_{H_2O} \leqslant 0.3\%$

目前我国氧气转炉炼钢所用石灰的质量存在许多问题，主要是石灰中有效 CaO 含量较低，SiO_2含量较高，有时 S 含量也较高，且生、过烧率较高，块度不均匀。因此，对石灰质量应予以足够的重视。

生产小提示

（1）石灰呈白色，手感较轻（有些手感较重的石灰往往是未烧透的石灰石）。

（2）石灰极易吸水粉化，粉化后的石灰粉末不能再作渣料用。

2. 萤石

萤石是氧气转炉炼钢造渣中普遍采用的助熔剂，其主要成分为CaF_2。萤石熔点低（约930℃），其主要作用是降低炉渣的熔点，提高炉渣的流动性，而不降低炉渣碱度，适合氧气转炉炼钢快速成渣的要求。

萤石化渣作用虽快，但持续时间较短，大量使用萤石会造成严重喷溅，严重侵蚀炉衬，降低炉衬使用寿命。此外，由于萤石资源短缺，价格较贵，故应控制使用。

对萤石的要求是：萤石含CaF_2应尽量高，SiO_2、Al_2O_3和 S 含量应较低，块度要合适，并要干燥、清洁。具体要求如下：$w_{CaF_2} \geqslant 85\%$，$w_{SiO_2} < 4\%$，$w_{CaO} < 5\%$，$w_S < 0.2\%$，块度为5～40 mm。

知识链接

（1）质量好的萤石表面呈黄、绿、紫等色（无色的少见），透明并具有玻璃光泽。质量较差的则呈白色（类似于石灰颜色）。

（2）质量最差的萤石表面带有褐色条斑或黑色斑点，且其硫化物（FeS、ZnS、PbS等）含量较多。

3. 白云石

白云石的主要成分为 $CaCO_3$ 和 $MgCO_3$，焙烧后为熟白云石，其主要成分为 CaO 和 MgO。近年来，国内外氧气转炉炼钢普遍采用轻烧白云石代替部分石灰造渣，以增加渣中 MgO 含量，降低炉渣熔点，改善炉渣的流动性，从而减轻炉渣对炉衬的侵蚀，可以大幅度提高炉衬的使用寿命。

目前，炼钢使用的白云石有生白云石和轻烧白云石，且以轻烧白云石效果最好。白云石在 900～1 000℃焙烧后成为轻烧白云石。

对白云石的要求见表 1—4。

表 1—4　对白云石的要求

要求指标	w_{MgO}/%	w_{CaO}/%	w_{SiO_2}/%	$w_{烧碱}$/%	块度/mm
生白云石	≥20	≥29	≤2.0	≤47	5～30
轻烧白云石	≥35	≥50	≤3.0	≤10	5～40

二、氧化剂

氧气是氧气转炉炼钢的主要氧化剂，氧气作为氧化剂以高速吹入熔池，与铁水中各元素进行氧化反应。生产实践表明，钢中含氮量与氧气纯度有密切关系。因此，对氧气的要求是：纯度要高，含氧量应在 99.6% 以上，并脱除水分，使用中要求氧压相对稳定，以利于氧气转炉炼钢工艺操作稳定。

三、冷却剂

通常，氧气转炉炼钢过程中，由于铁水中各元素迅速氧化并放出大量热量，这些热量除满足炼钢所需外，还有富余热量。因此，要加入一定数量的冷却剂来调整熔池温度。

常用的冷却剂有废钢、铁矿石、球团矿、氧化铁皮、生铁块、石灰、石灰石等。其中最常用的是废钢和铁矿石。

1. 废钢

废钢是氧气转炉炼钢的重要金属料，同时也能够起到冷却剂的作用。废钢冷却效应稳定，加入转炉后产生渣量少。但吹炼中加入废钢占用冶炼时间，冶炼过程调节不便。

2. 铁矿石

铁矿石的主要成分是 Fe_2O_3 和 Fe_3O_4。铁矿石既是冷却剂，又是氧化剂。铁矿石可在装料时配加部分入炉，其余部分则在吹炼中分批多次加入。

对铁矿石的要求是：铁矿石含铁量要高，矿石中 S、P、SiO_2 含量要低，块度要适中，并要清洁、干燥。具体要求如下：$w_{TFe}>56\%$，$w_{SiO_2}\leqslant 10\%$，$w_S\leqslant 0.2\%$，$w_P\leqslant 0.1\%$，块度 10 ~ 50 mm。

3. 氧化铁皮

氧化铁皮来自轧钢车间产生的铁鳞，一般是与石灰一起加入炉内，也可以在吹炼过程中随时加入。氧化铁皮不仅能起到冷却剂的作用，同时也能助熔，所以又是助熔剂。

氧化铁皮含铁量高，一般 $w_{TFe}>90\%$，要求其夹带泥沙杂质要小于3.0%，而且不得含有油污及水分，使用前应烘烤。

生产小提示

氧化铁皮是轧钢车间铸坯表面的一层氧化物，剥落后成为片状物，青黑色。

四、增碳剂及其他

1. 增碳剂

在吹炼中、高碳钢时，为了使终点钢液含碳量达到要求，需往钢液中加入增碳剂。常用的增碳剂有无烟煤粉、木炭粉、沥青焦、石油焦等。

对增碳剂的要求是：固定碳含量越高越好，一般不小于95%；灰分、挥发分及硫、磷含量应尽量低，以免污染钢液；粒度在 3 ~ 5 mm；使用时注意干燥，减少水分，保证钢的质量。

2. 焦炭

氧气转炉在开新炉时需要使用焦炭，对炉衬进行烘烤、烧结，保证氧气转炉正常生产。对焦炭的要求是：固定碳≥80%，$w_S\leqslant 7\%$，水分 <7%；块度为 10 ~ 40 mm。

生产小提示

增碳剂要尽量少用，特别是冶炼优质钢与合金钢，因为增碳剂会给钢水带入杂质及气体，从而降低钢的质量，所以对增碳剂一要尽量少用，二要用质量好的增碳剂。

思考题

1. 转炉炼钢对石灰的要求有哪些？石灰的主要成分是什么？
2. 什么是活性石灰？它有哪些特点？
3. 萤石的主要成分是什么？萤石的主要作用是什么？使用时应注意什么？
4. 氧气转炉炼钢对氧气的要求是什么？
5. 氧气转炉炼钢常用的冷却剂有哪些？对它们的要求是什么？
6. 对增碳剂有什么要求？

第二章

氧气顶吹转炉炼钢工艺操作

第一节　一炉钢的吹炼过程

氧气顶吹转炉炼钢法是通过水冷氧枪从转炉炉口垂直伸入炉内，并从顶部直接向熔池吹入高压氧气，将铁水中的碳、硅、锰、磷等元素氧化去除，并利用铁水的物理热和元素氧化放出的化学热，把一定成分的铁水吹炼成成分和温度均符合所炼钢种要求的钢液的冶炼方法。

一、吹炼过程中金属成分和炉渣成分的变化规律

由于氧气顶吹转炉炼钢所用的铁水成分及所炼钢种的不同，所以在一炉钢吹炼工艺操作上也有所不同。现以某厂 30 t 氧气顶吹转炉使用低磷、硫铁水，采用单渣操作工艺为例说明转炉吹炼过程中金属成分和炉渣成分的变化情况，如图 2—1 所示。

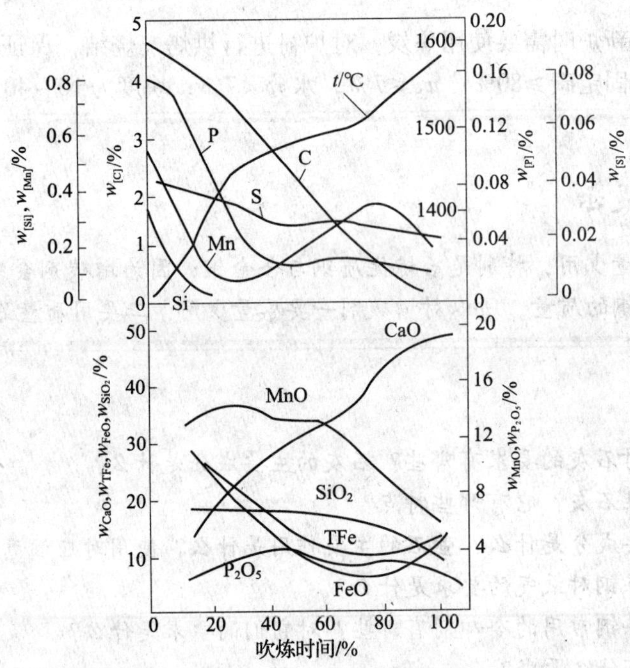

图 2—1　氧气顶吹转炉炼钢炉内成分变化

从图 2—1 可以看出：

（1）吹炼前期 20% 时间里，硅、锰元素即被氧化到很低的含量，几乎为痕迹量。继续吹炼，它们不再氧化，而在吹炼终了时，锰有回升现象。

硅、锰的氧化均为放热反应。一直到吹炼终点，不发生硅的还原，而在冶炼的中后期有回锰现象，为吸热反应，反应式如下：

$$(MnO \cdot SiO_2) + 2(CaO) = (2CaO \cdot SiO_2) + (MnO)$$

$$(MnO) + [Fe] = [Mn] + (FeO)$$

吹炼终了时，钢中的锰含量也称余锰或残锰。

（2）硅、锰被氧化的同时，碳也被少量氧化，当硅、锰氧化基本结束时，炉温达到1 450℃以上时，碳的氧化速度迅速提高，终点后期，脱碳速度明显降低。

冶炼中期熔池温度大于1 500℃，此时，碳与氧的亲和力大大增加，且碳与氧的亲和力大于磷与氧的亲和力，使碳氧反应速度达到最快。在碳氧反应中除了与渣中（FeO）的反应是吸热反应外，都是放热反应。

（3）开始吹氧后，大量铁珠被氧化，生成FeO而进入熔渣，此时脱碳速度又低，所以$\sum$(FeO）在开吹后不久很快升高。一般可达到18%~25%，平均20%左右。

随着中期温度的升高，脱碳速度迅速提高，渣中$\sum$(FeO）逐渐降低，所以中期渣中$\sum$(FeO)比前期低，一般可降到7%~12%。

后期随着炉内碳含量的降低，脱碳速度逐渐降低，熔渣中$\sum$(FeO）又开始增加。

可见，在吹炼过程的3个时期里，熔渣中$\sum$(FeO）发生着由高而低再高的变化。

（4）由于碱性氧化性炉渣的迅速形成，在开吹后不久，磷便大量被氧化，大约在40%时间内，磷已降至0.02%。

硫在开吹后下降不明显，在吹炼中、后期，形成高碱度活性渣后，熔池温度升高，硫才得以去除。

（5）熔渣碱度的变化规律取决于石灰的溶解、渣中（SiO_2）和熔池温度。

吹炼初期，熔池温度不高，渣料中石灰还未大量熔化。而吹炼一开始，[Si] 迅速氧化，使渣中（SiO_2）很快提高，有时可高达30%。所以初期熔渣碱度不高，一般为1.8~2.3，平均为2.0左右。

吹炼中期，熔池温度均匀提高，促进石灰大量熔化。此时金属熔池中 [Si] 已氧化到痕迹，（SiO_2）降低较多。再加上中期脱碳速度高，熔池搅动比前期强烈。这些因素都有利于形成高碱度熔渣。

吹炼后期，熔池温度比中期进一步提高，有利于石灰渣料熔化。在中期熔渣碱度较高的基础上，吹炼后期仍能得到高碱度、流动性良好的熔渣。

二、吹炼中熔池温度的变化规律

熔池温度的变化与熔池的热量来源和热量消耗有关。

吹炼初期，兑入炉内的铁水温度一般为1 300℃左右，铁水温度越高，带入炉内的热量就越高，[Si]、[Mn]、[C]、[P] 等元素氧化放热，但加入废钢可使兑入的铁水温度降低，加入的渣料在吹炼初期大量吸热。在综合作用下，吹炼前期终了时，熔池温度可升高至1 500℃左右。

吹炼中期，由于熔池中 [C] 继续大量氧化放热，[P] 也继续氧化放热，熔池温度提高，可达1 500~1 550℃。

吹炼后期，熔池温度接近出钢温度，可达1 650~1 680℃，实际温度因钢种、炉子大小而异。

在整个一炉钢的吹炼过程中，熔池温度约提高400℃。

在炼钢时，一般通过脱碳所产生的大量一氧化碳气体在上浮逸出时将溶于钢液中的氢、氮带出来，同时也有利于非金属夹杂物的上浮。

三、吹炼过程的三个阶段

根据一炉钢吹炼过程中金属成分、炉渣成分、熔池温度的变化规律，通常把一炉钢吹炼过程大致分为三个阶段。

1. 吹炼前期（又称硅锰氧化期）

上一炉出完钢液并倒出炉渣后，迅速检查炉体，必要时进行补炉，然后堵好出钢口，及时兑入铁水，加入废钢（或先加废钢，后兑入铁水），并将炉体摇正，下降氧枪的同时，由炉口上方的加料溜槽向炉内加入第一批渣料，其数量约为渣料总量的1/2～2/3。当氧枪下降至规定枪位时，吹炼过程正式开始。

吹炼时氧气流与熔池金属液接触，金属液中的碳、硅、锰等元素开始氧化，几分钟后初期渣形成并覆盖于熔池金属液液面上，熔池温度升高，火焰亮度增加，炉口周围有渣粒喷出。

吹炼前期的任务是早化渣，化好渣，均匀升温。这样不仅对去除硫、磷有利，同时又可以减少炉渣对炉衬的侵蚀。因此，开吹时应有一个合适的氧枪位置，以便加速第一批渣料的熔化，及早形成具有一定碱度、一定氧化性和（MgO）含量并有适当流动性的初期渣。

当硅、锰氧化基本结束，第一批渣料基本化好后，加入第二批渣料，第二批渣料可以一次加入，也可分小批多次加入。

2. 吹炼中期（又称碳的氧化期）

这个阶段内的主要任务是控制碳的氧化反应均衡地进行，在脱碳的同时进一步去除硫、磷。

吹炼中期随着熔池温度升高，脱碳反应激烈，渣中氧化铁被大量消耗，致使炉渣的熔点增高、黏度增大，容易出现炉渣“返干”现象，并由此而引起喷溅。操作的关键是选择合适的枪位。此时可适当提高枪位，以提高炉渣的氧化铁含量，调整炉渣流动性，避免炉渣严重的“返干”和喷溅。

3. 吹炼后期（终点控制）

终点的主要任务是在拉准碳的同时，确保硫、磷含量符合所炼钢种规格要求；钢液温度达到所炼钢种要求的控制范围；控制好炉渣氧化性，确保钢液质量。

吹炼后期由于熔池中碳含量不断降低，脱碳反应明显减弱，炉口火焰较短，炉渣碱度较高，而且流动性良好。

根据火焰状况、供氧数量、吹炼时间、炉渣等因素，按所炼钢种的成分、温度要求确定吹炼终点。提起氧枪停止供氧，倒炉测温、取钢样，根据分析、判断结果决定出钢或进行补吹。

若钢液成分、温度均已合格，则打开出钢口倒炉出钢。在出钢过程中向钢包内加入铁合金料，进行脱氧、合金化。

出钢完毕，检查炉衬损坏情况，进行溅渣或喷补后，便组织装料，继续下一炉钢的冶炼。

知识链接

吹炼过程的三个时期有各自的操作特征，在以后的学习中将会详细论述。三个时期的表现特征可以结合以后的下厂实习得以验证。

四、冶炼过程的五大制度

氧气转炉一炉钢冶炼过程的操作是通过五大制度来完成的。一炉钢冶炼过程的五大制度通常是：装入制度、供氧制度、造渣制度、温度制度、终点控制及脱氧合金化制度。

■ 思考题

1. 钢与铁有何区别？
2. 氧气顶吹转炉冶炼过程分为哪三个阶段？其特点和任务是什么？
3. 氧气顶吹转炉冶炼过程中其温度变化有何规律？

第二节　装入制度

装入制度就是确定转炉合理的装入量、合适的铁水废钢比。而转炉的装入量是指金属料的装入数量，它包括铁水、废钢两大类。

转炉的装入制度直接关系到转炉生产率、炉龄、金属损失以及吹炼工艺操作顺利与否。因此，在现有的设备条件下，选定一个合适的装入制度是十分重要的。

一、装入制度

目前国内外氧气顶吹转炉炼钢金属料装入制度的类型有以下三种，见表2—1。

表2—1　转炉炼钢金属料装入制度的类型

装入制度	内容	优点	缺点	应用情况
定量装入	氧气顶吹转炉在整个炉役期间，每炉的金属装入量保持不变	生产组织简单，操作稳定，有利于实现过程自动控制，对于大型企业尤为明显	容易出现炉役前期装入量偏大、熔池偏深，炉役后期装入量偏小、熔池偏浅的现象，较适合大吨位转炉	国内外大型转炉已广泛采用
定深装入	氧气顶吹转炉在整个炉役期间，随着炉子容积的不断扩大，逐渐增大装入量，以保持熔池的深度不变	氧枪操作比较稳定，有利于提高供氧强度，有利于减少喷溅，可以充分发挥氧气转炉的生产能力	转炉装入量和出钢量变化极为频繁，生产组织困难	现已很少使用

续表

装入制度	内容	优点	缺点	应用情况
分阶段定量装入	氧气顶吹转炉在一个炉役期中按照炉子容积的扩大程度，划分为若干个阶段，每个阶段实行定量装入	大体上保持了比较适当的熔池深度，又保持了装入量的相对稳定。既能满足吹炼工艺的要求，增加装入量，发挥转炉生产潜力，也便于组织生产		国内各厂普遍采用

二、确定金属装入量时应考虑的因素

生产实践表明，装入量过大或过小都会恶化操作，影响其技术经济指标。装入量过大易造成成渣速度缓慢且喷溅严重、吹炼时间明显延长、炉衬使用寿命降低等问题。若装入量过小，不仅使产量降低，而且由于熔池过浅，炉底部位容易被氧射流以及含有高氧化铁的环流冲刷而过早损坏，有时甚至发生漏钢事故。

在确定合理的金属装入量时应该考虑以下因素：

(1) 要有合适的炉容比

转炉修砌后的容积称为炉子的有效容积，以 V 表示。而炉容比是指炉子的有效容积与金属装入量之比，用 V/T （m^3/t）来表示，其意义为：每吨金属料所占的有效工作空间。

转炉的生产率及喷溅情况均与炉容比密切相关。转炉的炉容比大体为 0.85 ~ 1.0 m^3/t。

转炉建成后，炉容比就已经确定了，冶炼过程中应根据铁水的成分、使用冷却剂的种类及数量、氧枪喷嘴的结构等因素适当调整装入量，保持合适的炉容比，达到良好的综合指标。

当转炉容量小，铁水含硅、磷量较高，供氧强度大，喷嘴孔数少，用铁矿石或氧化铁皮作冷却剂时，炉容比应取上限值；反之，则炉容比取下限值。国内一些钢厂转炉的炉容比情况见表 2—2。

表 2—2　　国内一些钢厂转炉的炉容比情况

厂名	太钢二钢	原首钢	攀钢	本钢	鞍钢	宝钢
转炉吨位/t	50	80	120	120	150	300
炉容比/（m^3/t）	0.97	0.84	0.90	0.91	0.86	1.05

(2) 保证一定的熔池深度

氧气顶吹转炉熔池过浅，炉底容易被氧气流冲蚀；熔池过深，影响成渣速度，操作恶化。为了防止炉底被蚀损，延长炉底使用寿命，熔池深度必须大于氧射流对金属熔池的最大穿透深度。不同公称吨位转炉的熔池深度见表 2—3。

表 2—3　　不同公称吨位转炉的熔池深度

标称吨位/t	30	50	80	100	210	300
熔池深度/mm	800	1 050	1 190	1 250	1 650	1 949

(3) 对于模铸车间，装入量应和钢锭单重很好地配合，尽量减少注余钢水量，装入量应考虑在扣除吹炼和浇注过程中必要的金属损失后，其钢水质量应是钢锭质量的整数倍。

对于连铸工艺，转炉装入量可根据实际情况在一定范围内波动。

(4) 还要考虑与钢包的容积、转炉的倾动机械、吊车的起重能力等相适应。

所以在制定装入制度时，既要发挥现有设备潜力，又要防止片面的不顾实际的盲目超装，以免造成事故及浪费。

生产小提示

为了准确控制装入量和废钢比，在生产中必须配置可靠的计量设施，并加强对原材料的严格管理，确保氧气转炉炼钢正常生产。

三、装入操作

1. 先装废钢后兑铁水

氧气顶吹转炉在用废钢作冷却剂时，为了预热废钢，可以先加废钢后兑铁水。但是为了保护转炉炉衬，应先加入洁净的轻型废钢，然后再加入中型、重型废钢，待装完废钢后应立即组织兑入铁水，以防炉衬温度急剧下降。

2. 先兑铁水后装废钢

在炉役后期，由于转炉炉衬较薄，为了避免炉衬遭受加入废钢时引起的撞击，或在废钢用量较大时，可先兑入铁水，后加入废钢。但炉内留有液态残渣时，兑铁易发生喷溅。

■ 思考题

1. 什么是转炉的炉容比？影响转炉炉容比的因素有哪些？
2. 氧气顶吹转炉有几种装入操作方法？各自有何特点？
3. 确定装入量的原则是什么？

第三节 供氧制度

转炉在一炉钢吹炼过程中，元素的氧化，造渣去除硫、磷，熔池升温等主要任务都是通过氧气来完成的。通过供氧制度可以控制熔池元素的氧化速度，控制造渣及炉渣氧化性，对造渣去除硫、磷，吹炼时间，喷溅量，氧枪喷嘴使用寿命，炉衬使用寿命，原材料消耗等均有直接的影响。因此供氧制度是控制氧气转炉工艺操作的中心环节。

供氧制度就是使氧气流股最合理地供给熔池，创造炉内良好的物理化学反应条件。

供氧制度的内容是指确定合适的供氧强度，选择和确定喷头结构、类型和尺寸，制定合理的氧枪操作方法。当氧枪的结构、类型和尺寸确定后，吹炼过程中能调节的供氧参数是枪位和工作氧压。

一、氧枪

1．氧枪的结构

氧枪是氧气顶吹转炉炼钢过程中向熔池供氧的主要设备。氧枪由枪身、枪尾与喷嘴三部分组成，并通水冷却。

（1）枪身

枪身由直径不同的三根同心无缝钢管套装在一起，其中内层管是氧气的通道；内层管与中层管之间形成的环缝为冷却水进水通道；中层管与外层管之间形成的环缝为冷却水的回水通道。

（2）枪尾

枪尾主要由氧气管、冷却水的进出水管接头、吊环、法兰盘及高压软管组成。

（3）喷嘴

喷嘴又称喷头，喷嘴与枪身通过焊接连接。喷嘴一般用紫铜锻造后经切削加工而成，或直接铸造成型。

氧枪的结构示意图如图2—2所示。

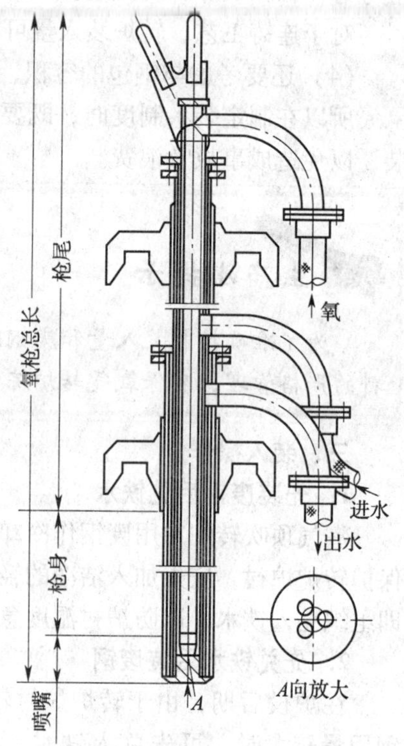

图2—2　氧枪的结构示意图

2．氧枪喷嘴的类型及特点

（1）氧枪喷嘴的作用

高压氧气在输氧管道中的流动速度比较低，一般在60 m/s以下，氧气流通过喷嘴后，形成超音速的氧射流，其流速可达500～600 m/s。喷嘴能最大限度地将氧气压力能转化为动能获得超音速氧气流股，即喷嘴就是压力—速度的能量转换器。喷嘴将高压低速氧流转化为低压高速的氧射流，借此向熔池供氧并搅动金属熔池以达到吹炼目的。

（2）对氧枪喷嘴性能的要求

根据氧气顶吹转炉炼钢熔池激烈搅拌、吹炼时间短的特点以及喷嘴的特殊工作环境，氧气顶吹转炉炼钢对喷嘴性能有以下几点要求：

1）喷嘴结构设计合理，确定合理的供氧压力，保证转炉吹炼工艺所需要的供氧强度。

2）喷嘴能够最大限度地将供氧压力转换为动能。在一定的工作氧压及枪位条件下，氧气流股对熔池有一定的穿透深度，起到均匀搅拌熔池的作用。

3）在一定的冲击深度下，氧气流股对熔池的冲击面积应最大，以便加速化渣，确保炼钢反应的顺利进行。

4）喷嘴的使用寿命要长。

（3）氧枪喷嘴类型

氧气顶吹转炉炼钢所采用的氧枪喷嘴类型多种多样，按喷嘴孔数可分为单孔及多孔喷嘴；按喷嘴形状和特点可分为拉瓦尔型、直筒型、螺芯型等。

拉瓦尔型喷嘴能够把压力能最大限度地转换为动能，获得最大流速的氧射流，被广泛应用。

1）拉瓦尔型喷嘴的结构。拉瓦尔型喷嘴是一个先收缩后扩张的喷嘴，由收缩段、喉口及扩张段三部分组成，如图2—3所示。

喷嘴的喉口位于收缩段和扩张段的交界处，喉口截面积最小，其直径为临界直径。从理论上讲喉口为收缩段到扩张段的交界面，其长度为零。但喉口长度为零的喷孔难以加工，因此，实际使用的喷嘴的喉口都有一定长度，一般喉口长度为直径的1/3～1/2。

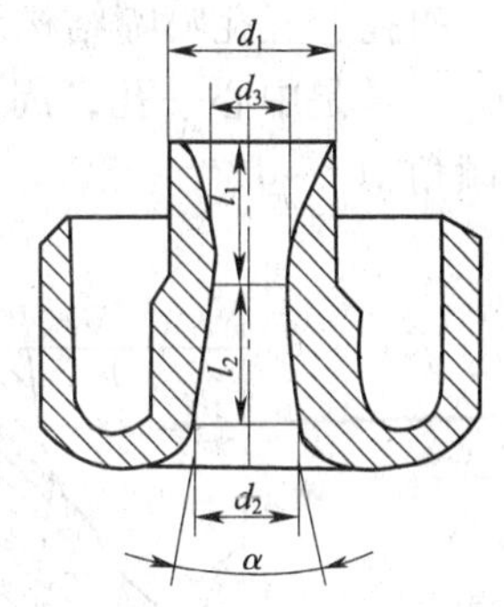

图 2—3　拉瓦尔型喷嘴结构

2）拉瓦尔型喷嘴的类型。

①单孔拉瓦尔型喷嘴这是氧气顶吹转炉早期使用的一种喷嘴。其工作原理是高压氧气流经过收缩段时，气体的压力能转化为动能，使气流获得加速度，到达喉口时，氧气流速度等于临界条件下的音速，在氧气流入扩张段后，气体的压力继续转化为动能，同时有部分消耗在气体的膨胀上，在喷嘴出口处，当气流压力降到与外界压力相等时，即可获得远大于音速的气流速度，氧射流的速度越高，则动能也越大，只有当动能大到一定数值后，才能对熔池中的金属液起到良好的搅拌作用。

生产实践表明，使用单孔拉瓦尔型喷嘴，流股具有较高的动能，对金属熔池的冲击能力大，喷溅严重，增加炉渣及金属液对炉衬的侵蚀与冲刷。另外，流股与熔池的接触面积较小，对化渣十分不利，供氧强度也不易提高。因此，大、中型氧气顶吹转炉一般不采用单孔喷嘴。

②多孔拉瓦尔型喷嘴。多孔喷嘴的优点是：提高了供氧强度和冶炼强度；增大了冲击面积，有利于化渣；操作稳定，不易喷溅。多孔喷嘴有三孔、四孔、五孔、七孔等结构形式。

三孔拉瓦尔型喷嘴有单三式和三喉式两种，其结构如图 2—4、图 2—5 所示。

单三式喷嘴是在单孔拉瓦尔型喷嘴的基础上改造而成的。整个喷嘴只有一个收缩段和一个喉口，然后分散成一定尺寸的三个小直孔，每个小孔与中心线的交角为8°、9°、10°不等。与单孔喷嘴相比，冲击面积增加了，加快了化渣速度，减少了喷溅，枪位也较为稳定。

三喉式喷嘴的结构特点是三个小孔都是拉瓦尔型的，操作平稳、化渣快、供氧强度大、喷溅少、金属收得率高、热效率稳定。但是喷嘴加工较复杂，喷嘴中心部分冷却强度差，易烧损，因而喷嘴使用寿命低。我国小型转炉一般采用三孔喷嘴。三孔直筒型喷嘴如图 2—6 所示。

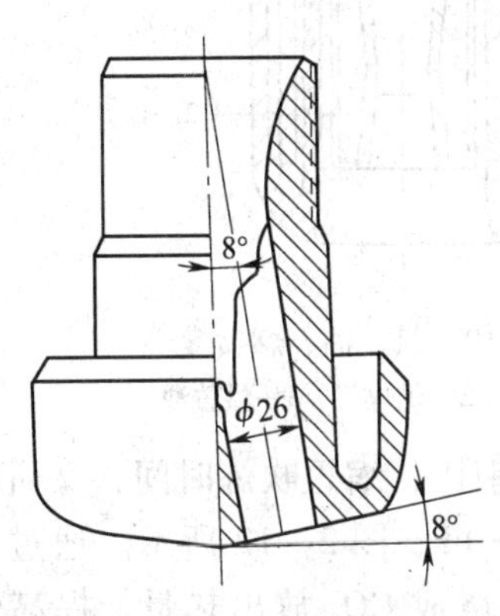

图 2—4　单三式喷嘴结构示意图

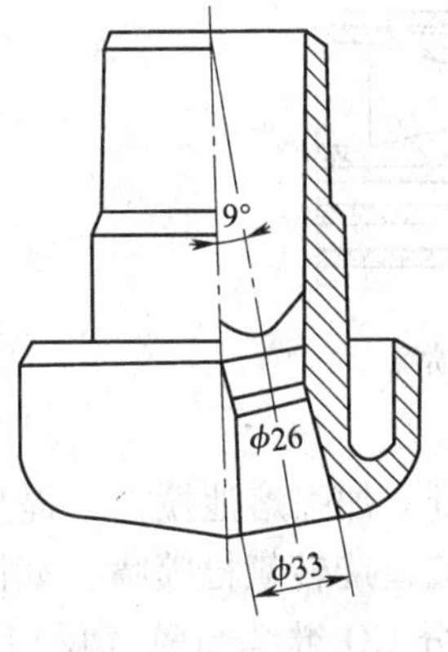

图 2—5　三喉式喷嘴结构示意图

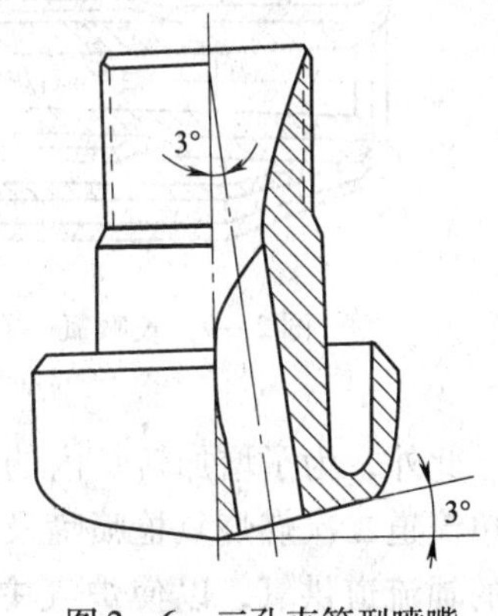

图 2—6　三孔直筒型喷嘴

四孔、五孔喷嘴结构示意图如图 2—7、图 2—8 所示。其中四孔喷嘴的结构形式有两种，一种是中心一孔，周围均匀分布三孔；另一种是四孔均匀分布，孔径尺寸相同，喷孔倾角 10°～13°。

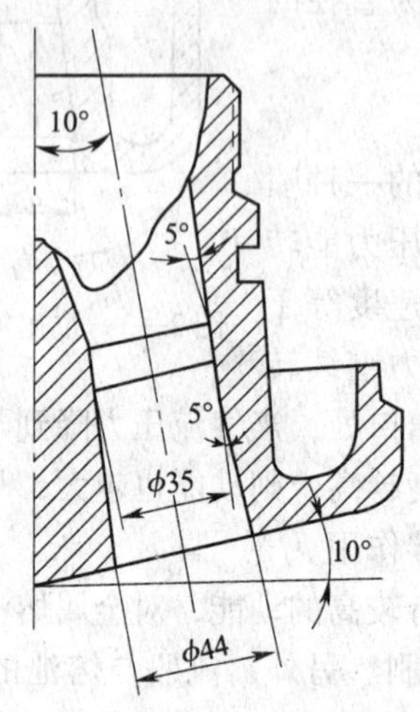

图 2—7　四孔喷嘴结构示意图

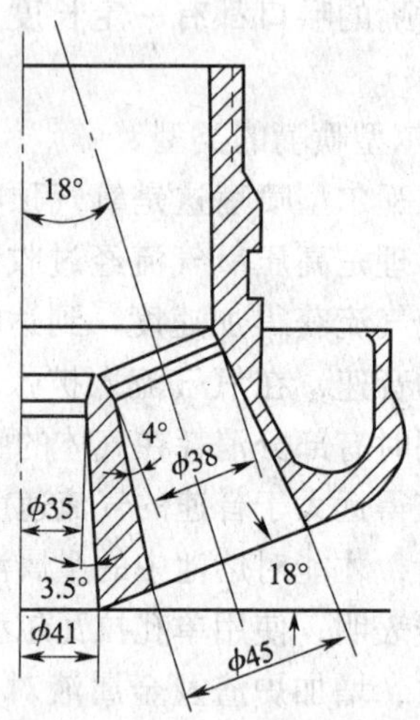

图 2—8　五孔喷嘴结构示意图

五孔喷嘴结构一般为中心一孔，周围均布四孔，中心孔与周围四孔孔径可相同，也可不同。五孔喷嘴的使用效果较好。五孔以上的喷嘴由于加工不便，应用较少。

在生产实践中，人们对拉瓦尔型喷嘴进行了多种形式的改造，如图 2—9 所示的长喉氧—石灰喷嘴，其目的是把石灰粉加速到较大的速度，适用于吹炼高磷生铁的转炉。

图 2—10 所示为氧、油、燃喷嘴。氧流分别从中心管和外层管喷出，主氧流和二次氧流包围了重油的环形喷流，主氧流和二次氧流可以分别调节，使火焰具有任何要求的形状和特征，以便于适应生产的需要，这种喷嘴适用于废钢比大的转炉。

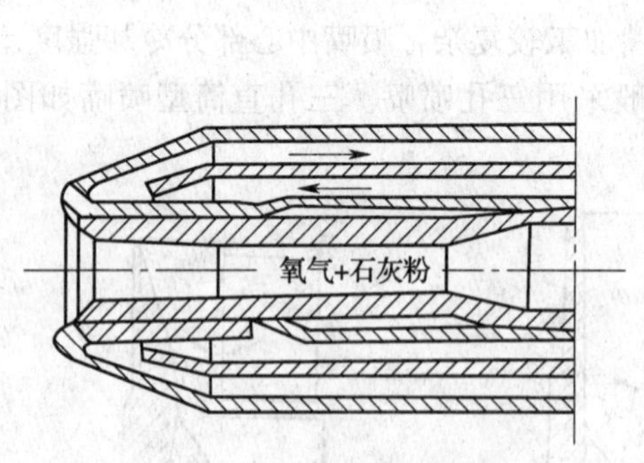

图 2—9　长喉氧—石灰喷嘴

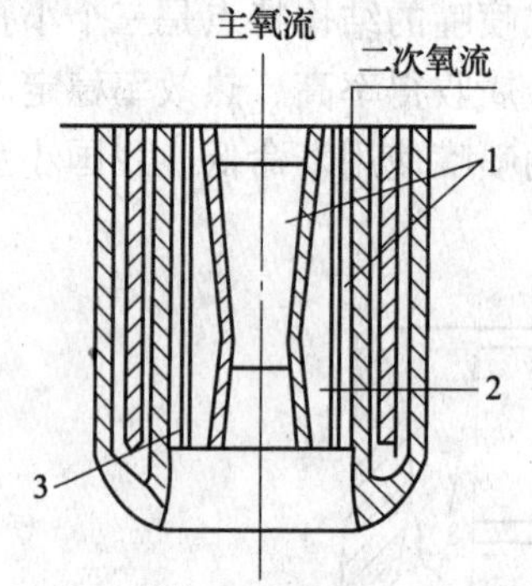

图 2—10　氧、油、燃喷嘴

1—氧气　2—供煤气　3—供重油

此外，为了增加转炉内的热量，加强熔池搅拌，提高废钢比，缩短吹炼时间，又研究出单流道二次燃烧氧枪喷嘴及双流道旋转氧枪喷嘴，如图 2—11、图 2—12 所示。通过氧枪的辅流道供氧，以使炉气中部分 CO 继续与氧气反应，燃烧成 CO_2 放出热量，提高炉温。

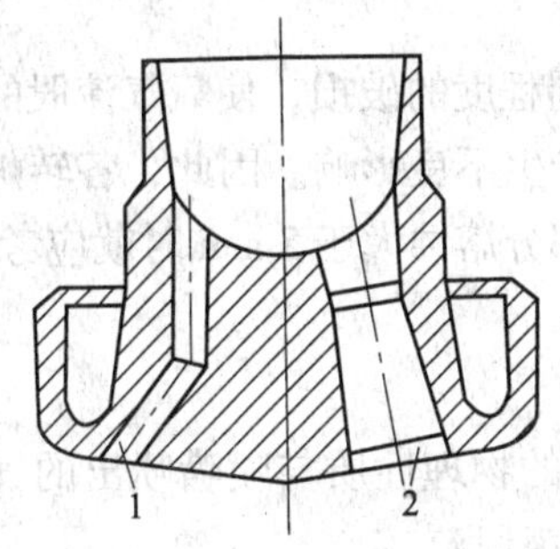

图 2—11　单流道二次燃烧氧枪喷嘴

1—副喷孔　2—主喷孔

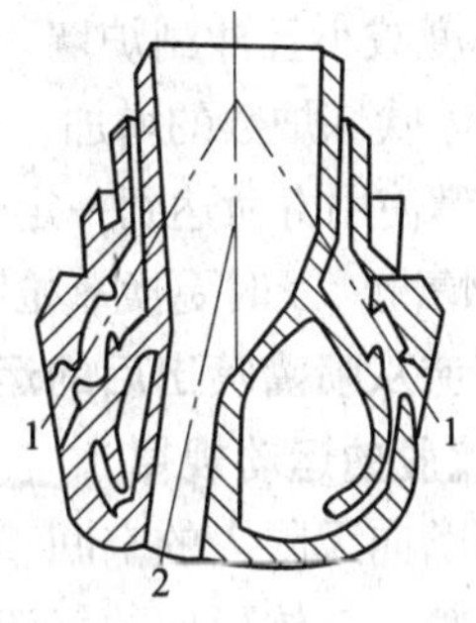

图 2—12　双流道旋转氧枪喷嘴

1—副喷孔　2—主喷孔

生产小提示

氧气顶吹转炉氧枪喷嘴类型对吹炼过程影响很大。因此，各转炉炼钢厂要根据生产的具体条件、各种喷嘴的类型特点加以合理的选用，制定出合理的供氧制度，创造良好的物化反应条件，保证吹炼过程顺利进行。

3. 喷嘴的选择

喷嘴结构的选择、喷嘴喷孔的相关参数及喷嘴使用寿命等均影响着氧气流股与熔池的相互作用。

在对喷嘴进行选择时，最重要的是对喷孔相关参数的选择。其中喷孔数量、喷出系数、扩张角以及喷孔的倾角等都是影响氧气流股特性的重要因素，从而也是影响吹炼效果的重要因素。

（1）喷嘴的喷孔数量

喷嘴的喷孔数量一般根据转炉的公称吨位来确定，我国大、中型氧气顶吹转炉多采用三孔、四孔喷嘴。

（2）喷出系数

喷出系数是指氧气的实际流量与理论流量之比。它主要与收缩段、喉口、扩张段的过渡平缓与否有关。倘若收缩段、喉口、扩张段的横截面变化足够平缓，喉口实际长度应为零，此时喷出系数较大。但喉口长度为零时难于制作，为方便收缩段与扩张段的加工，喉口应有一定的长度。但喉口长度不应太长，因为随着喉口长度的增大，气流附面层厚度将增加，使喉口有效截面积减小，导致喷出系数减小。

（3）扩张角

扩张角是指扩张段的半顶角，其大小直接影响喷孔的能量转换效果，扩张角过大，则在喷孔出口处产生的激波比较严重，导致氧气流股扩散比较快，造成能量损失；扩张角过小，则超音速通道延长，附面层过厚并产生压力损失。扩张角适用范围为 2.5° ~10°，一般选用 5°左右。

（4）喷孔的倾角

喷孔的倾角是指各个喷孔的中心线与氧枪枪体中心线的夹角，波动在 6° ~20°之间，主要取决于炉型、喷嘴类型及工作氧压等。三孔喷嘴一般采用 8° ~12°，四孔喷嘴一般采用 11° ~13°。倾角过小易使流股过早汇合，失去多孔喷嘴的作用；倾角过大则会使氧气流股对熔池的穿透深度减小且冲刷炉墙。

此外，随着吹炼炉数的增加，氧枪喷嘴会产生不同程度的破损，使氧气流股的特性偏离设计要求。当喷嘴使用寿命达到一定炉数后，会对吹炼产生不良影响。因此，各转炉炼钢厂应根据本单位具体情况，及时更换氧枪喷嘴。一般当中心部分熔蚀大于5 mm 时就应考虑更换喷嘴。

二、氧气流从喷嘴喷出后的运动规律

1. 自由流股的运动规律

气体从喷嘴向无限大的空间喷出后，空间内气体的物理性质与喷嘴喷出的气流的物理性质相同，这时喷出气体形成的气流称为自由流股或自由射流。

氧气从喷嘴喷出后，在一段长度内其流速不变，叫做等速段。由于流股吸收了周围的气体，相互混合而减速，随着流股向前运动，达到一定距离后，流股轴线上的某一点速度达到音速，即马赫数 $Ma=1$ 时，在这点以前的区域，包括等速段，称为流股的超音速核心段。此点以后的区域，气流的速度低于音速，称为亚音速气流。在超音速区域内，流股的扩张角较小，均为10°~12°，亚音速区域流股的扩张角一般为22°~26°。

马赫数：Ma 是指气体的流速 v 与音速 α 之比，即马赫数 $Ma=v/\alpha$。马赫数 $Ma<1$ 时，为亚音速气流；马赫数 $Ma=1$ 时，气流速度为音速；马赫数 $Ma>1$ 时，为超音速气流。

超音速核心段的长度与气流的出口速度有关，一般随出口马赫数成正比例增加。超音速核心段的长度是决定喷枪高度的基础，也影响流股对熔池的冲击能力。

高压氧气从喷嘴喷出后，形成的流股与周围的气体相接触，由于流股内气体的静压力比外界静止气体的静压力低，周围的气体被卷入流股的内部。距喷嘴出口的距离越远，被卷入的气体量越多。因此，流股的横截面不断扩大，流量不断增加，同时流速不断降低。在同一横截面上速度的分布特点是流股边缘速度比中心速度降低得快。

当流股与熔池液面接触时，由于动能的作用，流股对熔池液面必然有一个冲击力，这个冲击力把液面挤开，形成一个凹坑，通常把这个凹坑的深度称为流股的冲击深度。流股与熔池液面的接触面积称为冲击面积。

当供氧压力一定时，喷嘴距液面越近，则氧气流股对液面的冲击力越大，形成的冲击深度越深，而冲击面积越小；反之，当喷嘴距液面越远时，则氧气流股对液面的冲击力越小，而冲击面积越大。

2. 多孔喷嘴氧气流股的运动规律

从多孔喷嘴喷出的氧气流是多股的，每一股氧流在与其他各流股相接触前，保持着自由流股的特性。当各股气流相接触后，开始了动量的交换，相互混合，这种混合从流股的边缘逐渐向中心轴线发展，单股气流所具有的特性逐渐消失。最后当各单股气流汇合成一股气流时，就又形成了单股气流，它仍然具有自由流股的特性。如果多股气流在汇合前就与熔池面相接触，这时对熔池的冲击力小，冲击面积增大，有利于氧枪稳定操作。

多股氧气流的各流股从其内侧开始混合，混合后的流股内侧边缘卷入周围气体的数量比外侧少，处在这个区域的流股的质点失去的动量比外侧边缘上的质点失去的动量少。于是每个流股的最大速度点就离开了气流的几何中心轴线位置，偏向氧枪的轴线。因此，就出现了各个流股的轴线逐渐向氧枪中心线靠拢的趋势。

如果氧枪喷嘴结构设计不够合理，多股射流过早汇合，就与单个自由流股一样，减小了气流对熔池的冲击面积，对吹炼十分不利。因此，在设计多孔喷嘴时，要保证各股氧流在到达熔池液面之前，基本上不汇合，从多孔喷嘴喷出的多股氧流各自保持着自由流股的特性，以充分发挥多孔喷嘴的优越性。

以上分析是冷态下流股的运动规律，在实际生产中，氧气顶吹转炉的吹炼过程是在高温条件下的物化反应过程，炉内温度高达 1 600℃左右，从喷嘴喷出的氧气流股与周围炉气的温差很大，同时炉气以一定的速度向上运动，而氧气流股是逆着炉气运动方向向下喷射，并与炉气、炉渣、金属液发生着化学反应。因此，氧气顶吹转炉内的氧气流股的运动规律与冷态下测定的气流运动情况有所不同且要复杂得多。

三、氧气流股与金属熔池的相互作用

1．氧气流股与熔池接触后的运动情况

氧气流股与熔池接触后，由于能量的消耗，动能减小，有一部分气流没有进入熔池，而在熔池面上形成了反射气流。这股反射气流对液面可以起到搅动和氧化作用，如图 2—13 所示。

除去反射气流外，氧气流股的大部分进入熔池，参加了化学反应。还有一部分氧气流股没有来得及参加反应，继续向熔池内深入，随着动能的消耗，流股不能保持原来的形状，被熔池金属液隔裂成许多小气泡，在上浮过程中，一方面可以搅动熔池，另一方面小气泡中的氧参加了熔池的化学反应。

2．高速氧气流股作用下金属熔池的运动状况

（1）形成作用区

在氧气顶吹转炉炼钢中，高速氧流股从喷嘴喷出后以很高的速度冲击熔池金属液，形成一凹坑状的作用区，如图 2—14 所示。

在受到氧气流股冲击的熔池液面上形成一股股波浪，同时在熔池内部也产生了强烈的循环运动。流股的动能越大，对熔池的冲击力越大，形成的作用区深度越深，熔池内的循环运动也越强烈。在作用区内氧气、炉渣、金属液密切接触，反应条件好，各种化学反应能够迅

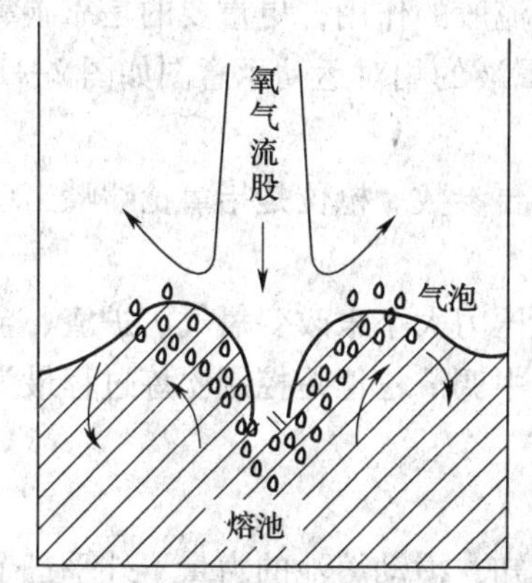

图 2—13　氧气流股与熔池接触后流股本身运动状态示意图

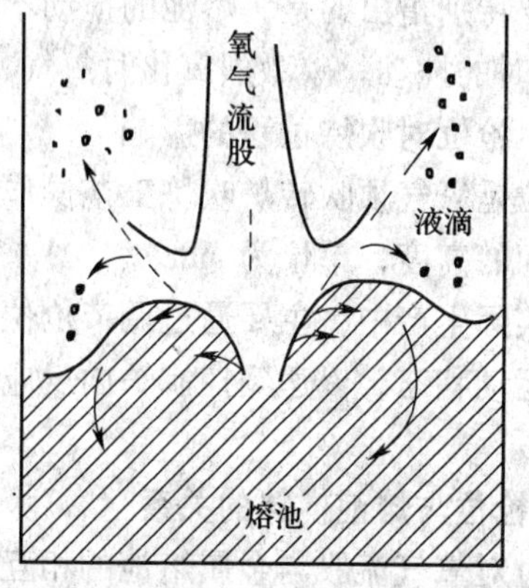

图 2—14　在氧气流股作用下熔池运动状态示意图

速进行，因而这个区域的温度很高，可达2 000～2 600℃。

如果作用区接近炉底，就会使炉底过早损坏，甚至烧穿。

（2）形成金属液—熔渣—氧气乳浊液

由于氧气流股的动能很大，在冲击液面时会将金属液、炉渣击碎溅出许多小液滴。形成的液滴一部分被裹入炉气并随炉气一起运动，一部分返回炉渣和金属液中，参加熔池的循环运动，形成金属液—熔渣—氧气的乳浊液。

小液滴有很大的比表面积，这大大增加了金属液、炉渣的反应界面，对加速氧气顶吹转炉炼钢的反应速度起着很重要的作用。

比表面积：固体有一定的几何外形，凭借一般的仪器和计算可求得其表面积。但粉末或多孔性物质表面积的测定较困难，它们不仅具有不规则的外表面，还有复杂的内表面。通常称1 g固体所占有的总表面积为该物质的比表面积S（m^2/g）。

从上述分析可以看出，氧气顶吹转炉炼钢的化学反应不仅在作用区进行，更重要的是由于液滴的形成，使金属液—熔渣—氧气乳化所形成的泡沫渣中反应界面增大，使反应速度更快。有关资料表明，金属中2/3的碳是在泡沫渣中被氧化的。

吹炼过程中转炉内氧气、炉渣、金属液的相对运动如图2—15所示。

显然，氧气流股的动能越大，对液面的冲击力越强，那么被熔池吸收的氧也越多，产生液滴和小气泡的数量也就越多，反射氧流就越少，炉内直接传氧的比例就越大，化学反应速度就越快。反之，如果氧气流动能减少，炉内以间接传氧为主，化学反应速度就比较缓慢。

需要特别指出的是，熔池的搅动不完全靠氧气流股的作用，更重要的是靠碳氧化的产物CO排出时的搅动。碳激烈氧化时氧气、炉渣、金属液的相对运动示意图如图2—16所示。

四、枪位对吹炼过程的影响

枪位是氧气顶吹转炉吹炼工艺操作中的一个重要参数。枪位是指氧枪喷嘴出口端距静止金属液面的高度，单位为mm。

在实际生产中，主要通过调节枪位或调节供氧压力大小来改变氧气、炉渣、金属液三者的相对运动状态，以达到控制炉内反应的目的。其中调节枪位是控制吹炼过程最为灵活、有效的手段。

1. 枪位与熔池搅拌的关系

通过对氧气流股与金属熔池的相互作用分析可知，搅动熔池的力量不外乎三个方面：一是氧气流股对熔池液面的冲击和搅动力量；二是反射气流对液面的搅动作用；三是脱碳反应产生的CO气泡在上浮排除过程中对金属熔池内部的搅动作用。

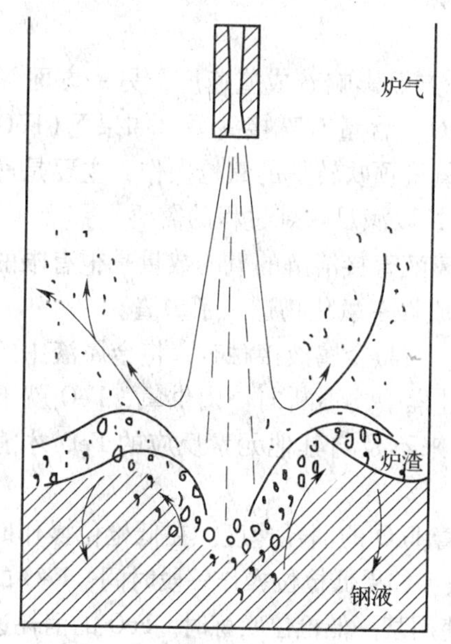

图 2—15　吹炼初期氧气、炉渣、金属液的相对运动示意图

·—金属、炉渣的液滴　,—CO 气泡　0 —氧气泡

图 2—16　碳激烈氧化时氧气、炉渣、金属液的相对运动示意图

·—金属、炉渣的液滴　,—CO 气泡　0 —氧气泡

硬吹和软吹是氧气顶吹转炉炼钢过程中常用的两种氧枪操作。

（1）硬吹

采用硬吹时，即枪位较低（或供氧压力较大），氧气流股对熔池的冲击力量较大，形成较深的冲击深度，同时产生的小液滴和小气泡的数量多，炉内的化学反应速度快，特别是脱碳速度加快，大量的 CO 气体排出，使熔池得到充分的搅动。

也就是说，枪位越低，熔池搅动得越充分。但应注意，这里所述枪位越低的波动范围，是在所选用的枪位下限不足以损坏炉底的前提下调节的。

（2）软吹

如采用软吹，氧气流股对熔池的冲击力减小，则反射流股的数量多，冲击面积加大，对熔池液面搅动有所增强，但对熔池内部的搅动相应减弱。

生产小提示

枪位在适当范围内变化，可以调节熔池表面和内部的搅动作用，如果短时间内高低枪位交替操作，有利于消除炉内金属液可能出现的“死角”。在炉役的后期，如果出现炉渣不好化的现象，可采用高低枪位交替操作，能使渣料不易结坨，加速化渣。

如果枪位过高或氧压很低，氧气流股的动能低到根本不能吹开熔池液面，只是从表面掠过，这时反射气流也起不到搅动液面的作用，这种操作称为“吊吹”，长时间的“吊吹”会使熔池表面金属液大量氧化，熔池内部搅动停滞，使熔池内部的碳与熔池表面大量氧失去平衡，易产生爆发性喷溅，危害极大，应加以避免。

2. 枪位与∑(FeO) 的关系

渣中∑(FeO) 含量与转炉吹炼密切相关，它一方面影响着成渣速度，另一方面影响着转炉内各元素的氧化反应。如脱磷、脱碳都与（FeO）含量有直接关系。如果∑(FeO) 控制不当就会给吹炼带来困难。可以说在某种程度上氧气顶吹转炉的氧枪操作，主要是通过改变枪位来调节和控制炉渣中有合适的∑(FeO) 含量，以满足吹炼过程的需要。

氧气流股与熔池接触后，除反射气流外，被金属液直接溶解的氧的数量是很有限的。绝大多数氧都与 Fe、Si、Mn、P 等元素发生反应，生成许多氧化物进入了炉渣。

FeO 是比较特殊的氧化物，它不全部进入炉渣，当与金属液接触时，将金属液中的元素 Si、Mn、P、C 氧化，使其本身还原。在转炉吹炼过程中，不断向炉内供氧，FeO 就不断地生成，它在熔池内上浮过程中也不断地消耗，只有来不及与其他元素反应的 FeO 才能进入渣中，因而 FeO 成为氧的“传递者”。

枪位不仅影响着 FeO 的生成速度，同时也关系着 FeO 的消耗速度。在低枪位操作时，直接传氧占了主导地位，炉内各元素的氧化反应速度快。如果低枪位操作一段时间，FeO 的消耗速度就大大增加。当枪位低到一定程度，或长时间使用某一低枪位吹炼时，FeO 的消耗速度可以超过其生成速度，因此炉渣中的 FeO 数量不仅不会增加，甚至会减少；当高枪位操作时，由于氧气流股的动能减少，熔池内的化学反应速度缓慢，FeO 的消耗速度减少得比较明显，这时才有可能使 FeO 在渣中积聚起来，起到提高渣中（FeO）含量的作用。

在吹炼过程中，为了提高渣中（FeO）含量，往往将氧枪适当地提高一些；为了降低渣中（FeO）含量，就可以采用适当低枪位操作。显然，操作人员完全可以通过枪位的改变来灵活控制氧气顶吹转炉吹炼过程。

枪位不同，吹氧时间也各不相同，采用低枪位操作时则吹氧时间短，见表 2—4。

表 2—4　3 组枪位下每吨铁水的吹氧时间

枪位/mm	炉数	平均吹氧时间/s
700	8	178
800	7	190
900	13	195

表 2—5 说明采用不同枪位操作时，吹炼各期渣中（FeO）含量是不同的。当氧压一定时，枪位越高，整个过程渣中（FeO）含量也越高。而在同一枪位下，整个过程渣中（FeO）含量的变化趋势取决于熔池中各元素的氧化速度，主要取决于碳的氧化速度。

表 2—5　3 组枪位下吹炼各期渣中∑(FeO) 量

枪位/mm	氧压/MPa	∑(FeO) /%		
		前期	中期	后期
700	0.7	15 ~ 36	7 ~ 15	10 ~ 15
800	0.7	26 ~ 35	11 ~ 26	11 ~ 20
900	0.7	27 ~ 43	13 ~ 27	13 ~ 28

3. 枪位与熔池温度的关系

氧气顶吹转炉熔池温度主要取决于热收入与热支出的差值大小。转炉的热收入主要是铁水的物理热和化学热。如果铁水的温度、成分及所炼钢种一定，热收入的数量就基本上固定了。热支出的内容主要有以下几部分：把钢液加热到出钢温度所需要的物理热，加热炉渣和炉气需要的热量，除此之外，还有炉口、炉壳、喷枪冷却水等处的热损失等。如果条件一定，前几项热支出变化不大，但后部分的热支出与吹炼时间密切相关。倘若吹炼时间延长，这项热损失就会加大，会造成熔池温度下降。

实际上枪位对熔池温度的影响是通过炉内化学反应速度来体现的。枪位较低时，对熔池的搅拌作用强烈，氧气、炉渣、金属液接触密切，化学反应速度快，吹炼时间短，热损失部分减少，结果熔池升温速度加快，温度较高。如果枪位较高，反应速度缓慢，吹炼时间延长，热损失部分增多，因而熔池升温速度慢，温度偏低。因此，当铁水温度低时，可适当采用低枪位操作，以加快熔池升温速度。

五、供氧制度中的主要参数

从氧气流股与金属熔池间的作用规律可知，为了控制炼钢反应速度、炉渣的形成、喷溅大小、吹炼时间长短以及喷嘴和炉衬使用寿命，必须正确地控制供氧制度中的主要参数，以获得最佳吹炼效果。

1. 氧气流量及供氧强度

氧气流量是指在单位时间内通过氧枪向熔池供氧的数量，其单位是 m^3/min 或 m^3/h。氧气流量是根据吹炼每吨金属料的耗氧量、金属料装入量及供氧时间等因素来确定的。即：

$$\text{氧气流量}\ (m^3/min) = \frac{\text{每吨金属料耗氧量}\ (m^3/t)}{\text{供氧时间}\ (min)} \times \text{金属料装入量}\ (t) \qquad (2—1)$$

供氧强度是指单位时间内每吨金属料消耗氧气的数量，其单位是 $m^3/(t\cdot min)$。可由下式确定。

$$\text{供氧强度}\ [m^3/(t\cdot min)] = \frac{\text{氧气流量}\ (m^3/min)}{\text{金属料装入量}\ (t)} \qquad (2—2)$$

计算吹炼 1 t 金属料的耗氧量时，可先考虑熔池直接吸收的氧量，这部分可按化学反应式进行计算，然后再考虑其他耗氧量以及铁矿石或氧化铁皮带入熔池的氧量。

[例 2—1] 计算 1 t 金属料的耗氧量、氧气流量及供氧强度。

已知：金属料装入量中铁水占 90%，废钢占 10%；冶炼钢种 Q235F；渣量为金属料装入量的 13%；渣中 $\sum(FeO)$ 含量为 13%，铁的氧化烧损为 1.3%。

吹炼过程金属中各元素的烧损量见表 2—6。每吨金属各元素烧损需氧量见表 2—7。

表 2—6　金属中各元素的烧损量

项目	化学成分/%				
	C	Si	Mn	P	Fe
金属成分（铁水 90% + 废钢 10%）	3.70	0.70	0.40	0.20	—
终点钢液成分	0.20	—	0.20	0.20	—
各元素烧损量	3.50	0.70	0.20	0.18	1.30

表 2—7　　每吨金属各元素烧损需氧量

元素	各元素烧损数量 /（kg/t）	生成物	耗氧量/kg
C*	35.0	CO_2	35.0×15%×32/12=14.0
		CO	35.0×85%×16/12=39.66
Si	7.0	SiO_2	7.0×32/28=8.0
Mn	2.0	MnO	2.0×16/55=0.58
P	1.8	P_2O_5	1.8×80/62=2.32
Fe	13.0	FeO	13.0×16/56=3.71
共计	58.8		68.27

* 碳的氧化过程中有 15% 生成 CO_2，85% 生成 CO。

根据计算，吹炼每吨金属料耗氧量为 68.27 kg，又已知氧气纯度为 99.6%，1 m^3 氧气的质量为 1.43 kg，则每吨金属料的耗氧量为：

$$\frac{68.27}{99.6\% \times 1.43}=48\ (m^3)$$

实际上，另外还有一部分耗氧量是随生产条件的变化而有所差异的。如炉气中部分 CO 燃烧生成 CO_2 所需要的氧气量，气化去硫需要的氧气量，烟尘中的含氧量、喷溅物中的含氧量等。这部分耗氧量是随操作条件（如氧压、枪位、供氧强度）、喷嘴结构、转炉炉容比、原材料条件等的变化而波动，而且波动范围较大，无法进行精确计算。因此，必须引入一个氧气利用系数加以校正。根据生产经验，氧气的利用系数一般按 75%～85% 考虑。即：

$$每吨金属料的耗氧量=\frac{48}{75\% \sim 85\%}=64\sim 56.5\ (m^3/t)$$

如果采用铁矿石或氧化铁皮作冷却剂，将带入熔池一部分氧，这部分氧量与铁矿石的成分、加入的数量有关。

现以唐钢二炼钢厂 30 t 氧气顶吹转炉为例，金属料装入量为 38 t，铁矿石用量是金属料装入量的 30% 左右，根据该厂所用铁矿石成分计算，每吨金属料由铁矿石带入熔池的氧量为 4.5 m^3，若全部用来氧化杂质，则每吨金属料的耗氧量为：

$$(64\sim 56.5)-4.5=59.5\sim 52\ (m^3)$$

平均为

$$55.8\approx 56\ m^3$$

供氧时间是根据经验确定的。主要考虑转炉吨位大小、原材料条件、造渣制度、吹炼钢种、喷嘴类型等情况来综合确定。唐钢二炼钢供氧时间一般为 16 min，则：

$$氧气流量=\frac{56\times 38}{16}=133\ (m^3/min)$$

$$供氧强度=\frac{133}{38}=3.5\ [m^3/(t\cdot min)]$$

生产实践表明，供氧强度一般波动在 2.5～4.5 $m^3/(t\cdot min)$ 之间。

2. 供氧压力及枪位

(1) 供氧压力

供氧压力是供氧操作的一个重要参数。供氧制度中规定的供氧压力是指测定点的氧气压力，即氧气进入氧枪前管道中的压力。不是喷嘴前的氧压，更不是氧气从喷嘴喷出时的出口压力。

在实际生产中，氧压测定点到喷嘴前还有一定距离，因此就有一定的压力损失。由于各转炉炼钢厂的具体情况不同，压力损失也不相同。一般允许供氧压力偏离设计氧压±20%，目前，国内小型转炉的供氧压力为0.5～0.8 MPa，大型转炉的供氧压力为0.85～1.1 MPa。

对于同一氧枪，调节供氧压力可以在一定范围内影响氧气流股的出口速度，从而改变氧气流股对金属熔池的冲击力，影响吹炼过程的进行。

在生产实践中，往往通过提高供氧压力来增大氧气流量，以达到提高供氧强度、缩短吹炼时间的目的。但必须指出，在枪位一定时，过分增大供氧压力易引起严重的喷溅，同时产生的冲击力大，冲击深度过深，造成穿透炉底发生漏钢事故。如果供氧压力过小，则熔池搅拌减弱，氧的利用率降低，使渣中（FeO）含量增加，也会引起喷溅，金属消耗增加。因此必须根据生产实践合理选用供氧压力。

对于一定公称吨位转炉，当基本供氧压力确定后，在整个炉役期内，还应考虑随着炉龄的增加，熔池容积逐渐扩大，装入量相应增大的特点，供氧压力也应相应进行调整，生产中多采用分阶段调整。

（2）枪位

枪位是氧气顶吹转炉吹炼工艺的一个重要参数，是转炉调节吹炼过程的最灵活、最有效的手段。枪位合适与否，直接影响熔池的搅拌、化渣、渣中（FeO）含量、喷溅、吹炼时间及炉龄等各个方面。

确定合适枪位主要考虑两个因素：一是使氧气流股对熔池有一定的冲击面积；二是要在保证炉底不被冲刷损坏的条件下使氧气流股对金属熔池有一定的冲击深度。

要确保氧气流股对熔池有一定的冲击面积，则枪位要高一些，但过高枪位吹炼使氧气流股的冲击深度减小，熔池搅拌减弱，熔池表面铁的氧化加剧，使喷溅严重，吹炼时间延长；而过低枪位操作时，冲击面积过小，冲击深度过深，铁氧化数量减少，不易化渣，易损坏炉底。因此，应选择一个合适的枪位，并根据吹炼过程实际情况随时进行调整。在生产上一般先根据经验公式计算确定一个控制范围，然后按实际操作效果加以校正。

枪位确定的经验公式为：

$$H=(25\sim55)\,d_{喉} \tag{2—3}$$

式中 H——氧枪喷嘴距熔池液面的高度，mm；

$d_{喉}$——氧枪喷嘴喉口直径，mm。

由于多孔喷嘴的氧气流股冲击面积比单孔喷嘴的要大，因此，采用多孔喷嘴时枪位可比采用单孔喷嘴低一些。

确定枪位范围后，为确保氧气流股不会损坏炉底，应核算一下氧气流股的穿透深度，使其不能大于熔池深度，因此，要求穿透深度（$h_{穿}$）与熔池深度（$h_{熔}$）之比要小于一定的比值。

对单孔喷嘴氧枪：

$$h_{穿}/h_{熔}\leqslant0.70$$

对多孔喷嘴氧枪：

$$h_{穿}/h_{熔}\leqslant0.25\sim0.40$$

六、供氧操作

氧枪枪位操作是氧气顶吹转炉吹炼过程中最为有效的一种调节手段，它可以在较大范围内影响炉渣熔化速度及元素的反应过程。枪位调节与供氧压力配合在一起，就成为供氧制度中的主要内容。

1. 供氧操作类型

根据选用的喷嘴类型及供氧制度中各主要参数的确定原则，各转炉炼钢生产厂结合各自的实际情况来制定具体的供氧操作制度。目前供氧操作有恒压变枪、恒枪变压和变枪变压三种操作类型，见表2—8。

表2—8　　供氧操作的三种类型

供氧操作类型	操作方法	特点及应用
恒压变枪	供氧压力保持不变，通过改变氧枪的枪位高低来调节氧气流股对熔池的冲击深度和冲击面积，使吹炼过程顺利进行，并随炉役期的变化，分阶段恒压，即按炉役期分阶段恒压变枪	可根据一炉钢吹炼各期特点做到较为灵活的控制，吹炼稳定，造渣及去除硫、磷的效果良好，吹损比较小。因此，成为目前国内各转炉炼钢厂广泛采用的供氧操作
恒枪变压	氧枪枪位保持不变，仅依靠调节供氧压力来控制吹炼过程，氧气压力可根据吹炼各阶段熔池反应的需氧情况加以调节	在吹炼条件比较稳定时较为有效，可简化操作，但调节氧压不如调节枪位灵活，效果也不太明显，因而在吹炼条件多变的情况下，不采用这种供氧操作
变枪变压	在吹炼各阶段有一基本枪位的基础上，根据吹炼情况适当调节枪位与供氧压力，达到顺利冶炼的目的	可以使化渣迅速，还可以提高吹炼前期和吹炼后期的供氧强度，从而缩短吹炼时间。但变枪变压所产生的效果会相互影响，操作中不易做到准确的控制

2. 供氧操作及其分析（以恒压变枪为例）

我国大多数生产厂采用分阶段恒压变枪操作，下面就这种操作方式进行分析。

（1）开吹枪位的确定及前期枪位的控制

开吹前必须了解以下情况，以便确定开吹枪位。

1）氧枪喷嘴的结构特点及氧气压力情况；

2）铁水成分，主要是硅、硫、磷的含量；

3）铁水温度、混铁炉内存铁情况及铁水包的情况等；

4）转炉情况，是新炉还是老炉，是否补炉；装入量多少以及炉内是否有剩余钢液和残渣；

5）所吹炼的钢种及其对造渣和温度控制的要求；

6）上一班或上一炉的操作情况。

生产小提示

对上述情况必须做到心中有数，才能确定开吹枪位的高低。开吹枪位确定正确与否直接关系着吹炼前期成渣是否顺利。

前期枪位确定的原则是：早化渣，多去磷。为达到这一目的，应结合影响前期枪位的因素（见表2—9）进行考虑。

表2—9　影响前期枪位的因素

影响因素		措　施
铁水成分（主要是硅含量）	硅含量高（$w_{[Si]}>1.0\%$）	往往配加的渣料数量较多，易造成渣量增加，若此时枪位长时间控制过高，则易发生喷溅，一般前期枪位控制低一些，使产生的Σ(FeO)少一点，对消除喷溅有利
	硅含量低	适当提高枪位，以促进石灰熔化，提高前期脱磷效率
铁水温度	温度低	可先不加第一批渣料，采用低枪位点火操作，吹炼一段时间，待温度上升后再加入第一批渣料，氧枪提起放在正常位置上吹炼
	温度高	适当提高枪位，以保证炉渣化好
装入量	炉役前期超装	熔池液面会升高，前期吹炼枪位也应相应提高，否则炉渣不易化，喷溅严重，还可能造成粘枪或烧枪事故
	炉役后期超装	熔池搅拌不好，化渣困难，对去除硫、磷十分不利，因此可采用高低枪位交替操作，同时在生产中严格控制好装入量
渣料情况	氧化铁皮、矿石、萤石等用量较多	炉渣化得好且流动性也好，枪位可适当控制低一些
	萤石、氧化铁皮用量少	枪位可适当高一些
	石灰质量差，粉末性石灰较多	加入后易熔化，枪位则可控制低一些
	石灰生烧率较高	渣不易化，前期枪位可高些，但应注意一旦化开易产生喷溅，不易控制。因此应合理控制枪位
	采用活性石灰	化渣快，前期枪位可稍低些
炉龄	新炉阶段	炉膛小，若铁水含硅量高，则渣量大易产生喷溅，因此枪位应适当放低点
	老炉阶段	炉膛大，搅动力量小故可适当降低枪位，以保证熔池有良好的搅拌，以促进化渣

知识链接

前期枪位控制得合适与否，还可凭经验从炉口火焰颜色、形状及炉内声音加以判断。

（2）过程枪位的控制

过程枪位的控制原则是：化好渣、不喷溅，快速脱碳，均匀升温。前期炉渣化好后，应立即加入第二批渣料降枪进行吹炼。此时，熔池搅拌强烈，升温较快，若长时间低枪位吹炼，易出现炉渣返干现象，因此应适时调整枪位，使渣中保持一定Σ(FeO)含量（一般

10%～15%），并控制熔池均匀升温。

（3）吹炼后期枪位控制

吹炼后期枪位控制的原则是：调整好炉渣的氧化性与流动性，继续去除硫、磷，准确控制终点。

在操作时应注意两个方面：一方面是过程渣熔化情况，若过程渣化得不好，后期应首先适当提枪化渣，使渣中保持一定量的∑（FeO），使后期炉渣保持良好的状态，以提高后期脱磷、脱硫效率；另一方面要注意后期的降枪操作，吹炼末期的降枪，主要目的是使熔池钢液成分和温度均匀，稳定火焰，便于判断终点，同时可以降低终渣中∑（FeO）的含量，减少金属损失，提高金属收得率，并使炉渣保持良好形态，以利于溅渣护炉。

3. 操作实例分析

由于各转炉炼钢厂的转炉标称吨位、氧枪喷嘴结构、原材料条件及所吹炼钢种等情况各不相同，因此，在供氧操作中对枪位的调节和控制也不尽相同，如何从理论上进行分析和研究，从生产中进行科学的总结和归纳，制定出科学的、合理的操作制度是很有必要的。现介绍以下几种氧枪操作模式。

（1）恒枪位操作

在铁水中磷、硫含量较低时，保持吹炼过程中枪位基本不做变动。

这种操作主要是依靠多次加入炉内的渣料和助熔剂来控制化渣和预防喷溅，保证冶炼正常进行。

（2）低—高—低枪位操作

铁水入炉温度较低或铁水中 $w_{[Si]}$、$w_{[P]}>1.2\%$ 时，且吹炼前期加入渣料较多，可采用前期低枪提温，然后高枪化渣，最后降枪脱碳去硫。

这种操作是用低枪点火，使铁水中［Si］、［P］快速氧化升温，然后提枪增加渣中（FeO）来熔化炉渣，待炉渣化好后再降枪脱碳。必要时还可以待炉渣化好后倒掉酸性渣，然后重新加入渣料，高枪化渣，最后降枪脱碳去硫，在碳剧烈氧化期，加入部分助熔剂防止炉渣返干。

（3）高—低—高—低枪位操作

在铁水温度较高或渣料集中在吹炼前期加入时可采用这种枪位操作。

开吹时采用高枪位化渣，使渣中 $w_{(FeO)}$ 达25%～30%，促进石灰熔化，尽快形成具有一定碱度的炉渣，增大前期脱磷和脱硫效率，同时也避免酸性渣对炉衬的侵蚀。在炉渣化好后降枪脱碳，为避免在碳氧化剧烈反应期出现返干现象，适时提高枪位，使渣中 $w_{(FeO)}$ 保持在10%～15%，以利磷、硫继续去除。在接近终点时再降枪加强熔池搅拌，继续脱碳和均匀熔池成分和温度，降低终渣（FeO）含量。

（4）高—低—高的六段式操作

开吹枪位较高，及早形成初期渣；二批料加入后适时降枪，吹炼中期炉渣返干时又提枪化渣；吹炼后期先提枪化渣后降枪；终点拉碳出钢，如图2—17所示。

（5）高—低—高的五段式操作

五段式操作的前期与六段式操作基本一致，熔渣返干时，可加入适量助熔剂调整熔渣流动性，以缩短吹炼时间，如图2—18所示。

以上介绍了几种典型的氧枪操作模式，但在实际生产中，应根据原材料条件和炉内反应，灵活调节枪位。

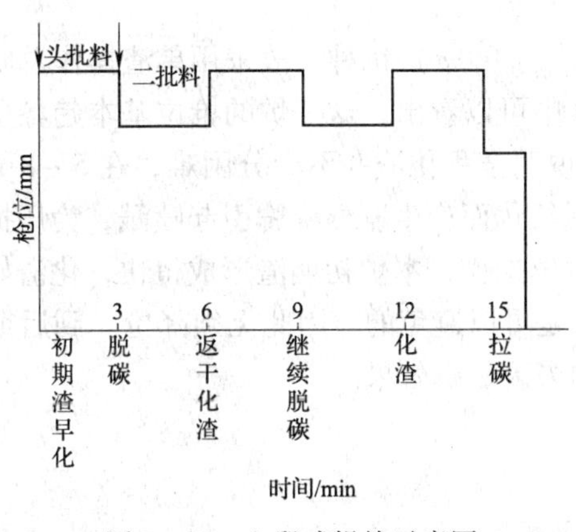

图 2—17　六段式操枪示意图

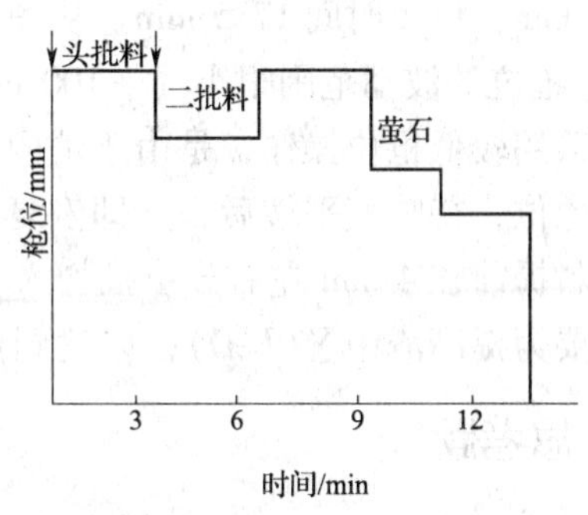

图 2—18　五段式操枪示意图

［例 2—2］　铁水条件 $w_{[Si]}=0.7\%$，$w_{[P]}=0.5\%$，$w_{[S]}=0.04\%$，温度 1 280℃。冶炼低碳镇静钢，其操作枪位如何确定？

分析：铁水成分中磷含量较高，冶炼中的主要矛盾是考虑去磷；并且铁水温度偏低，应先提温后化渣。考虑采用双渣法操作时，可用低—高—低氧枪操作模式；采用单渣法时，要防止炉渣返干造成回磷，故应采用低—高—低—高—低的多段式氧枪操作。其枪位变化如图 2—19 所示。

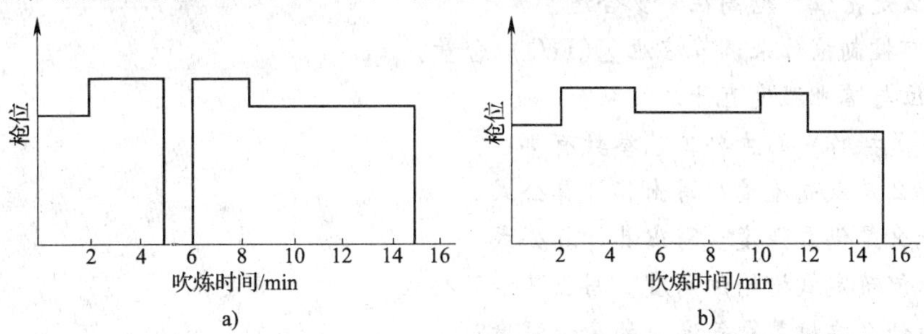

图 2—19　氧枪操作图

a）双渣法低—高—低式　b）单渣法多段式

［例 2—3］　现以国内某厂 30 t 转炉采用三孔喷嘴操作时，枪位控制的操作实例做一简单分析。图 2—20 所示是吹炼低硅钢（D_{22}）时的枪位变化图。

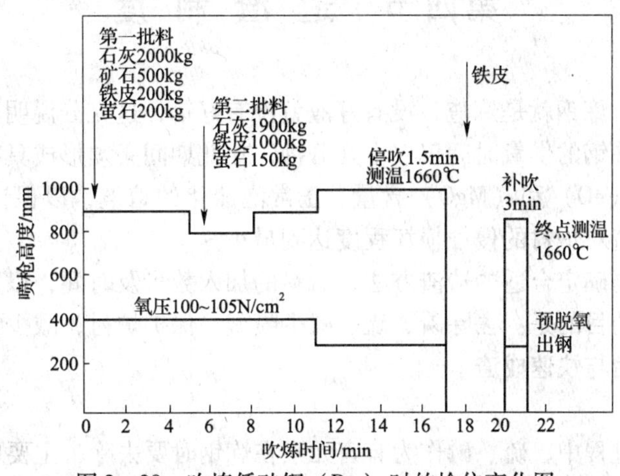

图 2—20　吹炼低硅钢（D_{22}）时的枪位变化图

图 2—20 所示表明，由于吹炼低碳（$w_{[C]} \leq 0.09\%$）钢种，故采用单渣操作总吹炼时间为 20.5 min，供氧时间 17.5 min。从图 2—20 中可以看出，这一炉的枪位基本趋势是“前平后高”，枪位的波动范围很小（±100 mm）。说明全程化渣并不十分困难，在 5 ~ 8 min 这一阶段，采用较低枪位操作，是由于炉内碳激烈氧化而产生剧烈沸腾引起喷溅，为压抑喷溅而降低了枪位，待喷溅平缓后，立即恢复到原枪位操作，本炉初期渣形成得快，化渣好，如第二批渣料提前在 4 min 左右分小批加入，喷溅是可以避免的，因此无须降枪。到后期提枪操作，主要为提高渣中 ∑(FeO)，以达到良好的去硫、磷效果。

思考题

1. 供氧制度包括哪些内容？它有什么重要性？
2. 什么是拉瓦尔型喷头？它有什么特点？
3. 氧气顶吹转炉的喷嘴类型有哪些？
4. 氧射流对氧气顶吹转炉冶炼过程所起的作用是什么？
5. 什么是冲击面积？什么是冲击深度？
6. 什么叫硬吹？什么叫软吹？并说明其对熔池反应各有何影响。
7. 什么是枪位？枪高在多少合适？
8. 如何控制枪位来调节熔池 ∑(FeO) 含量？
9. 枪位与熔池温度有什么关系？
10. 供氧操作中的主要工艺参数有哪些？
11. 什么是氧气流量？写出其计算公式。
12. 什么是供氧强度？写出其计算公式。
13. 如何确定氧枪枪位高度？写出其经验公式。
14. 为什么要核算氧气流股的穿透深度？
15. 目前供氧操作有哪些类型？分别有哪些特点？
16. 在转炉冶炼过程中枪位的调节与控制的基本原则和要求是什么？

第四节　造渣制度

从某种意义上讲炼钢就是炼渣，没有好渣就没有好钢，这充分说明造好渣是炼好钢的关键。氧气顶吹转炉炼钢的供氧时间仅仅十几分钟，在此期间必须形成具有一定碱度、流动性良好，并有一定 ∑(FeO) 和（MgO）含量、正常泡沫化的熔渣，以保证炼出合格的优质钢水。同时还要使炉渣对炉衬的侵蚀损坏程度达到最小。

造渣制度就是要确定合适的造渣方法、渣料的加入数量及时间，以及如何快速成渣。

转炉炼钢造渣的目的是：去除磷、硫，减少喷溅，保护炉衬，减少终点钢中的氧含量。

一、炉渣的作用与快速成渣

1. 炉渣的作用

在一炉钢吹炼过程中，硫、磷作为有害元素在炼钢时要去除，主要取决于炉渣碱度、氧化性、流动性等；转炉炼钢过程中需要大量的氧，熔池内部所需的氧大都是由炉渣来传递的，同时反应所生成的非金属夹杂物也是利用炉渣的洗涤和吸附作用来去除的；炉渣覆盖在熔池表面可以有效防止熔池热量散失和吸收有害气体氮和氢；当泡沫渣形成时还可大大增加钢渣反应的界面积，增加金属液滴在渣中的反应滞留时间，可以有效增大熔池反应速度，缩短吹炼时间。

2. 快速成渣

转炉造渣制度的核心问题是快速成渣。所谓快速成渣，主要是指石灰快速溶解于炉渣中。在吹炼过程中，前期快速成渣及出钢后溅渣护炉均能有效防止炉衬被侵蚀，对提高炉龄十分有利。在吹炼低碳钢时，还可通过控制渣中∑(FeO）含量来调节金属液的氧化性。

二、造渣方法

在实际生产中，主要根据铁水成分及所炼钢种的要求来确定造渣方法。常用的造渣方法有单渣法操作、双渣法操作及留渣法操作。

1. 单渣法操作

单渣法操作就是在吹炼过程中只造一次渣，吹炼中途不倒渣、不扒渣，一直吹炼到终点出钢的操作。

当铁水含硅、磷、硫等较低或所炼钢种对硫、磷要求不严格，以及吹炼低碳钢时都可以采用单渣法操作。一般当铁水中 $w_{[Si]} \leq 1.0\%$，$w_{[P]} \leq 0.3\% \sim 0.4\%$，脱硫率≤40%时，可用单渣法操作。

单渣法操作比较简单，吹炼时间短，劳动条件好，易于实现自动控制。单渣操作的脱磷效率在90%左右，脱硫效率约为40%。

采用单渣法操作时应注意渣量不能太大，渣中∑(FeO）要控制适量，以防止喷溅。

2. 双渣法操作

双渣法操作是在吹炼中途分一次或几次除去约1/2~2/3的炉渣，然后再加渣料重新造新渣的操作。

双渣法是先造一次碱度较低的初期渣，充分利用吹炼前期温度低、渣中∑(FeO）较高的有利条件除去磷，倒出部分初期渣后，可减轻后期的去磷任务，提高总的脱磷效率。同时，可以减轻对炉衬的侵蚀，减少石灰的消耗量，又可避免因大渣量引起的喷溅。

双渣法操作的关键是倒渣或扒渣的时间。倒渣的时间过早或过晚都不好。应选择在渣中含磷量较高、含铁量最低的时刻倒渣，以达到脱磷效率最高、铁的损失最小的良好效果。我国转炉炼钢厂采用双渣法的倒渣时间，大多选在硅、锰氧化基本完毕，碳焰初起时。

双渣法一般在铁水 $w_{[Si]} > 1.0\%$，$w_{[P]} > 0.5\%$，或 $w_{[P]} < 0.5\%$，要求生产低磷的中、高碳钢时采用。

双渣法的优点是：去磷、硫效率较高，其脱磷率可达92%~95%，脱硫率为50%左右；可消除大渣量引起的喷溅；可减轻对炉衬的侵蚀，减少石灰消耗。

3. 留渣法操作（也叫双渣留渣法）

留渣法是将上一炉冶炼的高碱度、高温、有一定∑(FeO）含量的终渣在出钢后留一部分在炉内，供下一炉冶炼作部分初期渣使用，然后在吹炼前期结束时倒出，重新造渣的操作。在吹炼中途进行倒渣或扒渣，然后再加渣料重新造渣。

这种操作有利于加速初期渣的形成，能达到良好的脱磷、脱硫效果；同时减少石灰用量，降低铁损和氧耗。

在采用留渣操作时，兑铁水前要首先加石灰稠化炉渣，否则会产生兑铁水大喷事故，因此操作时必须小心谨慎。

留渣操作一般是和双渣操作结合来进行的，这样一方面利用双渣法操作时含硫、磷量均不太高的终渣；另一方面可以利用留渣法前期去磷、去硫好的特点，来达到较高的全程去磷和去硫效率。

留渣法适用于吹炼中、高磷（$w_{[P]}>1\%$）铁水。这种方法脱磷率可达95%左右；前期的脱硫效率能达到20%~40%，总的脱硫效率可以达到60%~70%。

复吹转炉造渣：复吹转炉化渣快，有利于磷、硫的去除，通常在吹炼中采用单渣法冶炼，终渣碱度控制在2.5~3.5。当铁水$w_{[Si+P]}>1.4\%$或$w_{[S]}$较高时，单渣法不能满足脱磷、脱硫要求时，可采用双渣或双渣留渣操作。

知识链接

根据上述分析可以看出，单渣法操作简单易行，效果稳定，有利于自动控制。因此，对于转炉生产自动化程度较高的厂家，当铁水含硅、硫、磷较高时，最好采用铁水预处理和炉外精炼技术。这样有利于实现过程自动控制，从而稳定生产，提高劳动生产率。

三、渣料加入量的确定

1. 石灰加入量的确定

生产中，炉前计算石灰用量的方法比较简单，操作规程中规定了吹炼每吨铁水的石灰加入量，因此根据转炉装入铁水的多少，可以很快地计算出每炉石灰的加入量。石灰加入量是根据铁水硅、磷的含量以及炉渣碱度的要求来确定的。

当铁水含磷较低（$w_{[P]}<0.30\%$）时，可按下式来计算：

$$\text{石灰加入量}=\frac{2.14\times w_{[Si]}}{w_{CaO_{有效}}}\times R\times 1\ 000 \tag{2—4}$$

式中 $w_{[Si]}$——铁水含硅量，%；

2.14——SiO_2与Si分子量之比，表示1千克硅氧化生成二氧化硅的质量；

R——炉渣碱度，在低磷条件下，可采用二元碱度$R=w_{CaO}/w_{SiO_2}$；

$w_{CaO_{有效}}$——石灰中的有效CaO含量，单位为%，其计算方法是：$w_{CaO_{有效}}=w_{CaO_{石灰}}-R\times w_{SiO_{2石灰}}$。

现举例计算：

当铁水含硅量为0.7%，含磷量为0.20%；石灰中CaO含量为87%，SiO_2含量为2.0%；炉渣碱度要求为3.0时，石灰加入量按每吨铁水需要量计算如下：

$$\text{石灰加入量}=\frac{2.14\times 0.7\%}{87\%-3.0\times 2.0\%}\times 3.0\times 1\ 000=55.5\ (\text{kg/吨铁})$$

即每吨铁水需加石灰55.5 kg。

当采用部分矿石作为冷却剂时，应根据矿石中SiO_2的含量补加石灰。每千克矿石需补加石灰量按下式计算：

$$\text{补加石灰量} = \frac{R \times w_{SiO_2\text{有效}}}{w_{CaO_\text{有效}}} \text{（kg/千克矿石）} \tag{2—5}$$

若矿石中含 SiO_2 为 7%，终渣碱度为 3.5，石灰中 $w_{CaO_\text{有效}}$ 按 80% 计算，则每加入1 kg矿石需补加石灰量为：

$$\text{补加石灰量} = \frac{3.5 \times 7\%}{80\%} = 0.31 \text{（kg/千克矿石）}$$

当铁水含磷较高（$w_{[P]} > 0.30\%$）时，石灰加入量按下式计算：

$$\text{石灰加入量} = \frac{2.2 \times w_{[Si]+[P]} \times R}{w_{CaO_\text{有效}}} \times 1\,000 \text{（kg/吨铁）} \tag{2—6}$$

式中 2.2——1 kg［Si］+［P］生成氧化物的平均质量。1 kg Si 全部氧化可生成 2.14 kg SiO_2，1 kg P 全部氧化可生成 2.29 kg P_2O_5。

$$\text{平均值} = \frac{2.14 + 2.29}{2} \approx 2.2$$

2. 助熔剂加入量的确定

由于氧气顶吹转炉吹炼时间短，为了促进炉渣尽快形成就要加入一定量的助熔剂。其中萤石、铁矿石、氧化铁皮等都是良好的助熔剂。

萤石化渣快，效果明显，在炉渣返干时可考虑使用。但用量过多对炉衬有侵蚀作用，规定萤石用量应小于 4 kg/t。

铁矿石、氧化铁皮一般作冷却剂使用，有时也可作助熔剂使用。其加入数量可根据炉温和化渣情况来决定。根据经验一般按装入量的 2% ~5% 考虑。

四、渣料加入时间的确定

渣料的加入时间和加入数量对化渣速度都有直接的影响。生产上无论是单渣法还是双渣法，石灰都是分批加入炉内的。若将石灰在开吹时一次性加入炉内，则会给吹炼造成很大危害。这是因为石灰是一种高熔点物质，纯 CaO 熔点为 2 600℃左右，在炼钢温度下是不可能熔化的。即使是形成 CaO 与 SiO_2 的各种化合物，其熔点也在 1 500 ~2 100℃之间。只有与熔融炉渣中的 SiO_2、FeO、MnO、MgO 等物质作用，才能生成低熔点的复杂化合物，石灰才会熔融成渣。

如果渣料在吹炼开始就一起加入，由于没有足够量的助熔氧化物（SiO_2、FeO）以及足够的热量，不仅不会生成低熔点复杂化合物，反而会因熔池温度降低使原有少量的熔渣重新凝固，使石灰结成一个大坨，浮在铁水表面阻碍氧气流与铁水的接触，不能产生 FeO 及所需热量，恶化了成渣过程，从而延长化渣时间，严重时使吹炼无法进行。

通常情况下，顶吹转炉渣料分两批或三批加入，第一批渣料是在兑铁水前或开吹的同时加入。石灰加入数量为总渣量的 1/2 ~2/3，并将轻烧白云石全部加入炉内。第二批渣料的加入时间一般在硅、锰氧化基本结束，第一批渣料基本化好，碳焰初起时分小批加入，其加入量为总渣量的 1/3 ~1/2。第二批料通常是分小批多次加入，多次加入对石灰熔化有利，但最后一小批料必须在终点拉碳前 3 ~4 min 加完，否则来不及化渣。

第二批料加得过早或过晚对吹炼都不利。加得过早，炉内温度低，会造成渣料不易熔化，甚至造成石灰结坨，从而影响炉温的提高。加得过晚，则正值碳的激烈氧化期，渣中 $\Sigma(FeO)$ 含量低，当第二批渣料加入后，不仅渣料不易熔化，还易引起金属喷溅，同时还由于炉温的降低而抑制了碳的氧化。当炉温再度升高后，就会引起中期大喷。

第三批渣料可视为调整料，可根据炉内磷、硫去除情况而决定是否加入。渣料加入时间一般可根据炉渣化得好坏及炉温的高低而定。当炉温低且渣子化得不好时，可适当加入少量萤石进行调整。当炉温高但渣子化得不好时，则可加入部分铁矿石或氧化铁皮加以调整。

五、炉渣

由于氧气顶吹转炉炼钢吹炼时间短，因此，快速成渣就成为氧气顶吹转炉炼钢的核心问题之一，炉渣不仅要满足炼钢的要求，而且应该对炉衬的侵蚀最小。在吹炼过程中要遵循“初期渣早化、过程渣化透，终渣做粘，出钢挂上”的原则。

1．炉渣的形成

（1）前期炉渣的形成及矿物组成

吹炼前期，氧枪开始向熔池吹氧后，铁水中铁、硅、锰等元素率先氧化，生成（FeO）、（SiO_2）、（MnO）等氧化物进入炉渣，同时渣料开始熔化，（CaO）、（MgO）等也进入炉渣。这些氧化物在高温下相互作用生成许多低熔点复杂化合物，主要矿物为各类橄榄石和玻璃体（SiO_2），形成初期炉渣，如钙镁橄榄石（$CaO \cdot MgO \cdot SiO_2$）、锰橄榄石（$2MnO \cdot SiO_2$）、铁橄榄石（$2FeO \cdot SiO_2$）等。当（MnO）含量高时，在初期渣碱度低的情况下，（MnO）与（SiO_2）可生成许多低熔点化合物，如 $2MnO \cdot SiO_2$ 及含锰、铁的钙镁橄榄石［$CaO \cdot (Mn \cdot Mg \cdot Fe)O \cdot SiO_2$］等。由于（MnO）含量高，降低了（$SiO_2$）的活度，可减弱（$SiO_2$）对炉衬的侵蚀，还能促进石灰高熔点的外壳（$2CaO \cdot SiO_2$）熔解，有利于化渣。炉渣中的化合物及其熔点见表 2—10。

表 2—10　炉渣中的化合物及其熔点

化合物	熔点/℃	化合物	熔点/℃
CaO	2 600	$MgO \cdot SiO_2$	1 557
MgO	2 800	$2MgO \cdot SiO_2$	1 890
SiO_2	1 713	$CaO \cdot MgO \cdot SiO_2$	1 390
FeO	1 370	$3CaO \cdot MgO \cdot 2SiO_2$	1 550
Fe_2O_3	1 457	$2CaO \cdot MgO \cdot 2SiO_2$	1 450
MnO	1 783	$2FeO \cdot SiO_2$	1 205
Al_2O_3	2 050	$MnO \cdot SiO_2$	1 285
CaF_2	1 418	$2MnO \cdot SiO_2$	1 345
$CaO \cdot SiO_2$	1 550	$CaO \cdot MnO \cdot SiO_2$	>1 355
$2CaO \cdot SiO_2$	2 130	$3CaO \cdot P_2O_5$	1 800
$3CaO \cdot SiO_2$	2 065	$CaO \cdot Fe_2O_3$	1 220
$3CaO \cdot 2SiO_2$	1 485	$2CaO \cdot Fe_2O_3$	1420

冶炼初期的炉渣具有高氧化性、碱度低的特点，$\sum$(FeO）含量稳定在 25% ~ 30%，（SiO_2）含量最高可达 30%。因此，要求前期要有充足的热量，以促进石灰、轻烧白云石的

熔化，迅速提高炉渣碱度和渣中（MgO）的含量，充分利用转炉冶炼前期低温的特点提高去磷率和避免酸性渣侵蚀炉衬。

（2）中期炉渣的形成及矿物组成

随着炉温的升高和石灰的进一步熔化，同时脱碳反应速度加快导致渣中（FeO）含量逐渐降低，使石灰熔化速度有所减缓，但炉渣泡沫化程度迅速提高。由于脱碳反应消耗了渣中大量的（FeO），使炉渣中含（FeO）和（MnO）的化合物组成发生了变化。这时，石灰与钙镁橄榄石和玻璃体作用，生成 $CaO \cdot SiO_2$、$3CaO \cdot SiO_2$、$2CaO \cdot SiO_2$ 和 $3CaO \cdot SiO_2$ 等产物，其中最可能和最稳定的是 $2CaO \cdot SiO_2$，其熔点为 2 130℃。由于 $2CaO \cdot SiO_2$ 高熔点化合物的生成，再加上中期 MgO 溶解度减小，有 MgO 晶体析出，因此，有许多未熔的固体颗粒弥散在炉渣中，使化渣条件恶化，导致炉渣黏稠，并出现返干现象。

吹炼中期，炉渣的氧化性不得过低，$\sum$(FeO) 保持在 10% ~16%，以使炉渣化透，避免炉渣返干。

（3）后期炉渣的形成及矿物组成

吹炼后期，随着碳氧反应的减弱，渣中 $\sum$(FeO)、RO 相急剧增加，有利于石灰的继续熔化，炉渣的组成又发生了变化，生成的 $3CaO \cdot SiO_2$ 分解为 $2CaO \cdot SiO_2$ 和 CaO，并有 $2CaO \cdot Fe_2O_3$ 生成，使 CaO 的活度增加，从而有利于脱硫反应的进行。同时，随着炉渣碱度的提高，MgO 在渣中的溶解度减小，从而使其自渣中以质点形式析出，有利于后期渣的稠化。

吹炼末期，要保证去除 P、S 所需的炉渣高碱度，同时控制好终渣氧化性，如冶炼 $w_C \geq 0.10\%$ 的镇静钢，终渣 $\sum$(FeO) 含量应控制不大于 15% ~20%；冶炼沸腾钢，终渣 $\sum$(FeO)含量应不小于 12%，需避免终渣氧化性过弱或过强。

转炉冶炼各期，都要求炉渣具有一定的碱度，合适的氧化性和流动性，适度的泡沫化。

2. 石灰在熔渣中的渣化（即熔化）及影响石灰渣化的因素

（1）石灰在熔渣中的渣化

从氧气顶吹转炉吹炼过程中取出尚未化透的石灰块，切开断面可以看到，这种石灰块从外而内具有层带状的组织。对其进行岩相分析，其内层为原封不动的 CaO 晶体，外层为被 FeO 浸润的层带，FeO 浓度越向外层越高，最外层是含有 FeO、MnO、CaO、SiO_2 等物质的复杂化合物层带，但主要是正硅酸钙 $2CaO \cdot SiO_2$，即俗称的 C_2S。未熔化石灰块的外观情况及其化学成分见表 2—11。

表 2—11　　未熔化石灰块的外观情况及其化学成分

石灰块层次	外观情况	$w_{CaO}/\%$	$w_{SiO_2}/\%$	$w_{\sum FeO}/\%$
最外层	黑色、松脆	57.64	13.40	13.14
中间层	黑褐色、坚硬	72.53	7.34	9.34
内心层	黄白色、疏松	74.89	3.00	11.10

由此推断石灰的溶解过程大致如下。

氧气顶吹转炉开吹后，铁水中铁、硅、锰等元素被氧化生成 FeO、SiO_2、MnO 等氧化物且相互作用，形成如 $2FeO \cdot SiO_2$、$2MnO \cdot SiO_2$ 等低熔点物质，从而形成最初的液态渣。这时加入的石灰就浸泡在液态渣中，并处于这些氧化物的包围之中。这些氧化物从石灰表面向其内部渗透，并在高温下与 CaO 反应，生成低熔点复杂化合物，引起了石灰表面的渣化。这些反应不仅在石灰的外表面进行，而且炉渣沿着石灰孔隙向内部渗透，使反应也在石灰内部进行。石灰就是这样逐渐被渣化的。

石灰在炉渣中的渣化过程是复杂的多相反应，反应过程中伴随着传热和传质现象及其他物理化学过程。根据多相反应动力学的概念，石灰渣化过程至少包括以下三个环节。

1）液态熔渣经过石灰块外部扩散边界层向反应区扩散，且液态炉渣沿着石灰块孔隙向石灰块内部渗透。

2）在石灰块外表面和石灰块孔隙的表面上，CaO 与炉渣进行化学反应，并形成新相。

渣中（FeO）、（Fe_2O_3）、（SiO_2）、（MnO）、（MgO）等氧化物，由石灰表面渗透到石灰内部时，它们与 CaO 结合后，在高温下形成一系列远低于 CaO 熔点的各类铁酸盐、硅酸盐等，按其矿物组成大致有：钙铁橄榄石（CaO · FeO · SiO_2，熔点 1 208℃）、铁橄榄石（2FeO · SiO_2，熔点 1 205℃）、钙镁橄榄石（CaO · MgO · SiO_2，熔点 1 485℃）、钙锰橄榄石（CaO · MnO · SiO_2，熔点 1 355℃）、锰橄榄石（2MnO · SiO_2，熔点 1 285℃）。这样就引起石灰的渣化，并进行石灰熔化过程。

与此同时，初渣中的（SiO_2）与石灰块外围 CaO 晶粒或者刚刚溶入初渣中的（CaO）起反应，生成高熔点的固态化合物硅酸二钙（2CaO · SiO_2，即 C_2S），沉淀在石灰块的周围，经过一段时间后，析出的 C_2S 就积聚成一定厚度的致密的壳层。它阻止（FeO）往石灰内部渗透，因而石灰渣化速度大大降低。通常这层 C_2S 外壳在渣中溶解是比较困难的。

在石灰熔化过程中，其外壳生成了 2CaO · SiO_2 高熔点物质，成为石灰进一步熔化的障碍。

3）反应产物离开反应区通过扩散边界层向渣层中扩散。

（2）影响石灰渣化的因素

石灰的渣化速度关系着成渣速度，而成渣速度又可以通过吹炼过程中成渣量的变化体现出来。从图 2—21 中可以看出，吹炼前期和后期成渣较快，也说明石灰渣化量较多，而中期成渣速度缓慢。

吹炼前期由于 Σ（FeO）含量高，虽然炉温不太高，石灰也可以渣化一部分。在吹炼中期，由于碳的激烈氧化，Σ（FeO）被大量消耗，使其化合物组成发生了变化，由 2FeO · SiO_2→CaO · FeO · SiO_2→2CaO · SiO_2，熔渣熔点升高，石灰的渣化有些停滞，出现返干。大约在吹炼的最后 1/3 时间内，碳氧化的高峰已过，Σ（FeO）又有增加，因而石灰的渣化加快，渣量又有增加。

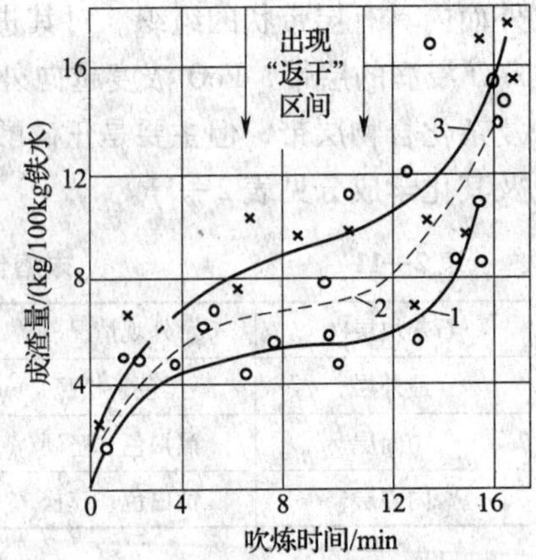

图 2—21　吹炼过程中渣量的变化

1—枪位 700 mm　2—枪位 800 mm

3—枪位 900 mm

另外，采用高枪位操作比低枪位操作成渣速度快。采用部分矿石或氧化铁皮作冷却剂可加快成渣速度。从而可以看出，在相同吹炼条件下，只要控制好枪位（氧压）就可以加快成渣速度。

通过上述石灰渣化分析和氧气顶吹转炉吹炼过程中石灰渣化变化情况的分析，可以认为影响石灰渣化的因素是：

1）石灰质量。采用活性石灰，气孔率高，有利于炉渣向石灰内部扩散，比表面大可增加成渣反应的表面积，晶粒细小反应性强，有利于石灰快速熔化成渣。

2）炉渣成分。石灰的渣化速度在很大程度上受炉渣成分的影响。

①（CaO）含量影响。因石灰渣化速度与渣中（CaO）有极值关系。即石灰渣化速度随炉渣碱度的高低及其中（CaO）含量的多少而变化。当碱度或渣中（CaO）达到一定范围后，随其增加而使石灰渣化速度降低，这是与炉渣黏度增加相联系的。

②渣中$\sum$(FeO）含量影响。渣中$\sum$(FeO）的增加有利于石灰熔化。(FeO）在很大程度上降低了渣的黏度，改善了炉渣浸透石灰孔中的条件，有利于氧化铁向石灰晶格中迁移并与CaO生成低熔点的化合物，从而促进石灰的熔化；它能减少石灰块表面$2CaO \cdot SiO_2$的生成，同时研究证实，FeO、Fe_2O_3有穿透C_2S的作用，使C_2S壳层松动，有利于C_2S壳层的溶解。

③其他组成。渣中（SiO_2）含量增加使石灰的渣化速度增加。而在石灰块上由于有$2CaO \cdot SiO_2$坚硬外壳，以及增加了渣的黏度故阻碍了化渣过程。渣中（MnO）对石灰渣化速度的影响仅次于（FeO），故在生产中可在渣料中配加锰矿。而且熔渣中加入6%左右的(MgO）也对石灰渣化有利，因为$CaO-MgO-SiO_2$系化合物的熔点都比$2CaO \cdot SiO_2$低。

3）温度。石灰渣化过程是吸热过程，因此提高熔池温度有利于石灰熔化。熔池温度高，高于熔渣熔点以上，可以使熔渣黏度降低，加速熔渣向石灰块内的渗透，使生成的石灰块外壳化合物迅速熔融而脱落成渣。转炉冶炼的实践已经证明，在熔池反应区，由于温度高而且（FeO）多，石灰的渣化加速进行。

4）助熔剂萤石CaF_2。CaF_2与CaO可形成1 362℃的低熔点共晶体，能加速石灰渣化，反应快，既不降低熔渣碱度，又能改善熔渣流动性。但萤石的化渣作用维持时间不长，且萤石加得过多会降低炉衬使用寿命。

（3）加速石灰渣化的途径

在石灰表面沉积$2CaO \cdot SiO_2$，形成高熔点致密外壳，使石灰熔化速度减慢，这成为快速成渣的限制环节。因此加速石灰渣化的主要途径如下：

1）采用活性石灰进行造渣。活性石灰具有气孔率高、比表面大的特点，可以加速石灰的熔化。

2）适当改变助熔剂的成分。增加MnO、CaF_2和少量的MgO，都有助于石灰的熔化。

3）提高开吹温度。前期温度高，石灰在初期渣中渣化速度也快。采用废钢为冷却剂时，是在开吹前加入，前期炉温提高较慢。如果是用矿石为冷却剂，矿石可以分批加入，有利于前期炉温的提高，同时也有助于前期石灰的熔化。

4）采用合适的氧枪枪位。合适的氧枪枪位既能促进石灰的熔化，又可避免发生喷溅，同时还在碳的激烈氧化期保持炉渣不出现返干现象，保证吹炼顺利进行。

5）采用合成渣可以促进熔渣的快速形成。

六、泡沫渣

在氧气顶吹转炉吹炼过程中，由于氧气流股对熔池的冲击和搅拌作用，产生了大量金属液滴，这些金属液滴落入炉渣后，与渣中（FeO）作用生成大量的CO气泡，并分散于炉渣之中，形成了气—渣—金属密切混合的乳化液。

泡沫渣是由弥散在熔渣中的气泡和气泡之间的液体渣膜所构成的发泡熔体。其最主要的特点是熔渣中停留有许多小气泡，渣膜将小气泡紧紧包围住。小气泡只在熔渣中浮动而不能排出到熔渣外面，看上去很像熔渣发泡。分散在炉渣中的小气泡的总体积大于熔渣总体积，可使熔渣体积增大，引起炉渣发泡膨胀，形成泡沫渣。在正常情况下，泡沫渣经常有1～2 m甚至3 m的厚度。悬浮于泡沫渣中的金属液滴多达30%～70%。

炉内泡沫渣的形成大大增加了气—渣—金属的接触界面，加快了炉内化学反应速度，从而达到了良好的吹炼效果。但若控制不当，严重的泡沫渣也会导致溢渣或喷溅事故。

1. 影响泡沫渣形成的基本因素

氧气顶吹转炉吹炼过程的泡沫渣中气体来源于供给炉内的氧气和碳氧化反应生成的CO气体，而且主要是CO气体，这些气体能否稳定存在于炉渣中，还与炉渣的物理性质有关。

（SiO_2）和（P_2O_5）是表面活性物质，能降低炉渣的表面张力，它们生成的吸附薄膜常常成为稳定泡沫的重要因素。但单独的（SiO_2）和单独的（P_2O_5）一样，对稳定气泡的作用不大，若两者同时存在其效果最好。其原因是（SiO_2）能增加薄膜的黏性，而（P_2O_5）能增加薄膜的弹性。这都会阻碍小气泡的聚合和破裂，而有助于气泡稳定在炉渣中。（FeO）和（CaF_2）含量的增加也能降低炉渣的表面张力，有利于泡沫渣的形成。

另外，炉渣中固体悬浮物对稳定气泡也有一定作用。当炉渣中存在着（$2CaO \cdot SiO_2$）、（$3CaO \cdot P_2O_5$）、（CaO）、（MgO）等时，它们附着在小气泡表面上，可使气泡表面薄膜的韧性增强、黏性增大，从而使泡沫渣的稳定期延长。但是当炉渣中析出大量固体微粒时，气泡膜就变脆而破裂，炉渣就出现了返干现象。所以炉渣的黏度对炉渣泡沫化有一定的影响，但也不是说炉渣越黏越有利于泡沫化。此外，低温也有利于炉渣泡沫的稳定。

生产小提示

影响炉渣泡沫化的因素是多方面的，不能单独强调某一方面，而应综合各方面因素加以分析。

2. 吹炼过程中泡沫渣的形成

吹炼过程中三个时期的泡沫渣的形成见表2—12。

表2—12　吹炼过程中三个时期的泡沫渣的形成

吹炼时期	脱碳速度	熔渣			泡沫渣
		碱度	$w_{(\sum FeO)}$	表面活性物质	
前期	脱碳速度小，气泡小而无力，易停留于渣中	石灰未很好熔化，碱度不高	$w_{(\sum FeO)}$较高，有利于渣中铁滴生成CO气泡	有SiO_2、P_2O_5和Fe_2O_3	易起泡沫

续表

吹炼时期	脱碳速度	熔渣			泡沫渣
		碱度	$w_{(\Sigma FeO)}$	表面活性物质	
中期	脱碳速度高，CO气泡能冲破渣层而排出	碱度提高	$w_{(\Sigma FeO)}$较低	SiO_2、P_2O_5表面活性物质的活度降低	易起泡沫的条件不如吹炼初期多
后期	脱碳速度降低，产生的CO减少	（CaO）多，碱度进一步提高	$w_{(\Sigma FeO)}$较高，但$w_{[C]}$较低，产生CO少	表面活性物质SiO_2、P_2O_5的活度比中期进一步降低	使泡沫稳定的因素大为减弱，泡沫渣趋于消除

七、吹炼过程中炉渣的控制

1. 吹炼前期

为完成吹炼前期“早化渣、多去磷”的任务，在生产操作中应注意控制好三个方面，即第一批料的加入数量、化渣所需的热量和加强熔池的搅拌。

在前期的化渣过程中，操作人员往往过多地重视渣中∑(FeO）的化渣作用，而忽视了熔池温度和熔池搅拌对化渣的影响。实际上，若前期温度不够高，将不能满足化渣所需的热量。因此，铁水温度过低时，应降枪位提温后再加入第一批渣料。另外，熔池温度的提高有利于部分碳的提前氧化，同时也加强了熔池的搅拌。

知识链接

在与复吹转炉造渣的对比实验中，正是由于顶吹转炉吹炼时氧气射流把石灰推向熔池四周，形成不活动区，才导致前期成渣速度较复吹缓慢。因此，吹炼前期适当的低枪位操作，加强熔池搅拌，将有利于快速成渣。

为促使前期渣早化，应尽量避免高熔点的硅酸二钙（C_2S）在石灰表面沉积，阻碍石灰的进一步熔化。适当增加渣中的（MnO），可使包裹在石灰表面的（C_2S）外壳松散；∑(FeO)的渗透能力强，也能够有效破坏（C_2S）外壳。

2. 吹炼中期

吹炼中期的控制关键是过程渣化透。同时要防止炉渣返干和炉渣过泡两种倾向。要做到过程渣化透，首先应准确判断前期炉渣的质量，即第一批渣料化得好坏，以便确定二批渣料的加入数量、加入时间及吹炼枪位。

炉渣化得好坏，可从炉口火焰等现象加以判断。如果火焰软而稳定，炉内发出比较柔和的“嗡嗡”声，同时向外甩出的渣粒、喷出物不带铁粒，呈现片状，不粘炉壳，说明炉渣化得好；若炉内发出“吱吱”声，火焰发散，喷出的石灰粒和金属粒亮度不易消失，说明炉渣化得不好。同时还可根据声纳控渣仪的监测来判断炉渣化得好坏。

根据前期渣的质量确定二批渣料的加入数量和加入时间后，吹炼枪位的调整则要注意防止炉渣返干和炉渣过泡两种倾向。

吹炼中期随着脱碳速度的不断加快，渣中的（FeO）、（MnO）消耗增加。当炉渣碱度达到 2.8 ~ 3.0，熔池温度在 1 530 ~ 1 590℃时，较低的 $\sum$(FeO) 含量及不高的熔池温度就不足以使炉渣保持良好的流动性。渣中部分高熔点物质如（C_2S）就会以固体形式由渣中析出。同时，随着炉渣碱度的升高，MgO 在渣中的溶解度逐渐减小，故也有部分析出。这些固体微粒弥散在渣中，导致炉渣变得黏稠，出现返干。要防止炉渣返干，就要控制好渣中 $\sum$(FeO) 的含量，关键是使脱碳反应均衡地进行，以避免渣中 $\sum$(FeO) 的大量消耗。

当炉渣出现返干时，一方面要调整枪位化渣；另一方面可以加入部分铁矿石、氧化铁皮加以调整。

在吹炼中期，有时为强调把炉渣化透，而采用高枪位吹炼时间过长，这会造成渣中 $\sum$(FeO)大量增加，加之碳的激烈氧化，使泡沫渣充分发展，造成中期的另一种倾向——炉渣过泡。炉渣过泡的直接后果是大量溢渣，使金属收得率降低，转炉热量严重散失。

当出现炉渣严重过泡而溢渣时，可以短时提枪处理。一来减缓脱碳速度，减少泡沫的生成；二来在氧射流的机械冲击作用下，使气泡破裂，减弱溢渣。

生产小提示

应综合考虑各种影响因素，既要把中期炉渣化透，又要有合适的泡沫渣。

3. 吹炼后期

转炉炼钢吹炼后期的主要任务是强化脱硫、脱磷条件，最大限度地脱硫和脱磷，并调整好炉渣的氧化性和流动性。一方面可以防止出钢时钢渣混出，造成回磷；另一方面可以利用终渣来溅渣护炉。

吹炼后期，关键是要控制好渣中 $\sum$(FeO) 的含量。因为随着炉渣碱度的提高，渣中的成分主要是（$2CaO \cdot SiO_2$）和（$3CaO \cdot SiO_2$），炉渣开始稠化，流动性变差，不利于脱硫、脱磷的进行。这时要控制渣中有适量的 $\sum$(FeO)，以生成低熔点的（$CaO \cdot Fe_2O_3$）（熔点为 1 220℃）、（$CaO \cdot 2Fe_2O_3$）（熔点为 1 240℃），使炉渣保持良好的流动性。

但是要注意，控制吹炼末期炉渣的氧化性不能过高。因为过高的氧化性会使终渣内存在大量的（$CaO \cdot Fe_2O_3$），影响吹炼末期的脱磷效果。同时，过高的氧化性会使炉渣太稀，出钢时易造成钢渣混出，下渣量增加，在进行钢包脱氧合金化时，会因脱磷反应平衡遭到破坏而造成钢包回磷。另外，终渣的氧化性太高，会影响吹炼低碳钢种时的钢液氧化性和出钢后溅渣护炉的效果。

所以在吹炼终点前应降枪调整炉渣的氧化性。注意严重后吹炉次的终渣不能用于溅渣护炉。

4. 吹炼过程中造渣的基本原则

从以上分析可以看出，转炉吹炼过程中造渣的基本原则是：

（1）第一批渣料要早化且要化透。要认真分析原料条件和炉况，采用适当的操作工艺，保证化好、化透第一批渣料。

（2）中期要提前处理返干，防止炉渣过泡。提前处理返干，首先要化好、化透第一批渣料，为处理中期返干创造良好条件；其次应掌握出现返干的时间规律，以便及早提枪增加渣中∑（FeO）含量；注意不要高枪位长时间吹炼，以防止炉渣过泡。

（3）终点枪位要稳定，降枪时间要准确。只有足够的降枪时间和合适的枪位，才能加强熔池搅拌，控制好炉渣的氧化性和流动性，从而冶炼出合格的钢液。

八、渣量计算

渣量一般指每吨金属料所产生的炉渣质量。也可用炉渣质量占金属料质量的百分数来表示，一般在10%～15%。

从去除硫、磷的角度来看，在炉渣物理化学性质相同的情况下，渣量越多，去除硫、磷的效果就越好，所以炼钢时渣量不可以过少，更不可无渣。但渣量过大对吹炼过程不利，易造成严重喷溅，造成金属损失增加；大渣量还造成渣料消耗大；同时，大渣量还会加剧炉渣对炉衬的侵蚀。所以在保证脱除硫、磷的条件下，渣量越少越好，以降低各种消耗。

影响渣量的因素很多，主要是铁水成分（硅、磷含量）、石灰质量、炉渣碱度、铁矿石用量和成分以及炉衬侵蚀情况等。

炉渣的质量很难直接称量，但可以通过计算求得。

渣量可以用元素平衡法计算。把铁水炼成钢液，铁水中各元素一部分被氧化，另一部分残留在钢中。如果已知出钢量和钢液成分，还知道某一元素在钢液中的质量，则该元素其余部分全部进入炉渣，通过这种元素在渣中的百分含量，就可以计算出炉渣的数量。

铁水中除铁元素外，还有碳、硅、锰、硫、磷五大元素。从图2—22中可以看出，进入炉渣中的锰、磷两种元素全部来自铁水，因而可以用锰或磷的平衡法来计算渣量。废钢由于来源不同，无法取得有代表性的试样，因此可以根据其来源，估计其中锰和磷的含量。钢液的质量可以根据吹损情况计算，也可以根据浇注钢坯数及浇注余量计算出来。炉渣质量计算举例见表2—13（单渣法）。

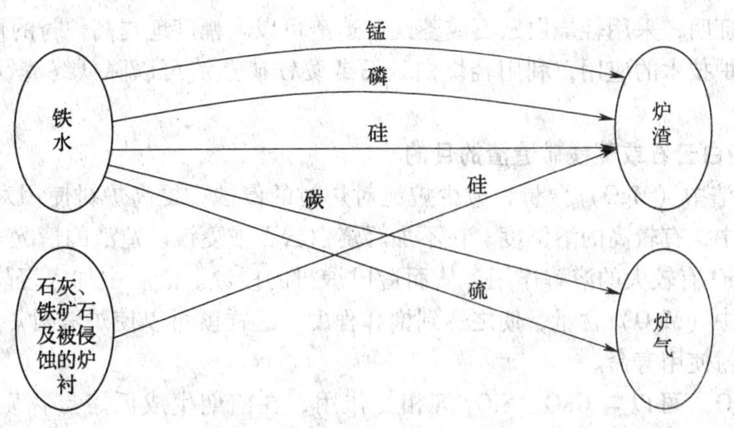

图2—22　铁水中五大元素的来源和去向

表 2—13　　　　　　　　　　　　　　　**炉渣质量计算举例**

	装入料/kg	Mn		P		Fe	
		成分/%	质量/kg	成分/%	质量/kg	成分/%	质量/kg
装入量数据	铁水 28 000	0.4	112	0.2	56		
	废钢 4 000	0.5	20	0.02	0.8		
	矿石 1 000	0.3	3	0.1	1	56	560
	合计		135		57.8		560
终点	钢和渣	$w_{MnO}/\%$	$w_{Mn}/\%$	$w_{P_2O_5}/\%$	$w_P/\%$		
	钢液		0.12		0.03		
	炉渣	3.3	2.56	2.86	1.25		

计算渣量如下：

金属装入量：28 000 + 4 000 + 560 = 32 560（kg）

出钢量（按金属装入量的90%计算）：32 560 × 90% ≈ 29 300（kg）

钢液中的锰量：29 300 × 0.12% = 35.2（kg）

钢液中的磷量：29 300 × 0.03% = 8.8（kg）

进入渣中的锰量：135 − 35.2 = 99.8（kg）

进入渣中的磷量：57.8 − 8.8 = 49.0（kg）

用锰平衡法：渣量 $= \dfrac{99.8}{2.56\%} = 3\,898$（kg）

炉渣与金属装入量百分比：$\dfrac{3\,898}{32\,560} \times 100\% \approx 12\%$

用磷平衡法：渣量 $= \dfrac{49}{1.25\%} = 3\,920$（kg）

炉渣与金属装入量百分比：$\dfrac{3\,920}{32\,560} \times 100\% \approx 12\%$

通过计算说明渣量是合适的。

九、白云石造渣

生产实践证明，采用轻烧白云石或菱镁矿造渣可以大幅度地提高炉衬的使用寿命。特别是随着溅渣护炉技术的应用，利用轻烧白云石或菱镁矿造渣可以降低终渣镁化处理时 MgO 的消耗。

1. 加轻烧白云石或菱镁矿造渣的目的

（1）增加渣中（MgO）含量，减少炉渣对炉衬的侵蚀，提高炉衬使用寿命。MgO 在碱度不高的炉渣中，有较高的溶解度。在不加轻烧白云石或菱镁矿造渣的情况下，前期渣对镁质炉衬中的 MgO 有较大的溶解作用，从而造成炉衬的侵蚀。渣料中加入轻烧白云石或菱镁矿，增加了渣中（MgO）含量，使之达到饱和程度，这样就可以使炉渣对炉衬的侵蚀减弱，有利于延长炉衬使用寿命。

（2）（MgO）可以与 CaO、SiO_2 等相互作用，在前期生成低熔点物质，促进石灰的熔化。但轻烧白云石促进石灰熔化的作用要在渣中有足够数量的 $\sum(FeO)$ 时才发生。

（3）随着炉渣碱度的提高，MgO 在渣中的溶解度会降低。也就是说，吹炼初期低碱度渣中饱和的 MgO 到吹炼末期时，因炉渣碱度的提高而达到过饱和，会有 MgO 晶体析出，有稠化炉渣的作用，防止炉渣随钢水倒出。随着溅渣护炉技术的应用，使用轻烧白云石或菱镁矿造渣可以降低终渣镁化处理时 MgO 的消耗。

我国炼钢厂终点渣（MgO）含量控制范围不同，一般在 8% ~14%，因此，轻烧白云石或菱镁矿的加入数量也不一样。

生产小提示

用轻烧白云石造渣，如操作不当将会引起炉底上涨，产生熔池变浅以及粘枪等危害。因而必须确定合理的加入量及加入时间。

2. 用计算的方法来确定轻烧白云石加入量

以单渣操作为例来说明计算步骤。

已知条件：

铁水成分：$w_{Si}=0.5\%$，$w_{P}=0.20\%$；

石灰成分：$w_{CaO}=86\%$，$w_{SiO_2}=2.5\%$，$w_{MgO}=4.09\%$；

轻烧白云石成分：$w_{CaO}=45\%$，$w_{SiO_2}=2.0\%$，$w_{MgO}=34\%$；

终渣成分：$R=3.5$，$w_{MgO}=9.66\%$；

渣量为装入量的 7.777%，炉衬侵蚀量是装入量的 0.07%，炉衬中 MgO 含量为 85%。

计算步骤：

（1）石灰加入量（不加轻烧白云石时）

$$\text{石灰加入量}=\frac{2.14\times w_{Si}}{w_{CaO_{有效}}}\times R\times 1\,000$$

$$=\frac{2.14\times 0.5\%}{86\%-3.5\times 2.5\%}\times 3.5\times 1\,000$$

$$=48.48\ (\text{kg/吨铁})$$

（2）按装入量计算轻烧白云石的加入量

$$\text{轻烧白云石加入量}=\frac{1\,000\times 7.777\%\times 9.66\%}{34\%}=22.10\ (\text{kg/吨铁})$$

（3）计算轻烧白云石需补加石灰量

$$\text{每 1 kg 轻烧白云石补加石灰量（kg/kg）}=\frac{R\times w_{SiO_2(白)}}{w_{CaO_{(石灰)}}-R\times w_{SiO_2(石灰)}}$$

$$=\frac{3.5\times 2\%}{86\%-3.5\times 2.5\%}$$

$$=0.091$$

$$\text{轻烧白云石需补加石灰量}=0.091\times 22.10=2.0\ (\text{kg/吨铁})$$

（4）计算轻烧白云石相当的石灰量

$$\text{轻烧白云石相当的石灰量}=\frac{22.10\times 45\%}{86\%-3.5\times 2.5\%}=12.87\ (\text{kg/吨铁})$$

(5) 计算石灰加入总量

$$48.48 + 2.0 - 12.87 = 37.61 \text{（kg/吨铁）}$$

炉渣中的（MgO）来源主要有加入的轻烧白云石、石灰及被侵蚀下来的炉衬中的 MgO。

(6) 计算每吨铁水需加轻烧白云石的量

石灰带入的 MgO，折合成轻烧白云石数量为：

$$\frac{37.61 \times 4.09\%}{34\%} = 4.52 \text{（kg/吨铁）}$$

由炉衬进入渣中的 MgO，折合成轻烧白云石数量为：

$$\frac{1\,000 \times 0.07\% \times 85\%}{34\%} = 1.75 \text{（kg/吨铁）}$$

轻烧白云石的实际加入量是：

$$22.10 - 4.52 - 1.75 = 15.83 \text{（kg/吨铁）}$$
$$\approx 16 \text{（kg/吨铁）}$$

答：如果要保持终渣 MgO 为 9.66%，每吨铁水需加轻烧白云石 16 kg。

生产小提示

实际生产中轻烧白云石或菱镁矿的加入量还要考虑炉渣中∑(FeO) 的含量以及熔池的温度，因为它们也能够起冷却剂的作用。

3. 轻烧白云石或菱镁矿的加入时间

根据吹炼时的熔池反应可知，最初的初期渣是以（$FeO \cdot SiO_2$）等为主的酸性渣。而此时石灰尚未熔化，炉渣对炉衬的侵蚀最为严重。所以应考虑在吹氧的同时就加入轻烧白云石或菱镁矿，以保证初期渣中 $w_{(MgO)} \geq 8\%$。

后期或终点后根据溅渣的要求确定是否补加轻烧白云石或菱镁矿调渣。

鉴于轻烧白云石或菱镁矿也是冷却剂，因此，在采用轻烧白云石或菱镁矿造渣时应适当减少冷却剂用量。

思考题

1. 氧气顶吹转炉炼钢造渣的目的是什么？造渣制度包括哪些内容？
2. 常用的造渣方法有哪几种？试分别说明其特点。
3. 石灰加入量应如何确定？写出石灰加入量计算公式。
4. 渣料加入批量和时间应如何确定？
5. 在造渣过程中影响石灰熔化的因素有哪些？加快石灰熔化的途径又有哪些？
6. 泡沫渣是怎样形成的？影响泡沫渣形成的主要因素有哪些？
7. 吹炼过程中为什么会出现熔渣“返干”现象？
8. 加入轻烧白云石或菱镁矿造渣的目的是什么？

第五节　温度制度

温度制度主要是指正确控制一炉钢的吹炼过程温度和吹炼终点温度。吹炼任何钢种，对其出钢温度范围都有一定的要求，如果出钢温度过低，可能会造成短锭、钢包包底粘钢以及发生回炉事故；如果出钢温度过高，则会增加钢中气体和非金属夹杂物的含量，影响钢的质量。同时还会增加铁的烧损，降低炉衬与氧枪的使用寿命，降低合金收得率。吹炼过程温度过高或过低都会影响成渣，还可能造成喷溅。吹炼终点温度过高或过低还会影响以火焰判断拉碳的准确性。

控制好终点温度是转炉炼钢工艺操作的重要环节之一，而控制好过程温度则是保证达到合适终点温度的关键。

一、热量来源与热量消耗

1. 热量来源

氧气顶吹转炉炼钢热量来源是铁水本身的物理热和化学热。铁水物理热即铁水入炉温度，一般在 1 250 ~ 1 300℃，在高炉操作比较稳定的情况下，铁水温度一般波动不大。而铁水化学热即铁水中各元素氧化后所放出的热量，与铁水成分有关。

在炼钢温度下，各元素每氧化 1 kg 所放出的热量不一样，这些热量能够使熔池升高的温度也各不相同。在不同的温度下，元素氧化放出的热量是有所差异的。每氧化 1 kg 元素熔池所吸收的热量及氧化 1% 元素使熔池升高的温度见表 2—14。

表 2—14　每氧化 1 kg 元素熔池吸收的热量（kJ）及氧化 1% 元素使熔池升高的温度（℃）

化学反应	氧气吹炼时的反应温度/℃		
	1 200	1 400	1 600
$[C] + \{O_2\} = \{CO_2\}$	$\frac{244}{33\ 061}$ *	$\frac{240}{32\ 517}$	$\frac{236}{31\ 973}$
$[C] + 1/2\ \{O_2\} = \{CO\}$	$\frac{84}{11\ 300}$	$\frac{83}{11\ 174}$	$\frac{82}{11\ 048}$
$[Fe] + 1/2\ \{O_2\} = (FeO)$	$\frac{31}{4\ 072}$	$\frac{30}{4\ 018}$	$\frac{29}{3\ 967}$
$[Mn] + 1/2\ \{O_2\} = (MnO)$	$\frac{47}{6\ 340}$	$\frac{47}{6\ 328}$	$\frac{47}{6\ 319}$
$[Si] + \{O_2\} + 2\ (CaO) = (2CaO \cdot SiO_2)$	$\frac{152}{20\ 674}$	$\frac{142}{19\ 293}$	$\frac{132}{17\ 828}$
$2\ [P] + 5/2\ \{O_2\} + 4\ (CaO) = (4CaO \cdot P_2O_5)$	$\frac{190}{25\ 738}$	$\frac{181}{24\ 524}$	$\frac{173}{23\ 352}$

* 分母为每氧化 1 kg 元素熔池吸收的热量，分子为氧化 1% 元素使熔池升高的温度。

现以碳的氧化为例，说明表中数据的由来。

例如，用氧气吹炼时，氧气温度为 25℃，在 1 200℃温度下，铁水中碳和氧气作用生成 CO 气体，其化学反应式为：

$$[C]_{1\ 473} + \frac{1}{2}\ \{O_2\}_{298} = \{CO\}_{1\ 473}\quad (\Delta Q = -135.600\ kJ)$$

其中 1 473 为 1 200℃时的绝对温度，即 1 200 + 273 = 1 473 K；

298 为 25℃时的绝对温度，即 25 + 273 = 298 K。

因此，在 1 200℃时用氧气吹炼，1 kg 碳氧化生成 CO 时放出的热量为：

$$\frac{135\ 600}{12} = 11.300\ \text{kJ/g} = 11\ 300\ \text{kJ/kg}$$

产生的 11 300 kJ 的热量不仅用于加热金属液及炉渣，同时也被炉衬吸收一部分。这些热量能使熔池温度升高的度数为：

$$Q = \sum(mc)\Delta t \quad (2—7)$$

$$\Delta t = \frac{Q}{\sum(mc)} \quad (2—8)$$

式中 Q——1 kg 元素氧化的发热量，kJ/kg；

m——受热金属液、炉渣和炉衬的质量，kg；

c——金属液、炉渣和炉衬的比热（分别为 1.05、1.235、1.235），kJ/（kg·℃）。

假设渣量为金属装入量的 15%，受热炉衬的质量为金属装入量的 10%。现以 100 kg 金属液为例计算，可以得到：

$$\Delta t = \frac{11\ 300}{100 \times 1.05 + 100 \times 15\% \times 1.235 + 100 \times 10\% \times 1.235} = 83℃$$

1 kg 元素是 100 kg 金属料的 1%，因此 1% 碳元素氧化生成 CO 后，放出的热量能够使熔池升温 83℃。根据同样的计算步骤，可分别计算出其他各元素的数据。

由表 2—14 可以看出：

（1）氧气转护炼钢热效高

氧气吹炼，碳与其他元素的发热能力较高，这就是氧气顶吹转炉炼钢热效率高，并有大量的富余热的原因。

（2）碳是氧气转炉炼钢的重要热源

碳的发热能力随其燃烧的完全程度而异，完全燃烧时其发热能力比硅、磷要高。但是在氧气转炉炼钢中一般只有 15% 左右的碳完全燃烧生成 CO_2，而大部分的碳没有完全燃烧。由于铁水中含碳量高达 4.0%，因此碳仍然是氧气转炉炼钢的主要热源。

（3）发热能力大的元素是硅、磷

硅、磷是氧气转炉炼钢的主要发热元素。而锰、铁的发热能力较小，因此不是主要热源。

总之，铁水中哪些元素是主要热源，不仅看其氧化反应的热效应的大小，还取决于元素的氧化总量。吹炼低磷铁水时，供热最多的是碳，其次是硅。吹炼高磷铁水时，磷由次要发热元素上升为主要发热元素之一，此时主要的发热元素是碳和磷。

2. 热量消耗

转炉的热量消耗一般可分为两部分。一部分热量直接用于炼钢，即用于加热钢水和熔渣的热量；另一部分热量为废气和烟尘带走的热量、冷却水带走的热量、炉口炉壳的散热损失和冷却剂的吸热等。

正常情况下，转炉有富余热量（富余热量 = 收入热量 - 支出热量）。转炉的富余热量，无疑应该很好地加以利用，一般采用配加废钢的方法来建立热平衡，以利用转炉的富余热量。如还有富余热量，则加冷却剂（铁皮、矿石等）进行调节。当废钢配比增加到一定数量时，将出现富余热量为零的情况，这时的废钢配比称为配比临界点。废钢配比的临界点一般为25% ~30%。我国多使用废钢作冷却剂，尤其是使用轻废钢可大幅度降低炼钢成本。

为了正确地控制转炉的吹炼终点温度，需要知道铁水中各元素氧化反应放出的总热量，这些热量除了把熔池金属液加热到出钢温度外，还有多少富余的热量，这些热量需要加入多少冷却剂，可以通过简单的热平衡计算求得。现以某厂生产条件下，100 kg 金属料为单位举例计算。原始数据如下：

铁水成分：$w_{C}=4.20\%$，$w_{Si}=0.70\%$，$w_{Mn}=0.40\%$，$w_{P}=0.14\%$；

铁水温度：1 250℃；

终点成分：$w_{C}=0.20\%$，$w_{Mn}=0.16\%$，$w_{P}=0.03\%$，w_{Si}为痕迹量；

终点温度：1 650℃。

计算步骤：

（1）先计算出在1 250℃时各元素氧化反应的热效应。

从表2—14 中可以看出，1 200℃时，碳氧化1 kg 时熔池的吸热量为33 061 kJ。1 400℃时为32517 kJ。设1 250℃与1 200℃时的热量差为 x，则有：

$$(1\,400-1\,200):(3\,3061-32\,517) = (1\,250-1\,200):x$$

$$x=136\ \text{(kJ)}$$

所以1 250℃时，碳氧化成 CO_2 的热效应为：

$$33\,061-136=32\,925\ \text{(kJ)}$$

用同样的方法可以计算出其他元素在1 250℃时，每氧化1 kg 熔池所吸收的热量。

$C \to CO_2$	32 925 kJ
$C \to CO$	11 269 kJ
$Fe \to FeO$	4 058 kJ
$Mn \to MnO$	6 337 kJ
$Si \to 2CaO \cdot SiO_2$	20 329 kJ
$P \to 4CaO \cdot P_2O_5$	25 435 kJ

（2）计算各元素的氧化量，以及各元素氧化后为熔池所吸收的热量，见表2—15。

表2—15　　吹炼过程中各元素氧化后为熔池所吸收的热量

元素和氧化产物	氧化量/kg	为熔池所吸收的热 Q/kJ	备注
$C \to CO_2$	4.0 ×10% =0.4	32 925 ×0.40 =13 170	10%的C氧化成 CO_2
$C \to CO$	4.0 ×90% =3.6	11 269 ×3.60 =40 568	90%的C氧化成CO
$Si \to 2CaO \cdot SiO_2$	0.7	20 329 ×0.70 =14 230	
$Mn \to MnO$	0.24	6 337 ×0.24 =1521	
$Fe \to FeO$	1.40	4 058 ×1.40 =5 681	100 ×15% ×12% ×56/72 =1.40 渣量取15%；12%的Fe氧化为FeO
$P \to 4CaO \cdot P_2O_5$	0.11	25 435 ×0.11 =2 798	
总量		77 968	

从表2—15 中的计算结果可知，熔池所吸收的热量是77 968 kJ。除了考虑炉气、炉渣从室温加热到1 250℃所需要的热量外，还有一部分热损失，如吹炼过程中炉子的热辐射、

热对流，以及喷溅引起的热损失等。因此，真正吸收的热量比上面计算的要小，上述各项热损失大约占总热量的10%左右。则熔池所吸收的热量为：

$$77\ 968 \times 90\% = 70\ 171\ (\mathrm{kJ})$$

（3）计算熔池从1 250℃升温到1 650℃所需的热量。

金属液和炉渣从1 250℃加热到出钢温度1 650℃需要升温400℃，排出的炉气为1 450℃则需要升温200℃，总共需要的热量可按公式进行计算：

$$\begin{aligned} Q &= 400 \times 0.837 \times 90 + 400 \times 1.247 \times 15 + 200 \times 1.13 \times 10 \\ &= 39\ 874\ (\mathrm{kJ}) \end{aligned}$$

式中　0.837、1.247、1.13——钢液、炉渣、炉气的比热，kJ/（kg·℃）；

90、15、10——钢液、炉渣、炉气的质量，kg。

（4）计算富余的热量。

根据以上计算，富余的热量为：

$$70\ 171 - 39\ 874 = 30\ 297\ (\mathrm{kJ})$$

若以废钢为冷却剂，废钢加入量为：

$$\frac{30\ 297}{0.70 \times (1\ 500 - 25) + 272 + 0.837 \times (1\ 650 - 1\ 500)} = 21\ (\mathrm{kg})$$

式中　0.70、0.837——固体废钢和钢液的比热，kJ/（kg·℃）；

1 500——钢的熔点，℃；

272——钢的熔化潜热，kJ/kg。

每100 kg铁水可加入废钢21 kg，占铁水量的21%，如果装入30 t铁水，则可加废钢6.3 t或加3 t废钢和1 t多铁矿石。

以上是简单计算方法，其准确程度的关键是确定热损失的大小。

二、冷却剂的种类与冷却效应

1. 冷却剂的种类

氧气顶吹转炉炼钢常用的冷却剂有三种，即废钢、铁矿石和氧化铁皮。有时也可采用石灰、轻烧白云石、生铁块作冷却剂。它们可以单独使用，也可以相互搭配使用。三种常用冷却剂的比较见表2—16。

表2—16　三种常用冷却剂的比较

冷却剂	优点	缺点	应用注意事项
废钢	杂质少，可减少成渣量，因而对吹炼过程影响小，操作比较稳定，而且喷溅少，冷却效果稳定，便于控制熔池温度，并可适当放宽对铁水含硅量的限制，增加废钢比，降低钢的成本	加废钢必须用专门设备，增加了装料时间，影响转炉生产率，不便于在吹炼过程中进行温度的调整	要防止加废钢引起的喷溅
铁矿石	可在不停氧吹炼条件下，分批加入炉内，不占用吹炼时间，有利于快速成渣和脱磷，并能降低耗氧量和钢铁料消耗，吹炼过程中调解温度较方便	由于铁矿石成分波动较大，冷却效果不稳定，生成的渣量大，一次加入量过多容易引起喷溅	在使用时必须注意铁矿石不要加得过晚，最好小批量连续加入

续表

冷却剂	优点	缺点	应用注意事项
氧化铁皮	成分稳定，含杂质量少，生成渣量也少，冷却效果比铁矿石稳定，多用于吹炼过程调整温度，具有化渣脱磷作用	氧化铁皮的密度小，吹炼过程中容易被炉气带走	使用前应烘烤，以免因带入炉内较多水分而影响钢的质量

从以上分析比较可知，为了准确地控制过程温度和终点温度，采用废钢作冷却剂效果最好。但是为了促进早化渣，提高脱磷效率，也可搭配使用一部分铁矿石或氧化铁皮，但铁矿石用量不宜过多，否则会造成喷溅和大渣量操作。在吹炼中、高碳钢时，为了促进化渣，可以少加或不加废钢，大部分或全部采用铁矿石作冷却剂。

2. 冷却剂的冷却效应

氧气顶吹转炉在吹炼过程中各元素氧化反应放出的热量，除了满足出钢温度的要求外，还有大量的富余热，因此在吹炼过程中要加入一定数量的冷却剂。只要掌握各种冷却剂的冷却效应，就能合理确定冷却剂的用量。

冷却剂的冷却效果常用冷却效应来表征。冷却剂的冷却效应是指在一定条件下，加入1 kg冷却剂所消耗的热量，其单位为kJ/kg。

（1）铁矿石的冷却效应

铁矿石的冷却作用包括物理作用和化学作用两部分。物理冷却作用是指铁矿石从冷态（室温）加热到炼钢熔池温度所吸收的热量，其中包括熔化热。化学冷却作用是指铁矿石中氧化铁分解时所消耗的热量。计算公式如下：

$$Q_{矿} = M_{矿}C_{矿}\Delta t + M_{矿}\lambda_{矿} + M_{矿} \times \left(w_{Fe_2O_3} \times \frac{112}{160} \times 6\,456 + w_{FeO} \times \frac{56}{72} \times 4\,247\right)(\text{kJ}) \tag{2—9}$$

式中 $M_{矿}$——铁矿石质量，kg；

$C_{矿}$——铁矿石比热容，一般取1.02 kJ/（kg·℃）；

Δt——铁矿石加入熔池后的温升数，℃；

$\lambda_{矿}$——铁矿石的溶化潜热，209 kJ/kg；

160——Fe_2O_3的分子量；

112——两个铁原子的原子量；

56——铁的原子量；

72——FeO 的分子量；

6 456 和 4 247——Fe_2O_3和 FeO 分解成 1 kg 铁时吸收的热量，kJ/kg。

［例 2—4］　铁矿石成分：Fe_2O_3含量为70%，FeO 含量为10%，其他氧化物 SiO_2、Al_2O_3、MnO 含量为20%，铁矿石加入熔池后的温升数为1 610℃，计算1 kg 铁矿石的冷却效应。

［解］

$$Q_{矿} = 1 \times 1.02 \times 1\,610 + 1 \times 209 + 1 \times \left(w_{Fe_2O_3} \times \frac{112}{160} \times 6\,456 + w_{FeO} \times \frac{56}{72} \times 4\,247\right)$$

$$= 5\,345(\text{kJ})$$

从上面计算可以看出，铁矿石的冷却作用主要是Fe_2O_3分解。因此，铁矿石的冷却效应随铁矿石中氧化铁的含量变化而变化。

（2）废钢的冷却效应

废钢的冷却作用主要是从常温加热到全部熔化，并提高到出钢温度所需要的热量。其计算公式如下：

$$Q_{废} = M_{废} \times [C_{熔} t_{熔} + \lambda_{废} + C_{液}(t_{出} - t_{熔})] (kJ) \quad (2—10)$$

式中 $M_{废}$——废钢质量，kg；

$C_{熔}$——从常温到熔化温度的平均比热，0.699 kJ/（kg·℃）；

$t_{熔}$——废钢熔化温度（低碳钢可按 1 500℃考虑）；

$\lambda_{废}$——废钢熔化潜热，272 kJ/kg；

$C_{液}$——液态钢的比热，0.837 kJ/（kg·℃）；

$t_{出}$——出钢温度，℃。

对于 1 kg 废钢，若出钢温度按 1 640℃控制，则该条件下废钢的冷却效应为：

$$Q_{废} = 1 \times [0.699 \times 1\,500 + 272 + 0.837 \times (1\,640 - 1\,500)] = 1\,438 (kJ)$$

（3）氧化铁皮的冷却效应

其计算方法与铁矿石相同，如果氧化铁皮的成分是 FeO 含量为 50%，Fe_2O_3 含量为 40%，其他氧化物含量为 10%，则对于 1 kg 氧化铁皮的冷却效应是：

$$Q_{铁皮} = 1 \times 1.02 \times 1\,610 + 1 \times 209 + 1 \times \left(40\% \times \frac{112}{160} \times 6\,456 + 50\% \times \frac{56}{72} \times 4\,247\right) = 5\,311 (kJ)$$

由计算结果可见，氧化铁皮的冷却效应和铁矿石相近。如果以废钢的冷却效应为 1，则铁矿石的冷却效应是 5 345/1 438 =3.7；氧化铁皮的冷却效应是 5 311/1 438 =3.69。由于各种冷却剂的成分有波动，因此它们之间的比例关系也有一定的波动范围。各种冷却剂的冷却效应的换算值见表 2—17。

表 2—17　各种冷却剂的冷却效应的换算值

废钢	铁矿石	氧化铁皮	石灰	烧结矿	菱镁矿	生白云石	石灰石	生铁块
1.0	3.0~4.0	3.0~4.0	1.0	3.0	1.5	2.0	3.0	0.6

三、温度控制

温度控制实际上就是确定冷却剂的加入数量和加入时间。而影响冷却剂加入量的因素比较多，因此，只根据冷却剂的冷却效应确定其加入量是不够的，还必须全面考虑各种影响因素，才能比较准确地确定冷却剂的加入量。

1. 影响熔池温度的因素

（1）铁水成分。铁水中的硅是氧气转炉炼钢的主要热源之一，因此，在其他条件不变的情况下，冷却剂的用量应随铁水中硅元素含量的增减而增减。生产实际数据表明，铁水中的硅含量每增加 0.1%，终点钢水温度增高 8~12℃。

（2）铁水温度。铁水温度高低关系到带入物理热的多少，所以应根据铁水温度的高低，调整冷却剂用量。铁水温度稳定，有利于控制吹炼过程温度。

（3）铁水装入量。铁水装入量影响铁水带入炉内的物理热和化学热，一般铁水装入量增减则冷却剂用量也随之增减。

（4）终点含碳量。一般终点含碳量在0.2%以下时，每增减0.01%碳，出钢温度增减2～3℃，在吹炼低碳钢时应考虑这方面的影响。

（5）枪位。采用低枪位操作时，会使炉内化学反应速度加快，特别是脱碳速度加快，供氧时间缩短，单位时间内发出热量增加，热损失相应减少，为防止终点温度偏高，可相应地增加冷却剂用量。采用较大供氧强度，则冶炼时间短，单位时间热损失减少，为防止终点温度偏高，应相应地增加冷却剂用量。

（6）相邻两炉的间隔时间。炉与炉的间隔时间越长，炉衬的热损失越大，在一般情况下，炉与炉的间隔时间为4～10 min。因此，间隔时间在10 min以内的，可以不用调整冷却剂用量，超过10 min时，应考虑减少冷却剂的用量。

（7）空炉时间。由于补炉或其他原因，炉子停吹时间较长者称为空炉。根据不同炉龄期，不同的空炉时间对温度的影响不同，所以应相应地减少冷却剂用量。

（8）喷溅。喷溅会增加热损失。因此对喷溅严重的炉次，要特别注意调整好冷却剂的用量。

（9）石灰用量。石灰的冷却效应与废钢相似。如果石灰用量大，则渣量大，造成吹炼时间长，影响终点温度，所以当石灰用量过大时，应相应地减少冷却剂用量。

（10）炉龄。新炉阶段炉衬温度低且出钢口小，因此，前20炉终点温度应比正常炉次吹炼温度高20～30℃，方可获得良好的浇注温度，所以此阶段冷却剂用量可相应减少。炉役后期炉衬较薄，热损失增大，除适当减少冷却剂用量外，还应尽量缩短辅助时间。

2. 吹炼过程的温度控制

要想控制好过程温度，就必须掌握好吹炼过程温度的变化情况，根据对炉况的判断来调整温度。

过程温度控制一般先根据钢种对终点钢液温度的要求，确定冷却剂的总需要量，然后分批定量在一定时间内加入，由于废钢在吹炼过程中加入不方便，影响吹炼时间。因此，废钢都在开始吹炼前加入。铁矿石或氧化铁皮是冷却剂，又是助熔剂，所以在造渣时，一般与石灰一起加入。

（1）吹炼前期可从炉口火焰上来的早晚来判断熔池温度的高低。如果碳焰上来较晚，红烟多表明前期温度低。因此，可适当降枪来加速前期各元素的氧化反应以提高熔池温度。反之，如果碳焰上来较早，则表明前期温度较高，可适当提前加入二批渣料加以控制。

（2）吹炼中期，可以根据炉口火焰的特征并参照氧枪进出冷却水温差来判断熔池温度。如果熔池温度高，则应及时采取降温措施，其最有效办法是向炉内追加铁矿石或氧化铁皮进行调整，如果熔池温度低，可适当采用低枪位操作进行提温，或向炉内加入提温剂，如硅铁、铝（或铝铁）等，提温时应适当降低枪位加速熔池反应。

（3）吹炼后期，如果熔池温度高，可以适当加入一定数量的铁矿石、氧化铁皮或白云石及石灰进行降温。应注意根据具体情况加以合理选择进行降温。如果熔池温度低，应加入适量的硅铁、铝铁等进行提温，同时应注意回磷。如果在吹炼后期发现碳低、温度高，则可加入生铁块进行降温增碳。

总之，控制好过程温度是保证达到合适终点温度的关键。

3. 冷却剂用量的确定

冷却剂用量可以用物料平衡和热平衡计算来确定。物料平衡是计算炼钢过程中加入炉内和参与炼钢过程的全部物料（如铁水、废钢、氧气、冷却剂、渣料和被侵蚀的炉衬等）和炼钢过程的产物（如钢液、炉渣、炉气、烟尘等）之间的平衡关系。热平衡是计算炼钢过程的热量收入（如铁水的物理热、化学热）和热量消耗（如钢渣及炉渣的物理热、冷却剂熔化和分解热等）之间的平衡关系。

要进行物料平衡和热平衡计算，首先应对氧气转炉吹炼过程的有关数据进行实测。下面是根据国内某炼钢厂 30 t 氧气转炉部分实测数据进行的计算。

由于炼钢过程是在高温下进行的复杂物理化学变化过程，要全面实测所有数据尚有困难。同时反应温度、反应物浓度、状态等参数又随吹炼过程不断变化。因此，计算结果与实际生产情况会有一定偏差，需要在生产实践中进行修正，但对生产仍起着重要指导作用。

(1) 计算原始数据（见表 2—18、表 2—19、表 2—20、表 2—21）

表 2—18　某炼钢厂 30 t 氧气转炉一炉钢实测数据

项目	化学成分/%					质量/t	温度/℃	终渣成分/%		
	C	Si	Mn	P	S			CaO/SiO_2	FeO	Fe_2O_3
铁水	4.40	0.93	0.20	0.12	0.04	31.7	1 300	3.02	10.99	4.79
钢液	0.06	0.01	0.05	0.005	0.014		1 670			
废钢	0.03	0.02	0.04	0.004	0.004					

表 2—19　氧气转炉炼钢用原材料成分

项目	成分/%								
	Fe_2O_3	CaO	SiO_2	MgO	MnO	CaF_2	Al_2O_3	S	烧碱
石灰		92.15	1.58	1.25				0.1	4.92
铁矿	80		10		5.0		4.93	0.07	
萤石			4.3			95.7			
炉衬		55	2.6	40			2.4		

表 2—20　铁水、钢液、炉渣、炉气、烟尘的平均比热

项　目	固态平均比热/[kJ/(kg·℃)]	熔化潜热/(kJ/kg)	液态或气态比热/[kJ/(kg·℃)]
生铁	0.745	218	0.837
钢	0.700	272	0.837
炉气炉渣		209	1.247
炉气			1.140
烟尘	1.000	209	

表 2—21　　反应热效应

反 应 式	ΔH/（kJ/mol）	ΔH/（kJ/kg）
$[C]+\frac{1}{2}O_2=CO_2$	−139 327	−11 676
$[C]+O_2=CO_2$	−417 793	−34 944
$[Mn]+\frac{1}{2}O_2=MnO$	−361 498	−6 615
$[Si]+O_2=SiO_2$	−817 135	−29 274
$2[P]+\frac{5}{2}O_2+4CaO=4CaO\cdot P_2O_5$	−2 223 796	−36 015
$Fe+\frac{1}{2}O_2=FeO$	−238 070	−4 263
$2Fe+\frac{3}{2}O_2=Fe_2O_3$	−721 950	−6 481
$SiO_2+2CaO=2CaO\cdot SiO_2$	−97 059	−1 625

以下数据为假定值：

1）炉气平均温度为 1 450℃；

2）金属中烧损的碳 90% 氧化成 CO，10% 氧化成 CO_2；

3）炉衬消耗为 1.0%；

4）转炉渣中铁珠量占渣量的 8%；

5）烟尘损失为 1.16%，其中 Fe_2O_3 为 70%，FeO 为 20%；

6）因喷溅产生的机械吹损在炉役中期平均为 1.2%；

7）氧气成分：$w_{O_2}=99.5\%$，$w_{N_2}=0.5\%$。

（2）物料平衡计算

为简化起见，以 100 kg 钢铁料为计算基本单位。本炉钢铁料总重 31.7 + 3 = 34.7 t，其中铁水占 91.5%。每 100 kg 钢铁料加入的原材料数量为：石灰 7.49 kg，铁矿石 3.46 kg，萤石 1.2 kg。

1）求各元素的含量（见表 2—22）。

表 2—22　　各元素的含量

项目	$w_C/\%$	$w_{Si}/\%$	$w_{Mn}/\%$	$w_P/\%$	$w_S/\%$
铁水（91.5%）	4.40	0.93	0.20	0.12	0.04
废钢（8.5%）	0.03	0.02	0.04	0.004	0.004
钢铁料（平均成分）	4.43	0.95	0.24	0.124	0.044
钢液	0.06	0.01	0.05	0.005	0.014
氧化量	4.37	0.94	0.19	0.119	0.03

2）求各元素氧化产物的数量（见表 2—23）。

表 2—23　　各元素氧化产物的数量（t）

元素	氧化物	氧化量	耗氧量	氧化产物量	备注
Si	SiO_2	0.94	$0.94\times\frac{32}{28}=1.074$	2.01	
Mn	MnO	0.19	$0.19\times\frac{16}{55}=0.055$	0.25	
C	CO	4.37×90% =3.93	$3.93\times\frac{16}{12}=5.24$	9.17	
C	CO_2	4.37×10% =0.44	$0.44\times\frac{32}{12}=1.17$	1.61	
P	P_2O_5	0.119	$0.119\times\frac{80}{62}=0.15$	0.27	
Fe	FeO	1.26	$1.26\times\frac{16}{56}=0.36$	1.62	
Fe	Fe_2O_3	0.49	$0.49\times\frac{48}{112}=0.21$	0.70	
S	SO_2	0.03×30% =0.009	$0.009\times\frac{32}{32}=0.009$	0.018	
S	CaS	0.03 −0.009 =0.021		$0.018\times\frac{72}{32}=0.04$	
共计		7.399	8.268		

3）求炉渣质量及成分（见表 2—24）。

表 2—24　　炉渣质量和成分

氧化物	氧化产物/kg	石灰/kg	铁矿/kg	萤石/kg	炉衬/kg	共计	
						kg	%
SiO_2	2.01	7.49×1.58% =0.12	3.46×10% =0.35	1.2×4.3% =0.05	1×2.6% =0.03	2.56	17.17
CaO		7.49×92.15% =6.90			1×55% =0.55	7.45	49.97
CaF_2				1.2×95.7% =1.15		1.15	7.71
MnO	0.25		3.46×5% =0.17			0.42	2.82
MgO		7.49×1.25% =0.09			1×40% =0.40	0.49	3.29
FeO	1.62					1.62	10.87
Fe_2O_3	0.70					0.70	4.69
P_2O_5	0.27					0.27	1.81
Al_2O_3			3.46×4.93% =0.17		1×2.4% =0.024	0.19	1.27
CaS	0.04	$7.49\times0.10\%\times\frac{72}{32}=0.017$	$3.46\times0.07\%\times\frac{72}{32}=0.005$			0.06	0.40
						14.91	100

由表 2—24 计算结果可知，炉渣碱度为 3.1，$w_{FeO}=10.87\%$，$w_{Fe_2O_3}=4.69\%$，与实际成分基本相同。

4）铁矿石还原，转炉烟尘和总耗氧量。加入铁矿石为3.46 kg，其中：

$$Fe_2O_3 = 3.46 \times 80\% = 2.77\ (kg)$$

2.77 kg Fe_2O_3 中：

含 Fe　$2.77 \times \frac{112}{160} = 1.94$（kg）

含 O_2　$2.77 \times \frac{48}{160} = 0.83$（kg）

每100 kg钢铁料产生1.16 kg烟尘，其中烟尘中含 Fe_2O_3 70%，FeO 20%，则烟尘中：

含 O_2　$1.16 \times 70\% \times \frac{48}{160} + 1.16 \times 20\% \times \frac{16}{72} = 0.30$（kg）

含 Fe　$1.16 \times 70\% \times \frac{112}{160} + 1.16 \times 20\% \times \frac{56}{72} = 0.75$（kg）

炉气中含0.5%左右自由氧，由表2—25炉气成分可反算出自由氧质量为0.056 kg。故氧气总耗量为：

$$8.268 + 0.30 - 0.83 + 0.056 = 7.794\ (kg)$$

$$7.794 \times \frac{22.4}{32} = 5.456\ (m^3)$$

由于氧气纯度为99.5%，故实际耗氧量为：

$$\frac{5.456}{99.5\%} = 5.483\ (m^3)$$

带 N_2 为：$5.483 - 5.456 = 0.027$（m^3）

5）求炉气成分（见表2—25）。

表2—25　　**炉气成分**

成分	质量/kg	体积/m^3	体积百分数/%
CO	9.17	$9.17 \times \frac{22.4}{28} = 7.34$	87.17
CO_2	1.978 *	$1.978 \times \frac{22.4}{44} = 1.01$	12.00
N_2	0.03	$0.03 \times \frac{22.4}{28} = 0.024$	0.29
O_2	0.056	$0.056 \times \frac{22.4}{32} = 0.039$	0.46
SO_2	0.018	$0.018 \times \frac{22.4}{64} = 0.006$	0.07
共计	11.252	8.42	100

注：* CO_2 成分中包括石灰烧碱0.368 kg。

6）钢液收得率。吹损组成为化学烧损6.90 kg，烟尘损失0.75 kg，炉渣中铁珠损失为 $14.91 \times 8\% = 1.19$（kg），机械吹损1.2 kg。

加入铁矿石还原出铁为1.94 kg，增加了钢液收得率。

$$钢液量 = 100 - (6.90 + 0.75 + 1.19 + 1.2) + 1.94 = 91.9\ (kg)$$

$$钢液收得率 = \frac{91.9}{100} \times 100\% = 91.9\%$$

7）物料平衡表（见表2—26）。

表2—26 **物料平衡表**

收入			支出		
项目	质量/kg	%	项目	质量/kg	%
铁水	91.50	75.66	钢液	91.90	76.30
废钢	8.50	7.03	炉渣	14.91	12.19
石灰	7.49	6.19	炉气	11.25	8.57
铁矿石	3.46	2.86	喷溅	1.20	1.00
萤石	1.20	0.99	烟尘	1.16	0.96
炉衬	1.00	0.83	铁珠	1.19	0.98
氧气	7.79	6.44			
共计	120.94	100.00		121.61	100.00

注：误差为$\frac{120.94-121.61}{120.94}=-0.55\%$。

（3）热平衡计算

为简化计算，装入炉内的冷料的物理热均不计算在内，因此，“收入”与“支出”两项中有关物理热的计算以冷料温度（假定为25℃）为起点。

1）热量收入。

铁水物理热：

$$铁水熔点=1\,538-(4.40\times100+0.93\times8+0.20\times5+0.12\times30+0.04\times25)-7=1\,078\ (℃)$$

$$铁水所带物理热=91.5\times[0.75\times(1\,078-25)+218+0.84\times(1\,300-1\,078)]=109\,272\ (\mathrm{kJ})$$

各元素氧化放热见表2—27。

表2—27 **各元素氧化放热**

反应	元素氧化放热/kJ	反应	元素氧化放热/kJ
$C\rightarrow CO$	$3.93\times11\,676=45\,887$	$P\rightarrow 4CaO\cdot P_2O_5$	$0.119\times36\,015=4\,286$
$C\rightarrow CO_2$	$0.44\times34\,944=15\,375$	$Fe\rightarrow FeO$	$1.26\times4\,263=5\,371$
$Si\rightarrow SiO_2$	$0.94\times29\,274=27\,517$	$Fe\rightarrow Fe_2O_3$	$0.49\times6\,481=3\,176$
$Mn\rightarrow MnO$	$0.19\times6\,615=1\,257$		
		总计	102 869

烟尘氧化热：

$$1.16\times0.70\times\frac{112}{160}\times6\,481=3\,684\ (\mathrm{kJ})$$

$$1.16\times0.20\times\frac{56}{72}\times4\,263=769\ (\mathrm{kJ})$$

SiO_2成渣生成热：

$$2.56 \times 1\ 625 = 4\ 160\ (kJ)$$

总热量收入 = 109 272 + 102 869 + 3 684 + 769 + 4 160 = 220 754（kJ）

2）热量支出。

钢液物理热：

钢液熔点 = 1 538 − （0.06 × 65 + 0.01 × 8 + 0.05 × 5 + 0.005 × 30 + 0.014 × 25） − 7 = 1 526（℃）

钢液物理热 = 91.9 × ［0.70 × （1 526 − 25） + 272 + 0.84 × （1 670 − 1 526）］ = 132 672（kJ）

炉渣物理热：

$$14.91 \times [1.247 \times (1\ 670 - 25) + 209] = 33\ 701\ (kJ)$$

铁矿石分解热：

$$3.46 \times 6\ 481 = 22\ 424\ (kJ)$$

炉气物理热：

$$11.25 \times 1.14 \times (1\ 450 - 25) = 18\ 276\ (kJ)$$

烟尘带走的热量：

$$1.16 \times [1.0 \times (1\ 450 - 25) + 209] = 1\ 895\ (kJ)$$

渣中铁珠和喷溅金属带走的热量：

$$(1.19 + 1.20) \times [0.70 \times (1\ 526 - 25) + 272 + 0.84 \times (1\ 670 - 1\ 526)] = 3\ 450\ (kJ)$$

总热量支出 = 132 672 + 33 701 + 22 424 + 18 276 + 1 895 + 3 450 = 212 418（kJ）

其他热损失 = 220 754 − 212 418 = 8 336（kJ）

3）热平衡表（见表 2—28）。

表 2—28　　热平衡表

热收入			热支出		
项目	热量/kJ	%	项目	热量/kJ	%
铁水物理热	109 272	49.50	钢液物理热	132 672	60.10
各元素氧化热	102 869	46.60	炉渣物理热	33 701	15.27
其中：C	61 262	27.75	铁矿石分解热	22 424	10.16
Si	27 517	12.47	炉气物理热	18 276	8.28
Mn	1 257	0.57	烟尘带走热	1 895	0.86
P	4 286	1.94	铁珠喷溅带走热	3 450	1.56
Fe	8 547	3.87	其他热损失	8 336	3.78
烟尘氧化热	4 453	2.02	共计	220 754	100.00
SiO_2成渣热	4 160	1.88			
共计	220 754	100.00			

由热平衡表可以算出转炉总热效率：

$$转炉总热效率 = \frac{60.10 + 10.16}{100} \times 100\% = 70.26\%$$

通过物料平衡和热平衡计算确定冷却剂用量比较准确，但较复杂，而且吹炼参数经常变化，很难用此方法进行快速计算。但是物料平衡和热平衡计算在生产实践中仍然起着重要的指导作用，对实现炼钢过程的自动控制具有重要的意义。目前，大多数转炉炼钢厂都根据生产经验数据简单计算来确定冷却剂用量。

4. 出钢温度的确定

吹炼任何钢种，对其出钢温度范围都有一定的要求，出钢温度过低可能会造成短锭、钢包包底粘钢以及发生回炉事故。出钢温度过高则会增加钢中气体和非金属夹杂物的含量，影响钢的质量。同时还会增加铁的烧损，降低炉衬与氧枪的使用寿命，甚至造成漏钢事故。

确定出钢温度的出发点是保证浇注车间正常地进行浇注。因此，合适的出钢温度是根据生产条件（车间的布置、铸锭条件等）和经验确定的，确定原则如下。

(1) 确定所炼钢种的凝固温度，保证浇注温度高于所炼钢种凝固温度60~100℃。

凝固温度是根据钢种的化学成分而定的，可根据表2—29中的数据及钢中各元素的含量，计算钢液的凝固温度。

$$T_{凝} = 1\,538 - \Sigma(w_i \cdot \Delta T_i) \qquad (2—11)$$

式中 1 538——纯铁的凝固点；

w_i——钢中某元素的质量百分数，%；

ΔT_i——1%的 i 元素使纯铁凝固温度的降低值，其数据见表2—29。

表2—29　溶解于铁水中的元素为1%时纯铁凝固点降低值

元素	适用范围/%	凝固点降低值/℃	元素	适用范围/%	凝固点降低值/℃
C	<1.0	65	Ti	0~0.3	18
	1.0~2.0	70	Sn		10
	2.0~2.5	75	Co		1.5
	2.5~3.0	80	Mo		2
	3.0~3.5	85	B		90
	3.5~4.0	91	Ni	0~9.0	4
	>4.0	100	Cr	0~18.0	1.5
Si	0~30	8	Cu	0~0.3	5
Mn	0~1.5	5	W	18% W, 0.65% C	1
S	0~0.08	25	H	0~0.03	1 300
P	0~0.7	30	O_2	0~0.03	80
Al	0~1.0	3	N_2	0~0.03	90

(2) 为保证顺利浇注，应有合适的过热温度。此温度与浇注方式、钢锭大小、钢种种类和浇注速度等因素有关。

(3) 应考虑出钢过程和钢水运输、镇静时间、钢液吹氩时的温降。通常为40~80℃。

（4）应考虑浇注方式和浇注锭型大小。若是连铸，出钢温度要适当高些（比模铸钢水高出20～50℃）。

此外，开新炉第一炉要求提高20～30℃；连铸第一炉要求提高20～30℃；一般钢种出钢温度为1 660～1 680℃；高碳钢为1 590～1 620℃。

总之，出钢温度就是钢的凝固温度与上述各种温降及过热温度之和。合适的出钢温度可按式（2—12）计算：

$$T_{出} = T_{凝} + \Delta T_1 + \Delta T_2 \tag{2—12}$$

式中 $T_{出}$——出钢温度,℃；

$T_{凝}$——所炼钢种的凝固点,℃；

ΔT_1——钢水过热度,℃；

ΔT_2——从出钢到开浇期间钢液的温降,℃。

模铸钢水的过热度波动在50～100℃之间；连铸中间包过热度与钢种、坯型有关，如低合金方坯取20～25℃，板坯取15～20℃。

现以35钢为例，计算其出钢温度。35钢的化学成分为：$w_C = 0.35\%$，$w_{Si} = 0.27\%$，$w_{Mn} = 0.65\%$，$w_S = 0.02\%$，$w_P = 0.02\%$。

由表2—29中可以查出，每0.1%元素使纯铁凝固点降低值分别为：

C	Si	Mn	P	S
65℃	8℃	5℃	30℃	25℃

另外，钢中还含有一些气体（H_2、N_2、O_2），它们能使纯铁熔点下降2℃，这些元素和气体又能综合降低纯铁熔点5℃左右，而纯铁凝固温度为1 538℃。计算其出钢温度。

解：
$$\begin{aligned} T_{凝} &= 1\,538 - \Sigma(w_i\% \cdot \Delta T_i) \\ &= 1\,538 - (65 \times 0.35 + 8 \times 0.27 + 5 \times 0.65 + 30 \times 0.02 + 25 \times 0.02 + 2 + 5) \\ &= 1\,502(℃) \end{aligned}$$

浇注过程中钢液的温降，根据35钢浇注的经验数据为80℃。从出钢到开浇期间钢液的温降的经验数据为60℃。则

$$T_{出} = 1\,502 + 80 + 60 = 1\,642(℃)$$

思考题

1. 温度控制主要包括哪些内容？
2. 氧气顶吹转炉炼钢的热量来源是什么？
3. 冶炼过程中熔池温度过高或过低有什么不好？
4. 影响冶炼过程温度的因素有哪些？
5. 合适的出钢温度是根据什么确定的？具体原则是什么？
6. 影响冷却剂用量的主要因素是什么？
7. 常用的冷却剂有哪些？如何使用？它们的特点是什么？
8. 什么是冷却剂的冷却效应？比较说明废钢、铁矿石的冷却效应。

第六节　终 点 控 制

一、终点的标志

转炉兑入铁水后，通过供氧、造渣、升温，使熔池中的金属液在高温状态下进行一系列的物理化学反应，在吹氧结束时，使熔池中金属液的化学成分及温度同时达到所炼钢种出钢的要求，这一时刻称为“终点”。简单地说，就是决定氧气顶吹转炉内钢液已经炼好的这个时刻。

到达终点的基本条件如下：

（1）氧气顶吹转炉熔池中钢液的碳含量达到所炼钢种的控制范围。

（2）熔池中钢液的硫、磷杂质含量低于所炼钢种成分规格下限一定范围。

（3）熔池中钢液的出钢温度能保证顺利地进行精炼、浇注。

（4）对于沸腾钢，钢水应有一定的氧化性。

到达终点的基本条件在整个吹炼过程中既相互联系又相互影响。如温度影响着吹炼中造渣、去除硫磷的效果，同时也影响着碳的氧化速度。反之，碳的氧化速度、造渣、去除硫磷的反应也直接影响着温度。

根据到达终点的基本条件可知，对于终点，主要是控制终点含碳量、终点钢液温度以及具有一定碱度、一定$\sum(FeO)$含量、流动性良好的炉渣。由于硫、磷的去除通常比降碳复杂，所以在操作中应尽可能提早去除有害杂质硫、磷，并使之达到所炼钢种要求的成分规格下限以下，确保钢的质量。

出钢时机主要根据钢液碳含量和温度确定，因此终点也称为“拉碳”，拉碳有高有低有早有晚，必须进行适当的控制把碳拉准。终点控制不准确会造成一系列的危害。

氧气顶吹转炉脱碳速度快，而所炼钢种要求其含碳量的范围较小，所以终点的控制比较难。在正常情况下，氧气顶吹转炉采用单渣法操作时，最理想的是一次倒炉后钢液成分和温度均符合出钢要求，否则必须进行补吹（也称后吹）。

例如，拉碳偏高时，需要补吹，造成渣中$\sum(FeO)$含量高，金属消耗增加，降低炉衬使用寿命。若拉碳偏低，则不得不改变钢种牌号（或增碳），这样既延长了吹炼时间，也打乱了车间的正常生产秩序。

若终点温度偏低，也需要补吹，这样会造成碳偏低，必须增碳，则渣中$\sum(FeO)$含量高，使炉衬侵蚀增加；终点温度偏高，会增加钢水中的气体含量、浪费能源、侵蚀耐火材料、增加夹杂物含量和回磷量，从而降低钢的质量。

所以准确拉碳是终点控制的一项基本操作。

二、终点经验控制与判断

1. 终点碳的经验控制

终点含碳量主要根据所炼钢种的要求来控制。但应考虑到脱氧剂、铁合金含碳量所带来的影响。氧气顶吹转炉常用的经验控制吹炼终点的方法有两种，即拉碳法和增碳法，其中拉碳法分一次拉碳法和高拉补吹法。

（1）一次拉碳法

按所炼钢种出钢要求的终点碳和终点温度进行吹炼，当达到要求时提枪。

这种方法要求终点碳和温度同时达到所炼钢种的规格范围，否则需补吹增碳。一次拉碳法要求操作技术水平高，此法具有以下特点：

1）终渣∑(FeO）含量低，钢水收得率高，对炉衬侵蚀量小。

2）钢水中含有害气体较低，且不用加增碳剂，因而钢水洁净。

3）终点钢液残余锰量较高，可减少合金消耗。

4）耗氧量减少，降低成本，节省增碳剂。

（2）高拉补吹法

氧气顶吹转炉在吹炼中、高碳钢时，终点按该钢种规格要求的碳稍高一些进行拉碳，测温、取样后进行快速分析，再按分析结果与规格的差值决定补吹时间。

吹炼中、高碳（$w_C > 0.40\%$）钢时，由于在此范围内碳的氧化速度较快，火焰没有明显变化，从火花上也不容易判断，终点很难一次把碳拉准，所以采用高拉补吹的办法。高拉补吹法就是根据火焰和火花的情况，结合供氧时间和耗氧量，按所炼钢种规格要求稍高一些来拉碳，经钢样化学分析，再按这一碳含量范围内的脱碳速度补吹一段时间，以达到要求。这种方法只适合中、高碳钢种的吹炼。根据某厂家30 t转炉的经验数据，补吹时的脱碳速度一般为0.005%/s。当生产条件变化时，其数据也变化。

总之，吹炼过程中及时测定熔池温度及含碳量是提高拉碳法一次命中率，充分发挥其优越性的重要手段。

（3）增碳法

除超低碳钢种外的所有钢种，均吹炼到$w_{[C]} > 0.05\% \sim 0.06\%$时提枪，然后按照所炼钢种的规格范围，在钢包内加入增碳剂进行增碳，这一方法称为增碳法，其特点如下：

1）终点容易命中，没有补吹，因而生产率高。

2）吹炼操作稳定，易于实现自动控制。

3）热收入较高，可增加废钢比。

增碳法要求必须使用含硫量低、灰分少而且干燥的增碳剂，否则会沾污钢水。

知识链接

在生产中，应力争采用一次拉碳法。随着氧气顶吹转炉炼钢自动控制的迅速发展，可以对吹炼过程中各种参数进行快速、高效的计算和处理。因此，可以比较准确地控制吹炼过程和吹炼终点，使之达到较高的终点命中率。

2. 人工判断方法

判断终点决定出钢是关系一炉钢成败的关键，同时也是终点控制的一项基本操作。终点含碳量的判断目前有以下几种方法，即炉口火焰及火花观察法、高拉补吹法、结晶定碳法，并辅之以耗氧量作参考以及采用副枪定碳。

（1）碳的判断

1）看火焰。看炉口火焰是一种主要的经验判断终点碳的方法。通常以炉口火焰变化来判断炉内钢液含碳量，决定吹炼终点。

氧气顶吹转炉炼钢从供氧开始进行吹炼，熔池中的碳便不断地被氧化，含碳量逐渐降低，碳氧化后，在炉内形成大量的CO气体，高温的CO气体从炉口排出与周围的空气相遇，立即氧化燃烧形成了火焰。

炉口火焰的颜色、亮度、形状和长度等是熔池温度和单位时间内CO排出量的标志，而CO排出量又直接与熔池中脱碳速度有关。在一定温度下，火焰的长度和亮度决定于火焰中的CO和CO_2的数量，而火焰中CO和CO_2的数量又间接地反应了钢液中碳氧化的数量。

在一炉钢吹炼过程中，脱碳速度的变化是有规律的，所以可根据火焰的颜色、亮度、形状和长度判断熔池脱碳反应的状况，从而确定终点拉碳。

在吹炼前期，熔池温度低，碳氧化量少，所以炉口火焰短，颜色呈暗红色。在吹炼中期，碳在熔池中开始激烈氧化，生成CO量大，火焰白亮，长度增加，也显得有力。这时还不容易对含碳量进行准确的定量估计和判断。当碳进一步降低到0.20%左右时，由于炉内碳氧化速度明显减慢，生成的CO气体显著减少，致使火焰明显发生变化，开始收缩，火焰发淡、发软。若再继续吹炼，火焰萎缩变短，摇晃无力，表明熔池内碳已很低。炼钢工根据自己的具体体会就可以掌握住拉碳时机。

在生产中有许多因素都会对火焰的外观产生影响，因此，必须对各因素进行综合考虑，才能作出正确的估计和判断。主要因素有以下几方面：

①温度。熔池温度高，碳氧化反应速度快，火焰明亮有力，看起来碳好象还很高，但实际上已经不高了，要防止碳拉得偏低，所以应比火焰正常时早拉一点碳；熔池温度低，碳氧化速度缓慢，火焰发软，颜色淡清，火焰收缩较早，看上去碳好像不太高了，但实际上还较高，要防止碳拉得偏高，因此应比火焰正常时稍晚一点拉碳。

②炉龄。炉役前期炉膛小，氧气流股对熔池的搅拌力强，炉内化学反应速度快，且炉口较小，火焰显得有力，要防止碳拉得偏低，应早点拉碳。炉役后期炉膛扩大，氧气流股对熔池的搅拌力减弱，同时炉口增大，火焰显得比较软，火焰收缩早，要防止碳拉高了，因此应注意晚点拉碳。

③枪位、氧压。枪位低或氧气压力大，熔池搅拌力强，碳氧化反应速度快，炉口火焰有力，此时要防止碳拉低了，因此应早拉碳；枪位高或氧气压力小，熔池搅拌力弱，碳氧化反应速度慢，炉口火焰发软，要防止碳拉高了，因此应晚拉碳。

④炉渣情况。炉渣如果化得好，则炉渣均匀覆盖在钢液面上，气体排出有阻力，因此火焰发软；炉渣如果没有化好，或结了渣沱，不能很好地覆盖在钢液面上，气体排出阻力小，则火焰有力。另外，渣量大，气体排出阻力大，火焰发软。

生产小提示

火焰判断要根据各种影响因素综合加以考虑，才能比较准确地判断含碳量。同时还可根据炉口喷出来的金属液滴与空气接触后炸裂形成的火花判断熔池中钢液的含碳量。

⑤氧枪情况。氧枪喷嘴蚀损后，氧流速度降低，搅拌力弱，脱碳速度减慢，火焰软，应晚拉碳。

⑥炉口粘钢。炉口粘钢时，炉口变小，火焰显得发冲，要防止拉碳偏低。

2）看火花。当熔池中金属液滴喷出炉口后与空气接触时，液滴内部要进行各元素的氧化，其中碳氧化生成 CO 气体，由于气体体积膨胀，产生很大压力，金属液滴被撑破，爆裂成许多小碎片，即金属火花。

所有上述反应均是在一瞬间进行的。炸裂之后的碎片带有很高的温度，因此，在蓝色镜片下看呈红白色的小花，炸裂时产生的碎片多少和炸裂时的 CO 数量有关。熔池中碳含量越高，碳氧反应越激烈，CO 气体生成越多，炸裂得越厉害，分叉也就越多。

碳含量高（$w_C > 1.0\%$）时，爆裂程度大，表现为火球状和连续爆裂分散成羽毛状、蹦跳有力，随着含碳量不断降低，依次爆裂成多叉、三叉、两叉的火花，弹跳力逐渐减弱。当碳含量降到很低时（$w_C < 0.10\%$），火花几乎消失，跳出来的均是小火星和流线。碳含量与火花形态的关系见表 2—30。

表 2—30　　碳含量与火花形态的关系

碳含量	火花形态
>1.0%	爆裂程度大，火花分叉多，连续爆裂分散成羽毛状、颗粒大且射程远，蹦跳有力
0.30%~0.40%	钢水沸腾，火花分叉多，且碳花密集、弹跳有力，射程较远
0.18%~0.25%	一般分 4~5 叉，火花分叉较清晰，弹跳有力且弧度较大
0.12%~0.16%	碳花较稀，分叉明晰可辨，分 3~4 叉，落地呈“鸡爪”状，碳花蹦跳弧度较小，多呈直线状
<0.10%	碳花弹跳无力，基本不分叉，呈球状颗粒
再低	火花呈麦芒状，短而无力，随风飘摇

以火花判断终点碳时，必须与钢液温度结合起来，如果钢液温度高，在同样碳含量的条件下，火花分叉比温度低时多。因此在炉温较高时，估计的碳含量可能高于实际碳含量。情况相反时，判断碳含量会比实际值偏低些。

只有当稍有喷溅带出金属时，才能观察到火花，否则无法判断。炼钢工判断终点时，在观察火焰的同时，可以结合炉口喷出的火花情况综合判断。

3）取钢样。取样操作过程如下：

①将转炉摇至合适的角度，停稳后开始取样。

②取样要做到深（熔池深度 1/3~1/2 处）、满、盖（盖渣）、稳，并缓慢准确地倒入样模内。

③转炉取出的钢样，要插入铝线脱氧。钢样不得带渣和毛刺，在样票上规范填写日期、班别、熔炼号及钢种后，把钢样及时送到化验室。

在正常吹炼条件下，吹炼终点拉碳后取钢样，将样勺表面的覆盖渣拨开，根据钢水沸腾情况可判断终点碳含量。

人工判断终点取样时要注意：样勺要烘烤，粘渣均匀（样勺先粘渣保护），钢水必须有渣覆盖，取样部位要有代表性，以便准确判断碳含量。

要把碳拉准应掌握几个关键问题，其中最主要的是温度控制要合适。因为温度合适，化渣、氧枪控制等一系列的操作才比较稳定，所以容易进行终点判断和把碳拉准。

4）结晶定碳法。采用高拉补吹法吹炼中、高碳钢时，终点可用结晶定碳法判断，其速度快且准确。结晶定碳法工作原理简述如下：

当液态的纯金属缓慢冷却到一定温度时，会结晶凝固成固体，而且从开始结晶到结晶完毕保持在一个固定的温度（水平段），这个温度就是结晶温度（也叫凝固温度）。纯金属结晶过程冷却曲线如图 2—23 所示。

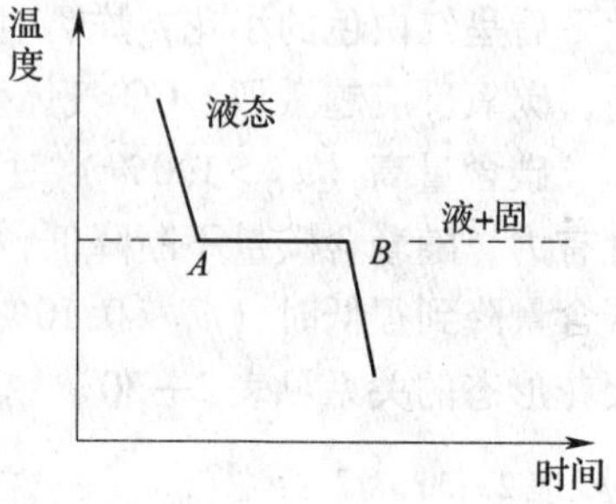

图 2—23　纯金属结晶过程冷却曲线

不同含碳量的钢液所表示的结晶温度是不同的。因此，利用结晶温度的不同可以反推出钢液的含碳量。

操作时，可将钢液倒入样模内，此模子下面装有一个“定碳头”，其中装有快速热电偶，偶丝经补偿导线直接连接在电子电位差计上，自动记录下钢液结晶过程的冷却曲线，根据曲线上出现拐点的电势值折换成温度值，即可按预先制定的表格换算成一定的含碳量。

5）其他判断方法。当氧枪喷嘴结构尺寸一定时，采用恒压变枪操作，单位时间的供氧量是一定的。在装入量、铁水成分、冷却剂加入量、吹炼钢种等都没有什么变化时，吹炼每吨金属所需要的氧气是一定的。因此，吹炼一炉钢的供氧时间和耗氧量也变化不大，这样就可以将前几炉的供氧时间和耗氧量，作为本炉拉碳的参考。当然，每炉钢的情况不完全相同，如果生产条件有变化，其参考价值就要降低，即使对生产条件完全相同的相邻炉次，也要与观察火焰、火花等方法结合起来运用，以保证准确地进行拉碳。

（2）温度的判断

在整个吹炼过程中要控制好温度，就要根据不同钢种要求的出钢温度进行控制。温度判断的最好方法是连续测温并自动记录熔池温度的变化情况，以便及时准确地调节，控制温度。目前终点温度的判断主要是使用热电偶测温并结合各种经验方法进行综合判断。

1）热电偶测定温度。热电偶分为侵入式热电偶和消耗式热电偶两种；根据热电偶丝材质的不同，又可分为铂铑系热电偶和钨铼系热电偶。

由于我国缺乏铂铑资源，国际市场铂铑贵金属价格也不断上涨，供应日趋紧张，目前国内外各钢厂均使用资源较丰富且价格较低的钨铼丝来代替铂铑丝制造消耗式热电偶。这种钨铼的消耗式热电偶也被用于炉外精炼和铁水预处理中。

采用热电偶测温时，在终点倒炉时将测温枪直接插入熔池钢液中，并由电子电位差计得到温度的读数。此法操作简便、迅速可靠，很受欢迎。测温枪示意图如图 2—24 所示。

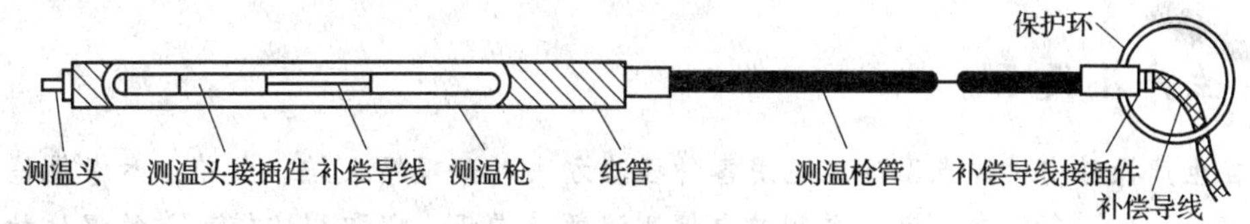

图 2—24 测温枪示意图

测温操作时应注意以下几点：

①转炉吹炼结束后，在提枪倒炉的同时，操作者须确认测温仪表、测温枪及热电偶是否处于正常工作状态。

②测温时，测温枪必须从炉口中心线插入钢液中心深处部位，插入深度为400～500 mm，严禁插在钢液或渣层表面以及靠近炉衬部位，防止测量出假温度；测温时间保持在5 s左右，以防烧坏测温枪。

③终点拉碳后，若进行补吹，必须测温后方可出钢。

④保持测温枪插接件干燥、干净，并且线路安全可靠。

⑤测温枪的保护纸管应及时更换，避免测温枪烧坏。

⑥测温头和保护纸管应保持干燥。

2）火焰判断。氧气顶吹转炉吹炼过程中炉口火焰是熔池温度状况的标志，因此，可通过观察火焰的特征来掌握熔池温度状况。

熔池温度高时，炉口喷出的火焰白亮且浓厚有力，同时由于铁的蒸发较大，火焰四周带有白烟；熔池温度低时，喷出的火焰透明淡薄，略带蓝色，火焰周围白烟少，火焰形状带刺无力，喷出的渣子发红，常伴有未熔化的石灰颗粒；温度再低时，则火焰发暗，呈灰色。

3）取样判断。取出钢样后，样勺内覆盖渣很容易拨开，样勺周围有青烟，钢液白亮，倒入样模内，钢水活跃，结膜时间长，表明钢水温度高；反之，样勺内覆盖渣不容易拨开，钢液暗红色，混浊发黏，倒入样模内钢水不活跃，结膜时间短，表明钢水温度低。

另外，还可以用秒表计算钢液在样勺中结膜时间来判断钢液温度。结膜时间长，表示温度高；反之，则表示温度低。

4）通过氧枪冷却水进出水温差判断。在氧气顶吹转炉吹炼过程中，可参考氧枪冷却水进出口的温度差来判断炉内温度的高低。如果相邻的炉次相仿，冷却水流量一定时，氧枪进出水温差和熔池温度有一定的对应关系。若氧枪进出水温差大，反映熔池温度高；反之，氧枪进出水温差小，则反映熔池温度低。例如，国内某钢厂30 t转炉的数据是氧枪进出口水温差为8～10℃时，出钢温度大约在1 640～1 680℃。

另外，氧枪粘钢或吹炼时产生喷溅，则水温差就不稳定。因此，吹炼过程中熔池温度的高低可通过观察炉口火焰并参考氧枪冷却水的水温差综合判断。

5）根据炉膛情况判断。摇炉倒渣取钢样时，可观察炉膛情况帮助判断炉温，若炉膛白亮且有泡沫渣涌出，则表明温度高。如果炉内没有泡沫渣涌出、熔渣不活跃、炉膛不白亮则表明温度低。

在生产操作中对终点温度应运用各种经验方法（如观察火焰、火花，参考氧枪进出口水温差等）进行综合判断，并用热电偶测温数值校正，以取得比较可靠的温度数值后方可出钢。

三、出钢

1. 出钢持续时间

在转炉出钢过程中，为了减少钢水吸气和有利于合金加入钢包后的搅拌均匀，需要适当的出钢持续时间。我国转炉操作规范规定，小于50 t的转炉出钢持续时间为1～4 min，50～100 t的转炉为3～6 min，大于100 t的转炉为4～8 min。

出钢持续时间的长短受出钢口内径尺寸影响很大，同时出钢口内径尺寸变化也影响挡渣出钢效果。为了保证出钢口尺寸的稳定，减少更换和修补出钢口的时间，目前广泛采用镁碳质的出钢口套砖或整体出钢口。镁碳质出钢口砖的应用减少了出钢口的冲刷侵蚀，使出钢口内径变化减小，稳定了出钢持续时间，也减少了出钢时的钢流发散和吸气，同时也提高了出钢口的使用寿命，减轻了工人修补和更换出钢口时的劳动强度。

2. 红包出钢

出钢过程中，钢流受到冷空气的强烈冷却，钢流向空气中散热、钢包耐火材料吸热、加入铁合金熔化时吸热，这些因素使得钢水在出钢过程中总是降温的。

红包出钢，就是在出钢前对钢包进行有效的烘烤，使钢包内衬温度达到800～1 000℃，以减少钢包内衬的吸热，从而达到降低出钢温度的目的。我国某厂使用的70 t钢包，经过煤气烘烤使包衬温度达800℃左右，效果如下：

（1）采用红包出钢可降低出钢温度15～20℃，因而可增加废钢15 kg/t。

（2）出钢温度的降低有利于提高炉龄。实践表明，出钢温度降低10℃，可提高炉龄100炉次左右。

（3）红包出钢可使钢包中钢水温度波动小，从而稳定浇注操作，提高钢坯（锭）质量。

3. 挡渣出钢

（1）挡渣方法

挡渣出钢就是通过某种方法将炉渣最大限度地留在炉内，以防止转炉高氧化性终渣在出钢过程中流入钢包。这一工艺在稳定钢液化学成分、减少钢液回硫与回磷现象、提高钢的质量、提高合金元素吸收率、降低合金料消耗以及提高钢包使用寿命、降低耐火材料消耗等方面均具有良好的效果。

目前，出钢挡渣技术在世界各国已广泛应用于炼钢生产，转炉出钢挡渣常用方法有挡渣球法、挡渣帽法、挡渣塞法、气动挡渣器法、虹吸出钢口法等。国内使用最多的是挡渣球法和挡渣塞法，对应的挡渣装置如图2—25所示。

1）挡渣球法。挡渣球是内部为铁心、外部包一层耐火材料、密度为4.2～4.5 t/m³的球体。在出钢过程中向炉内投入挡渣球，待钢液出完后挡渣球马上堵住出钢口而将炉渣留在

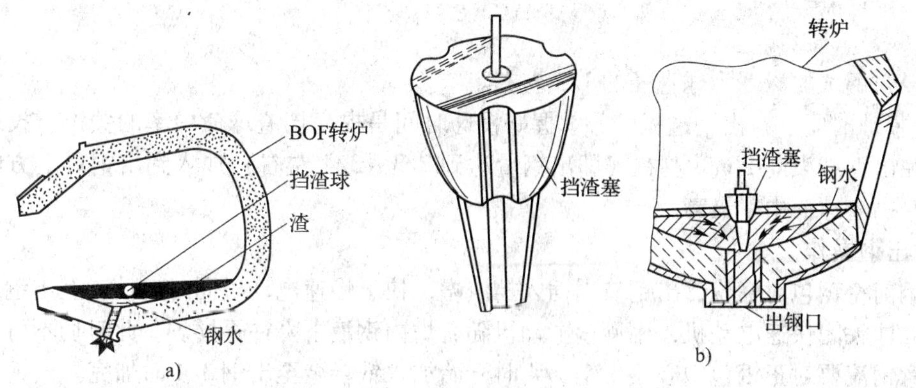

图 2—25　挡渣装置示意图

a）挡渣球法　b）挡渣塞法

炉内。目前我国的大多数钢厂均采用此法。

2）挡渣帽法。出钢口内堵以钢板制成的锥形挡渣帽，用以挡一次渣，效果良好。

3）挡渣塞（也称挡渣棒、挡渣锥）法。挡渣塞的结构及作用与挡渣帽基本相同。

4）气动挡渣器法。出钢末期下渣时，用机械方法使挡渣塞堵住出钢口，并向炉内吹气。

5）虹吸出钢口法。利用虹吸出铁原理，将出钢口形状改成 U 形，在大转炉上使用，从而将渣挡在炉内。可使钢包内炉渣减少到 15 ~ 35 mm。

几种挡渣方法的特点见表 2—31。

（2）挡渣球法挡渣操作

1）挡渣球的结构。目前挡渣球的结构一般分为芯部和壳体两部分。芯部大多采用生铁或废钢坯等；壳体则选用耐火材料制成。挡渣球材料要满足工艺要求，并力求工艺简单、成本低廉。

2）挡渣球挡渣的工作原理。挡渣球漂浮在钢水—炉渣之间，其工作状态如图 2—26 所示。当炉内有钢液时，挡渣球应处于漂浮状态，以便钢液由出钢口流出；钢液一旦出净，挡渣球应沉入渣底，及时将出钢口堵住。挡渣球的位置不受炉渣的运动所左右。

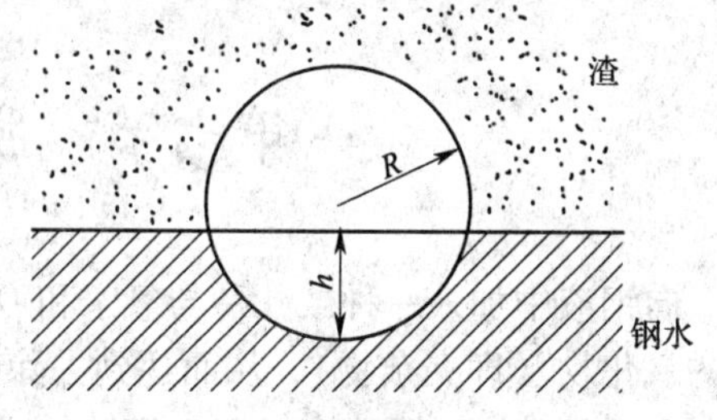

图 2—26　挡渣球的工作状态

3）对挡渣球的要求。在上述各种转炉出钢挡渣方法中，以挡渣球法应用最为广泛，挡渣球应具备以下条件：

①合理的密度。利用挡渣球出钢挡渣时，渣层的密度对挡渣效果有较大影响；另外，挡渣球的密度是影响挡渣球命中率与及时挡渣的关键因素。

挡渣球的密度应介于钢液和炉渣密度之间才较为合理。钢液的密度约为 7. 15 t/m^3，炉渣的密度约为 3. 0 ~3. 5 t/m^3。根据各转炉炼钢厂的经验，挡渣球的合理密度一般为 4. 2 ~ 5 t/m^3之间为宜。

②良好的抗高温性能。挡渣球在转炉内将受到高温高氧化性的炉渣及钢液的侵蚀和冲刷，工作条件十分恶劣，因此，要求挡渣球要耐高温，高温下的热稳定性要好，且抗渣性能

要好。

③浸入钢水的深度为球直径的1/3左右。

4）投球时间。在出钢过程中，掌握好投球时间是提高挡渣球命中率的关键。投球时间一般应在出钢结束前1 min左右（即出钢量达到2/3～3/4左右）加入到出钢口上方的炉渣中，此时挡渣球命中率最高。

4. 出钢操作

出钢前将钢包对好位，出钢口内插入挡渣帽，快、慢速电动机同时启动，至出钢口流出钢水时立即关闭快速电动机，用慢速电动机随着炉内钢液下降往下摇炉。此时切不可炉口下渣。注意钢流要对正钢包中心，出钢1/4时开始加入铁合金至出钢3/4时加完。出钢末期按要求加入挡渣球（或挡渣塞）。当钢水出尽，出钢口流出钢渣时，立即快速将转炉摇起来。出钢完毕，尽快将钢水运送到吹氩站或精炼站（LF、RH等）。

知识链接

挡渣出钢后应向钢包加覆盖渣对钢液进行保温。目前，生产上广泛使用的是碳化稻壳，其密度小，保温性能好，而且浇注完毕不挂包。

思考题

1. 什么是终点？到达终点的基本条件是什么？
2. 常用的经验控制终点碳的方法有哪几种？说明各自的特点。
3. 影响终点碳判断的主要因素有哪些？
4. 终点温度如何判断？

第七节　脱氧及合金化制度

向钢液中加入一种或几种与氧亲和力比铁大的元素，使之与氧发生作用，生成不溶于钢液的氧化物（即夹杂物），从而达到去除钢中氧的目的，这一操作称为脱氧。

在脱氧的同时还要完成调整钢液的成分和合金化的任务。向钢中加入一种或几种合金元素，使其达到成品钢成分要求的操作称为合金化。

一、脱氧的目的

1. 钢中氧的危害

氧气顶吹转炉炼钢过程是氧化过程，利用高压氧射流向熔池供氧，控制或去除氧化铁水中的碳、硅、锰、硫、磷及其他有害元素，氧在吹炼过程中起着决定性的作用。但在到达终点时，钢液中却溶入了较高数量的氧（0.02%～0.08%），如不除去或除得不净，必将影响钢锭质量、铸坯质量和钢材的质量。

氧含量超过限度会影响铸坯（锭）质量，降低钢的力学、电磁和抗腐蚀等性能，加剧钢的“热脆”。生产实践证明，氧含量过高的钢水不进行脱氧就不能得到合格的铸坯（锭）。

为了浇成合格的铸坯（锭），轧成性能良好的钢材，到达终点后钢水必须脱氧，并且还要根据钢种规格要求调整成分，同时进行脱氧和合金化。

2. 脱氧的目的

通常，镇静钢允许氧含量不大于0.002% ~0.007%，沸腾钢约为0.01% ~0.045%，半镇静钢约为0.005% ~0.025%。

脱氧的目的就是把氧含量脱除到钢种的要求范围，并排除脱氧产物和减少钢中非金属夹杂数量，以及改善钢中非金属夹杂的分布和形态；此外，还要考虑细化钢的晶粒。

二、不同钢种的脱氧

1. 影响钢水氧化性的因素

吹炼终点钢水氧含量也称为钢水的氧化性。影响钢水氧含量的因素主要有以下几个方面：

（1）钢中氧含量主要受碳含量控制。碳含量高，氧含量就低；碳含量低时，氧含量相应就高；它们服从碳—氧平衡规律。

（2）钢水中的余锰含量也影响钢中氧含量。在 $w_{[C]}<0.1\%$ 时，锰对氧化性的影响比较明显，余锰含量高，钢中氧含量会降低。

（3）钢水温度高，增加钢水的氧含量。

（4）操作工艺对钢水的氧含量也有影响。例如高枪位或低氧压时，熔池搅拌减弱，这将增加钢水的氧含量；当 $w_{[C]}<0.15\%$ 时，进行补吹会增加钢水氧含量；拉碳前，加铁矿石或氧化铁皮等调温剂也会增加钢水氧含量。因此，钢水要获得正常的氧含量，首先应该稳定吹炼操作。

2. 不同钢种的脱氧

按钢的脱氧程度不同可分为镇静钢、沸腾钢和半镇静钢三大类，如图2—27所示。

镇静钢是脱氧比较完全的钢，一般脱氧后的钢液含氧量小于0.002%。在冷凝过程中，钢水比较平静，没有明显的气体排出。其凝固组织致密，化学成分及力学性能比较均匀。目前冶炼和连铸的钢种主要为镇静钢。

镇静钢主要采用Fe－Mn、Fe－Si、Si－Al合金等脱氧，全部脱氧剂加入钢包内（也可采用炉内预脱氧、钢包内补充脱氧的方法）。

沸腾钢是脱氧不完全的钢，只能用模铸。钢中含有一定数量的氧（0.03% ~004 5%），因此，钢水在凝固过程中有碳氧反应发生，产生相当数量的CO气体，CO排出时产生沸腾现象。

沸腾钢一般都用高碳锰铁作主要脱氧剂，合金全部加在钢包内，并用适量的铝调节钢水的氧化性。

半镇静钢的脱氧程度介于镇静钢和沸腾钢之间（氧含量为0.015% ~0.020%）。脱氧剂用量比镇静钢少得多。结晶过程中有气体排出，比沸腾钢微弱，因此，缩孔比镇静钢大为减少，切头率比镇静钢低。它的力学性能与化学成分比较均匀，接近于镇静钢。

半镇静钢目前尚没有比较理想的脱氧方法，一般是用少量的Fe－Si或Mn － Si合金在钢包内脱去一部分氧，然后根据情况在锭模内再按经验加铝粒补充脱氧。由于半镇静钢的脱氧程度很难控制，所以质量不够稳定。目前国内外的半镇静钢产量都很低。

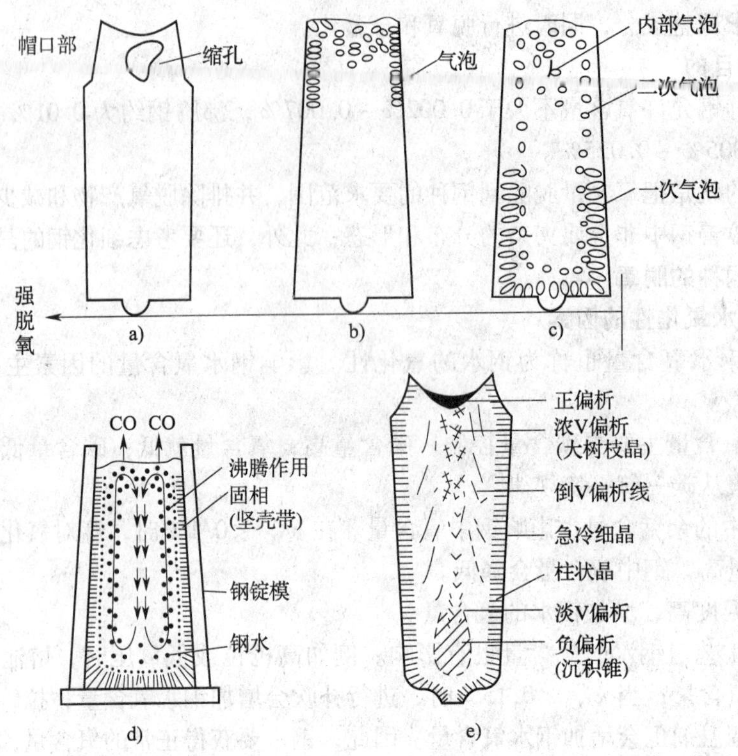

图 2—27　钢锭的内部形状

a）镇静钢　b）半镇静钢　c）沸腾钢　d）沸腾作用　e）镇静钢锭的宏观组织

三、脱氧方法及脱氧操作

1. 脱氧方法

根据脱氧剂加入方法及脱氧机理的不同，主要有沉淀脱氧、扩散脱氧和真空脱氧三种方法。

（1）沉淀脱氧

沉淀脱氧的基本原理是：直接向钢液中加入块状脱氧剂，夺取溶解在钢液中的氧，并生成不溶于钢液的氧化物或复合氧化物排至炉渣中。

脱氧反应可用下面通式来表示：

$$x\,[\mathrm{M}] + y\,[\mathrm{O}] = [\mathrm{M}_x\mathrm{O}_y] \qquad (2\text{—}13)$$

式中 [M] ——任何一种脱氧元素；

$[\mathrm{M}_x\mathrm{O}_y]$ ——纯脱氧生成物。

从式（2—13）中可以看出衡量沉淀脱氧剂的标准基本上有两点：一是所选择的脱氧元素和钢液溶解氧结合能力的大小，即把钢液溶解的氧降低到什么程度；二是生成的脱氧产物是否容易从钢液中排除。

这种把脱氧剂加入钢液中，脱氧产物以沉淀形态产生于钢液中的脱氧方法，称为沉淀脱氧。

沉淀脱氧方法操作简便，脱氧反应迅速，因此生产效率高且成本低，在生产中得到广泛应用。

沉淀脱氧的主要缺点是：沉淀脱氧的脱氧产物产生在钢液中，必须充分去除，否则残留在钢液中会形成非金属夹杂物，影响钢质量，降低钢的纯度。

(2) 扩散脱氧

扩散脱氧的原理依据是溶质在两种互不相溶的溶剂中溶解度的分配定律。

氧作为溶质在钢液与炉渣间的浓度比在一定温度下是一个常数。可用式（2—14）表示：

$$L_O = \frac{w_{\Sigma(FeO)}}{w_{[O]}} \tag{2—14}$$

式中 $w_{\Sigma(FeO)}$——炉渣中的氧化亚铁含量；

$w_{[O]}$——钢液中的氧含量；

L_O——氧在炉渣和钢液中的分配系数。

根据分配定律，要使钢液中氧进一步降低，只需设法将渣中Σ(FeO)减少，这必将引起氧自金属液向炉渣的扩散转移，从而达到脱除金属液中氧的目的。此时控制钢液中氧含量的主要因素已不是碳含量，而是炉渣中Σ(FeO)的含量。

扩散脱氧是把脱氧剂加入到熔渣中，通过降低熔渣中的（FeO）含量，使钢液中的氧向渣中扩散转移，从而达到降低钢液中的氧含量的目的。

扩散脱氧的优点是：化学反应是在渣液内进行的，脱氧产物溶解在渣液里或进入炉气，很少沾污钢液。扩散脱氧最明显的不足是：脱氧速度缓慢，为了把钢液中氧降得较低，需要占用较长时间。

扩散脱氧的方法有两种：一种是炉内扩散脱氧；另一种是炉外扩散脱氧。

1）炉内扩散脱氧。向渣层中加入一定数量与氧结合能力比较强的粉状脱氧剂，如碳粉、硅铁粉、硅钙粉、铝粉等，使其与渣中（FeO）发生下列反应：

$$(FeO) + C = [Fe] + \{CO\}$$

$$(FeO) + \frac{1}{2}Si = [Fe] + \frac{1}{2}(SiO_2)$$

$$3(FeO) + 2Al = 3[Fe] + (Al_2O_3)$$

$$3(FeO) + SiCa = 3[Fe] + (SiO_2) + (CaO)$$

反应结果使渣中Σ(FeO)含量大幅度降低，这就破坏了氧在渣、钢之间的浓度分配关系，钢液中的氧就会不断地向炉渣扩散转移，力图达到新的平衡。因此，炉内扩散脱氧就是不断地降低渣中（FeO）含量来达到降低钢渣中氧含量目的的一种脱氧方法。

知识链接

用碳粉还原，由于固态碳粉与渣中（FeO）的反应不完全，且速度较慢，只能将钢液脱氧到一定程度，所以生产中还必须用硅铁粉或其他强脱氧剂进一步扩散脱氧。然而由于硅铁粉密度介于渣钢之间，部分硅铁粉起到沉淀脱氧作用，（SiO_2）还有可能沾污钢液。所以用硅铁粉还原前要尽可能先用碳粉还原。同时为了保持炉内还原性气氛，也需要分批小量向渣面加入碳粉。在电弧炉炼钢中还原期通常采用此法。

炉内扩散脱氧的主要不足是：扩散速度慢、脱氧时间长、生产率低，炉衬容易受到侵蚀，金属吸气较多。其优点已如上述，钢液不易被脱氧产物沾污，因而能提高钢的纯度。

2）炉外扩散脱氧。为了加速扩散脱氧的过程，可采用炉外扩散脱氧。炉外扩散脱氧又称“渣洗”。此法是将冶炼好的钢液从一定高度注入预先装有液态高碱度、低氧化铁的合成渣的钢包中，通过渣—钢的强烈混冲与搅拌，使渣与钢的接触面积急剧增加，从而加速了氧自钢液向炉渣的转移。由于合成渣是强还原性的，它本身具有很强的脱氧能力，在脱氧剂配合下能有效地脱除钢中的氧，而且这种液体又能很好地吸附固体脱氧产物一起上浮。另外，由于合成渣是强碱性的，脱氧的同时又能脱硫。

（3）真空脱氧

真空脱氧是指将已冶炼好的钢液置于真空条件下（如 RH 精炼），通过抽真空打破原有的［C］、［O］平衡关系，使碳氧反应继续进行，利用钢液中的［C］进行脱氧。

脱氧反应如下：

$$[C] + [O] = \{CO\}$$

$$K_O = \frac{p_{CO}}{w_{[C]} w_{[O]}}$$

在真空下，由于 p_{CO} 下降，打破了［C］、［O］的平衡关系，引起了碳脱氧能力的急剧增强，甚至超过了硅和铝。

真空脱氧最大的特点是：它们的产物是 CO 气体，不留在钢液中，不沾污钢液，而且在 CO 上浮的过程中，还会把钢液中的气体（如 H_2、N_2）和非金属夹杂物带走，从而有助于提高钢的纯度和钢的质量。因此在冶炼某些特殊钢时已被广泛采用。

生产小提示

沉淀脱氧、扩散脱氧、真空脱氧各有自己的特点。沉淀脱氧目前已为氧气顶吹转炉炼钢生产广泛使用。氧气顶吹转炉在吹炼优质钢生产中也有采用炉外扩散脱氧或真空脱氧的，这对提高钢的纯度是极为有效的。

2. 脱氧操作

（1）炉内预脱氧合金化

炉内进行预脱氧合金化时，必须在吹炼终点到达后倒掉大部分终渣，并加入适量的石灰使渣子稠化，以减少回磷，提高合金吸收率。加入合金后，可摇炉助熔。如果加入的是难熔合金，可采取吹氧助熔的方法，促使难熔合金元素迅速熔化，且均匀分布于钢液中。

炉内脱氧合金化允许加入数量较多的合金料，除了硅、铝外，其他合金一般加入后都会降低钢液温度。因此，应根据加入合金的数量，适当提高熔池温度，保证出钢后顺利进行浇注。

炉内预脱氧合金化操作的优点是：脱氧产物容易上浮，残留在钢液中的夹杂物比较少，故钢的纯度较高，而且预脱氧后钢液中氧含量显著降低，可以提高和稳定钢包内所加入合金的吸收率，减少钢包内合金加入量。其缺点是：冶炼时间长，炉内合金元素收得率低，而且容易产生回磷现象。

一般对非金属夹杂物要求比较严格的钢种，或合金加入量较多，而且又有难熔合金的钢种，均可采用炉内预脱氧合金化操作。

(2) 钢包内脱氧合金化

目前，氧气顶吹转炉生产的大多数钢种都是采用钢包内脱氧合金化操作，即在出钢过程中将全部脱氧合金加入钢包内，完成脱氧和合金化的双重任务。

这种操作简便，大大缩短冶炼时间，有利于延长炉衬使用寿命，有利于提高合金元素吸收率，而且回磷较少。目前氧气顶吹转炉生产低合金钢、优质钢等均采用这一操作方法，同时配以钢包吹氩，大大提高了钢的质量。

钢包内脱氧合金化操作的关键是：准确计算合金加入量，掌握好合金加入时间。合金加入时间，一般在钢液流出总量的1/4时开始加入，加入时要按合金加入顺序依次加入，到钢液流出3/4时全部加完。合金应加在钢流冲击的部位或同时吹氩操作，以利于熔化和搅拌均匀。出钢过程避免下渣，可采用出钢挡渣技术，出钢后向钢包内加干燥石灰粉以稠化炉渣，防止回磷。

生产质量高的钢类时，脱氧合金化是在出钢时钢包中进行预脱氧及预合金化，在精炼炉内（包括喂线）进行终脱氧与成分精确调整。为使精炼过程中成分调整顺利进行，要求预合金化时被调成分不超过规格中限。

如后续精炼采用LF法，一般工艺流程为：

转炉挡渣出钢→同时吹氩，加脱氧剂、增碳剂、造渣材料、合金料→钢包进准备位→测温→进加热位→测温、定氧、取样→加热、造渣→加合金调成分→取样、测温、定氧→进等待位→喂线、软吹氩→加保温剂→连铸。

合金钢、碳素优质钢以及大部分普碳钢都要炼成镇静钢，而镇静钢的加铝量决定于碳和硅的含量、钢液温度以及是否控制晶粒度。在吹炼低碳钢种，特别是优质低碳钢种时，脱氧都必须加铝，还有一些强脱氧剂如硅钙合金，也可以作为终脱氧用。

生产经验证明，为了得到细晶粒度的钢，钢中含铝量应达到0.02%～0.05%，为此，加铝量一般应为0.4～2 kg/吨钢，含碳量高的钢种应少加些，含碳量低的钢种可多加些，但过多加铝会使钢液流动性变差，影响浇注。铝的吸收率波动较大，各转炉炼钢厂可根据各自具体情况来确定。

知识链接

铝加入钢液中，可以与钢液中的氧、氮化合，生成颗粒细小的氧化铝和氮化铝，它们的熔点高于钢。在钢液凝固过程中，有细化晶粒的作用，而且在钢锭、铸坯的继续加工过程中，可以起到阻止晶粒长大、保持晶粒细小的作用，使钢材具有良好的冲击韧性。由于出钢时加入铝生成氮化铝，使部分氮被固定在氮化物中，减少溶解氮的含量，所以大大地缓解了低碳钢种的时效硬化倾向。

(3) 真空精炼炉内脱氧合金化

冶炼特殊质量钢种，为了控制气体含量，钢水须经过真空精炼。一般在进行初步脱氧后，置于精炼炉内合金化。

对于加入量大的、难熔的 W、Mn、Ni、Cr、Mo 等合金可在真空处理开始时加入，对于贵重的合金元素 B、Ti、V、Nb、RE 等在真空处理后期或真空处理完毕再加，一方面能极大地提高合金元素吸收率，降低合金的消耗，同时也可以减少钢中氢的含量。

四、合金的加入原则

1. 脱氧剂的加入顺序

(1) 脱氧剂的选择

脱氧剂的选择应满足下列原则：

1) 脱氧元素与氧的亲和力比铁和碳大；

2) 脱氧剂熔点比钢水温度低，以保证合金熔化，均匀分布，均匀脱氧；

3) 脱氧产物易于从钢水中排出，要求脱氧产物熔点低于钢水温度、密度要小、在钢水中溶解度小、与钢水界面张力大等；

4) 残留于钢中的脱氧元素对钢的性能危害最小；

5) 脱氧剂来源广，价格便宜。

(2) 脱氧剂的加入顺序

在常压下脱氧剂加入的顺序有以下两种：

1) 先加脱氧能力弱的，后加脱氧能力强的脱氧剂。这样既能保证钢水的脱氧程度达到钢种的要求，又使脱氧产物易于上浮，保证质量合乎钢种的要求。因此，冶炼一般钢种时，脱氧剂加入的顺序是：Fe－Mn、Fe－Si、Al。

2) 先强后弱，即 Al、Fe－Si、Fe－Mn。实践证明，这样可以大大提高并稳定 Si 和 Mn 元素的吸收率，相应减少合金用量，但脱氧产物上浮比较困难。如果同时采用钢水吹氩或其他精炼措施，钢的质量不仅能达到要求，而且还有提高。

可根据具体钢种的要求，制定具体的脱氧剂加入顺序。

2. 合金化剂加入次序

含 V、Ti、Cr、Ni、B、Zr 等元素的合金都是用于钢水合金化的。脱氧和合金化操作不能截然分开，而是紧密相连。合金化操作时，合金化元素的加入次序如下：

(1) 脱氧元素先加，合金化元素后加。

(2) 易氧化的贵重合金应在钢水脱氧良好的情况下加入。如 Fe－V、Fe－Nb、Fe－B 等合金应在 Fe－Mn、Fe－Si、Al 等脱氧剂全部加完以后再加，以减少其烧损。微量元素还可以在精炼时加入。

(3) 难熔的、不易氧化的合金如 Fe－Cr、Fe－W、Fe－Mo、Fe－Ni 等应加热后加在炉内。若 Fe－Mn 用量大，也可以加入炉内，其他合金均加在钢包内。

五、影响合金吸收率的主要因素

合金元素用做脱氧合金化时，其中有一部分与钢液中的氧发生脱氧反应，一部分与炉渣中的氧化铁发生反应，生成氧化物而进入渣中，其余部分为钢液所吸收，使其含量达到所炼钢种成品钢规格的要求。

合金元素吸收率是指被钢液吸收的合金元素的质量与加入该元素总量之比。生产实践表明，准确判断和控制合金元素的吸收率是达到预期脱氧程度和提高成品钢成分命中率的关键，是加入铁合金质量的依据之一，因此，应准确掌握其数值。

合金元素吸收率受很多因素的影响，主要有以下几个因素。

1. 钢液氧化性

钢液氧化性主要取决于终点钢液碳含量，而终点碳的高低是影响合金元素吸收率的主要因素。钢液氧化性越强，合金元素脱氧能力越强，则合金元素烧损量越大，合金元素吸收率越低，反之则高。

2. 终渣∑(FeO) 含量

由于一部分合金元素被炉渣中（FeO）所氧化，炉渣中∑(FeO）含量高，钢液氧化性强，则合金元素吸收率低，反之则高。

3. 终点钢液的残余锰量

钢液残余锰量高，不仅使需要增加的锰量减少，而且钢液残余锰量高、钢液含氧量低时，能使合金元素吸收率提高。

4. 钢液成分

钢液成分不同，合金元素的吸收率也不同。成品钢规格中合金元素含量越高，则合金元素加入量就越大；烧损量越小，吸收率则越高。

5. 脱氧合金化方式

不同的合金元素其脱氧能力也不同。加入次序不同则吸收率不同，对于同样的钢种，合金元素先加入钢液的，其吸收率就低，而合金元素后加入的，其吸收率就高。如果先加入部分金属铝预脱氧，然后再加入合金元素，则合金元素吸收率就高。采用几种合金元素脱氧时，脱氧强的合金元素用量越大，则脱氧能力弱的合金元素吸收率就越高。

6. 钢液温度及碳含量

吹炼中、高碳钢时，由于钢液碳含量高，钢液氧化性低，合金元素烧损少，合金元素吸收率高。反之，吹炼低碳钢时，钢液碳含量低，氧化性强，合金元素烧损多，合金元素吸收率则低。如果钢液温度偏高，则合金吸收率就高。

7. 出钢口及下渣

出钢口过大，出钢时易带渣，或出钢时摇炉控制不当造成下渣过早、下渣过多，渣中∑(FeO)含量又高，则合金元素吸收率明显降低。如果出钢口过小，出钢时钢流细小而且发散，增加了钢液的二次氧化，因此合金元素吸收率就低。

8. 铁合金块度

铁合金块度要合适，不能有粉面，否则会使合金元素吸收率不稳定。如果所加入的合金块度过大，虽能沉入钢液中，但是不易熔化，会造成成分不均匀。如果合金块度过小，粉面较多，加入钢包后易被裹入渣中损失合金，降低合金元素吸收率。

生产小提示

影响合金元素吸收率的因素固然很多，但在生产中经常变动较大的因素并不多。一般只要在炼钢时控制好终点碳、终点温度及过程温度，出钢时注意别下渣或少下渣即可。保证合金元素吸收率的稳定性极为重要，否则容易造成废品。

六、铁合金加入量计算

只有正确地计算铁合金加入量，才能顺利地控制钢的化学成分，才能保证合理地使用铁合金料。因此，必须掌握好铁合金加入量计算方法。

$$铁合金加入量（kg/炉）=\frac{w_{[M]成}-w_{[M]残}}{w_{[M]合}\times\eta}\times G \qquad (2—15)$$

式中 $w_{[M]成}$——元素 M 在成品钢中成分范围的中限，%；

$w_{[M]残}$——终点钢液中元素 M 的含量，%；

$w_{[M]合}$——合金中元素 M 的含量，%；

η——元素吸收率，%；

G——出钢量，t。

合金收得率 $$\eta_M=\frac{合金元素进入钢中质量}{合金元素加入总量}\times 100\% \qquad (2—16)$$

[例 2—5] 冶炼 20 钢。

钢种成分：$w_C=0.17\%\sim0.24\%$；$w_{Mn}=0.35\%\sim0.65\%$；$w_{Si}=0.17\%\sim0.37\%$；$w_{S,P}\leqslant 0.045\%$。

终点钢液残余成分 Si 为痕迹，Mn 可参考化验或终点看钢样来确定，现取余 Mn 为 0.12%。

采用 Fe - Mn、Fe - Si、Al 在钢包内脱氧，合金成分及吸收率分别为：

Fe - Mn 中含 68% Mn，6.28% C，吸收率 $\eta_{Mn}=80\%$、$\eta_C=90\%$。

Fe - Si 中含 75% Si，吸收率 $\eta_{Si}=70\%$。

计算合金加入量。

[解] $$Fe-Mn 加入量=\frac{0.50\%-0.12\%}{68\%\times 80\%}\times 1\,000=7（kg/吨钢）$$

$$Fe-Si 加入量=\frac{0.27\%}{75\%\times 70\%}\times 1\,000=5.2（kg/吨钢）$$

加入 Fe - Mn 后使钢液增碳，Fe - Mn 中碳的吸收率按 90% 考虑，计算钢液增碳量。

$$增碳量=\frac{7\times 6.28\%\times 90\%}{1\,000}\times 100\%\approx 0.04\%$$

加铝量一般不计算，根据钢液情况及经验确定其加入量。20 钢加铝量可按 0.5 kg/吨钢来控制。

[例 2—6] 吹炼钢种 20 MnSi。

钢种成分：$w_C=0.14\%\sim0.25\%$；$w_{Mn}=1.20\%\sim1.60\%$；$w_{Si}=0.40\%\sim0.60\%$；$w_{S,P}\leqslant 0.045\%$。

采用 Si - Mn、Fe - Si、Al - Ba - Si、Ca - Si 脱氧，每吨钢水加 Al - Ba - Si 合金0.75 kg，Ca - Si 合金 0.70 kg，计算 Si - Mn 合金和 Fe - Si 合金加入量。铁合金成分及吸收率分别为：

Si - Mn 合金含 68.5% Mn，18.4% Si，1.6% C，吸收率 $\eta_{Mn}=85\%$、$\eta_{Si}=80\%$、$\eta_C=90\%$。

Fe - Si 中含 75% Si，吸收率 $\eta_{Si}=80\%$。

Ca－Si 中含 58% Si，0.8% C。

Al－Ba－Si 中含 42% Si，0.10% C。

合金配加时钢中的锰按 1.40% 考虑，硅按 0.50% 考虑，钢液中残余锰量按 0.16% 考虑，余硅不考虑。

［解］　Si－Mn 合金加入量 $=\dfrac{1.40\%-0.16\%}{68.5\%\times85\%}\times1\,000=21.3$（kg/吨钢）

每吨钢液加入 21.3 kg Si－Mn 合金后可增 Si 为：

$$增硅量=\frac{21.3\times18.4\%\times80\%}{1\,000}\times100\%=0.313\%$$

每吨钢水加入 0.75 kg Al－Ba－Si 合金和 0.70 kg Ca－Si 合金的增硅量：

$$Al-Ba-Si\ 合金增硅量=\frac{0.75\times42\%\times80\%}{1\,000}\times100\%=0.025\%$$

$$Ca-Si\ 合金增硅量=\frac{0.7\times58\%\times80\%}{1\,000}\times100\%=0.032\%$$

因硅量不足，补加硅铁量：

$$\begin{aligned}Fe-Si\ 合金加入量&=\frac{w_{[M]成}-w_{[M]残}}{w_{[M]合}\times\eta}\times1\,000\\&=\frac{0.50\%-0.313\%-0.025\%-0.032\%}{75\%\times80\%}\times1\,000\\&=2.17\ （kg/吨钢）\end{aligned}$$

答：每吨钢水需加 Si－Mn 合金 21.3 kg，Fe－Si 合金 2.17 kg。

［例 2—7］　吹炼钢种 10MnPNbRE。

钢种成分：$w_C\leqslant0.14\%$；$w_{Mn}=0.80\%\sim1.20\%$；$w_{Si}=0.20\%\sim0.60\%$；$w_P=0.06\%\sim0.12\%$；$w_{Nb}=0.015\%\sim0.050\%$；$w_{RE}\leqslant0.20\%$；$w_S\leqslant0.050\%$。

铁合金成分及吸收率见表 2—31。

表 2—31　铁合金成分及吸收率　%

铁合金种类＼铁合金成分	C	Si	Mn	P	S	Nb	RE	Ca
铌铁	6.63	1.47	56.51	0.79		4.75		
中碳锰铁	0.48	0.75	80.00	0.20	0.02			
磷铁	0.64	2.18		14.00	0.048			
稀土合金		38.00					31.0	
硅钙合金		64.48						20.6
硅铁		75						
Al－Ba－Si	0.10	42		0.03	0.02			
元素吸收率	95	75	80	85		70	100	

脱氧剂硅钙合金用量为 2 kg/吨钢，铝铁用量为 2 kg/吨钢，Al－Ba－Si 合金用量为 1 kg/吨钢，钢中稀土按 0.15% 计，铌按 0.032 5% 计。钢中残余磷为 0.10%，余锰为 0.10%。计算 1 t 钢水合金加入量和增碳量。

［解］　应按稀土→铌铁→中碳锰铁→磷铁→硅铁的顺序计算铁合金加入量。

$$稀土合金加入量=\frac{0.15\%\times1\,000}{31\%}=4.84\ (kg/吨钢)$$

$$铌铁加入量=\frac{0.032\,5\%\times1\,000}{4.75\%\times70\%}=9.77\ (kg/吨钢)$$

$$铌铁增锰量=\frac{9.77\times56.51\%\times80\%}{1\,000}\times100\%=0.442\%$$

$$中碳锰铁加入量=\frac{1.0\%-(0.442\%+0.10\%)}{80\%\times80\%}\times1\,000=7.16\ (kg/吨钢)$$

$$铌铁增磷量=\frac{9.77\times0.79\%\times85\%}{1\,000}\times100\%=0.006\,6\%$$

$$中碳锰铁增磷量=\frac{7.16\times0.2\%\times85\%}{1\,000}\times100\%=0.001\,2\%$$

$$Al-Ba-Si\ 增磷量=\frac{1\times0.03\%\times85\%}{1\,000}\times100\%=0$$

$$磷铁加入量=\frac{0.09\%-(0.010\%+0.006\,6\%+0.001\,2\%+0)}{14\%\times85\%}\times1\,000=6.07\ (kg/吨钢)$$

$$硅钙合金增硅量=\frac{2\times64.48\%\times75\%}{1\,000}\times100\%=0.097\%$$

$$稀土合金增硅量=\frac{4.84\times38.0\%\times75\%}{1\,000}\times100\%=0.14\%$$

$$磷铁增硅量=\frac{6.07\times2.18\%\times75\%}{1\,000}\times100\%=0.01\%$$

$$铌铁增硅量=\frac{9.77\times1.47\%\times75\%}{1\,000}\times100\%=0.011\%$$

$$中碳锰铁增硅量=\frac{7.16\times0.75\%\times75\%}{1\,000}\times100\%=0.004\%$$

$$Al-Ba-Si\ 增硅量=\frac{1\times42\%\times75\%}{1\,000}\times100\%=0.032\%$$

$$硅铁加入量=\frac{0.40\%-(0.097\%+0.14\%+0.01\%+0.011\%+0.004\%+0.032\%)}{75\%\times75\%}\times1\,000=1.88\ (kg/吨钢)$$

$$增碳量=\frac{(4.84\times0\%+9.77\times6.63\%+7.16\times0.48\%+6.07\times0.64\%+2\times0\%+1.88\times0\%+1\times0.10\%)\times95\%}{1\,000}\times100\%=0.07\%$$

终点碳应控制在 0.14% －0.07% ＝0.07% 以下，实际上终点碳应控制在 0.05% ~ 0.07%左右。

思考题

1. 什么是脱氧？什么是合金化？

2. 常用的脱氧方法有哪些？其优缺点是什么？氧气顶吹转炉炼钢常用哪种方法？

3. 什么叫合金元素吸收率？影响合金元素吸收率的因素主要有哪些？

4. 钢包内脱氧合金化操作的关键是什么？

5. 脱氧剂加入的原则是什么？

6. 如何计算合金加入量？

7. 镇静钢脱氧操作如何进行？

第八节　吹损与喷溅

一、吹损的组成

1. 吹损

氧气顶吹转炉的出钢量比装入量少，这说明在吹炼过程中有一部分金属损耗，这部分损耗掉的金属数量称为吹损。一般用其占装入量的百分比来表示，即：

$$\text{吹损（\%）} = \frac{\text{装入量} - \text{出钢量}}{\text{装入量}} \times 100\% \qquad (2\text{—}17)$$

$$\text{钢水收得率} = \frac{\text{出钢量}}{\text{装入量}} \times 100\% = 1 - \text{吹损} \qquad (2\text{—}18)$$

［例 2—8］　装入量为 33 t，出钢量为 29.7 t，问吹损为多少？

［解］　$\text{吹损} = \frac{33 - 29.7}{33} \times 100\% = 10\%$

2. 吹损的组成

氧气顶吹转炉炼钢主要是以铁水为原料，把铁水吹炼成钢，就要在吹炼中去除碳、硅、锰、硫、磷等杂质，同时还有一部分铁被氧化。铁被氧化生成的氧化铁一部分随炉气排出，另一部分则留在炉渣中。吹炼过程中金属和炉渣的喷溅也损失一部分金属。因此，吹损就是由上述各部分组成的。下面通过实例来说明吹损组成的几种形式。为方便起见，以 100 kg 金属料为计算单位。

（1）烧损

以吹炼 HPB235 钢为例，烧损为 4.438%，见表 2—32。

表 2—32　　100 kg 金属料烧损量

项目	化学成分/%					
	C	Si	Mn	P	S	共计
铁水	3.88	0.475	0.310	0.038	0.038	4.741
终点	0.15	痕迹	0.124	0.004	0.025	0.303
烧损	3.73	0.475	0.186	0.034	0.013	4.438

100×4.438% =4.438（kg）

（2）烟尘损失

吹炼过程中大量的铁被氧化生成红棕色烟雾随炉气排出，采用未燃法净化系统时，炉气中铁的氧化烟尘约占90%，其中Fe_2O_3占20%，FeO 占70%，每100 kg 铁水在吹炼过程中产生1.16 kg 的烟尘，1.16 kg 烟尘折合金属损失为：

$$1.16\times\left(70\%\times\frac{56}{72}+20\%\times\frac{112}{160}\right)=0.794\ (\text{kg})$$

式中 112——两个铁原子的原子量；

160——Fe_2O_3分子量；

72——FeO 分子量。

（3）渣中金属损失

在吹炼过程中有一部分金属颗粒悬浮在渣中，倒渣时随渣一起被倒掉。若渣量占铁水量的7.777%，而渣中金属铁珠以渣量的8%计算，则这部分金属损失为：

$$100\times7.777\%\times8\%=0.622\ (\text{kg})$$

（4）渣中Fe_2O_3和FeO 损失

吹炼过程中铁的氧化物一部分被炉气带走，一部分进入炉渣，若渣量为金属量的7.777%，渣中 FeO 含量为9%，Fe_2O_3含量为3%，则这部分铁的损失为：

$$100\times7.777\%\times\left(9\%\times\frac{56}{72}+3\%\times\frac{112}{160}\right)=0.708\ (\text{kg})$$

（5）机械损失

由于操作控制不当而产生的喷溅有可能将金属带出炉外，一般约0.93%～2.06%，若按1.2%计算，则损失为：

$$100\times1.2\%=1.2\ (\text{kg})$$

根据以上计算，100 kg 金属料的吹损量为：

$$4.438+0.794+0.708+0.622+1.2=7.762\ (\text{kg})$$

生产小提示

化学烧损是吹损组成的主要部分，约占吹损总量的40%～60%。其数值的大小将随所炼钢种和铁水成分、铁水温度的不同而有所区别。然而，机械损失是可以控制的。只要在吹炼操作中严格操作，完全可以减少这一损失。应当指出，机械损失虽仅占次要地位，但这种损失不仅导致吹损增加，而且还会引起炉衬冲刷加剧，对提高炉衬使用寿命十分不利。

二、喷溅

1. 喷溅的危害

喷溅是氧气顶吹转炉操作过程中常见的一种现象，喷溅的危害很大，主要是：喷溅时，喷溅物中带有大量金属，增加了金属损失。某厂生产统计表明，大喷时，金属损失约为3.6%；小喷时，金属损失约为1.2%。如果因发生喷溅处理不当而导致大喷，则会使大部分炉渣和部分金属喷出炉外，造成爆发性事故。大喷时，炉内渣量减少，影响硫、磷的去除，影响操作的稳定性，使操作环境恶化。喷溅加剧了炉渣对炉衬的机械冲刷，影响炉衬使用寿命，同时还容易造成氧枪粘枪事故，严重限制了供氧强度的进一步提高。

2. 喷溅的原因

（1）产生喷溅的力量

铁水的密度很大，约为7.15 t/m^3，炉渣的密度约为3.0～3.5 t/m^3，可见，如果没有足够的力量，要想把金属和炉渣吹出炉外是不可能的。

氧气顶吹转炉炼钢有两个显著的特点：一是供氧强度大，二是脱碳反应激烈、速度快。因此，促使喷溅的力量不外乎是氧气流股的冲击力量和碳的激烈氧化形成的大量CO气体排出时的推动力。但两者中任何一种单独的力量都不能产生喷溅。例如有些研究资料证明，当氧压为0.6 MPa，流量为1 800 m^3/h时，金属和炉渣在氧气流股作用下，其喷溅的高度只有0.75 m；当氧压为0.75～1.0 MPa，流量为2 100～2 700 m^3/h时，金属和炉渣的喷溅高度也不过是1.5 m左右。一般30 t氧气转炉从液面到炉口相距约4 m左右，可见单独的氧气流股的冲击力量是不会将金属和炉渣吹出炉口之外的，是不致引起喷溅的。如果碳的氧化反应均衡地进行，所产生的CO气体的推动力，也不会引起喷溅。

但是，如果是爆发性的碳氧反应，则会有足够的能量产生喷溅。从表2—33和表2—34中可以看出，当脱碳速度为0.4%～0.6%/min时，每秒钟从熔池中排出的CO气体的体积几乎是钢液体积的3～4倍。其搅拌能量则是氧气流股搅拌能量的7.9倍。这么多的CO气体，如果同时具有一定的能量，瞬时从熔池排出，必然会造成喷溅，如果是发生爆发性的碳氧反应，其力量就更大了。

表2—33　　不同脱碳速度下每秒钟从熔池中产生CO气体体积与钢液体积的比较

脱碳速度/（%/min）	0.2	0.3	0.4	0.5	0.6
每秒钟产生CO气体体积/钢液体积	1.5	2.2	2.9	3.6	4.4

表2—34　　CO和氧气流股搅拌能的比较

炉号	82163					82165				
取样时间/%*	17	33	49	84	100	17	35	38	78	100
CO气体的搅拌能/kJ	19	122	155	95	71	37	160	280	270	230
氧气流股搅拌能量/kJ	19	19	19	19	19	30	30	30	30	30

注：*以整个吹氧时间为100%。

（2）吹炼操作不当对喷溅产生的影响

1）二批渣料加入时间不合适。在吹炼前期熔池温度不高，若二批渣料加入过早，则熔池温度明显下降，抑制了碳的氧化，熔池中钢液、渣液中积聚较多的氧，待熔池温度再度提高，碳氧激烈反应而产生大喷；若二批渣料加入过晚，此时熔池温度较高，碳氧反应正在激烈进行，加入二批料使碳氧反应受到抑制，待熔池温度升高，熔池∑（FeO）聚积较多时，也易产生喷溅。若渣中（FeO）较少，二批料加入后不易化，不能很好地覆盖金属液面，则在氧气流股冲击下容易产生金属喷溅。

2）枪位不合适。前期采用过分高枪位操作，使前期熔池温度上升缓慢，∑（FeO）积聚较多，炉渣过泡，一旦碳开始激烈氧化，往往会产生喷溅。当炉渣返干时，采用了过高枪位长时间吹炼同样也会引起喷溅。

3）萤石用量过多。在吹炼中为加速终渣形成，加入过量的萤石，使终渣化得过早而产生喷溅。

4）炉容比过小。炉容比大的炉子气流排出通畅，不易发生较大喷溅，炉容比小的炉子就很难避免喷溅。

5）渣量过大。渣量大、渣层厚，对气体排出的阻力大，因此，在吹炼高硅、高磷铁水时，较易产生喷溅。

（3）产生喷溅的原因

通过以上分析，归纳起来，产生喷溅的原因如下：

1）熔池内碳氧反应不均衡，瞬时产生大量的 CO 气体往外排出，这是发生喷溅的根本原因。

由于氧气转炉碳氧化特点是脱碳速度快，瞬时 CO 气体排出量大，并且具有较大的能量，可以推动熔池钢液、炉渣产生运动。在正常情况下，碳氧反应均衡进行，生成的 CO 气体均匀排出，不致发生猛烈喷溅。许多炉次不发生喷溅足以证明这点。

碳在激烈氧化时，对于温度的影响十分敏感。如果由于操作上的原因而使熔池温度短时间下降，抑制了正在迅速进行的碳的氧化反应，供入的氧气生成大量 FeO，并开始积聚，当熔池温度一旦升高到一定程度（一般在 1 470℃），渣中 FeO 积聚到一定数量（约在 20% 以上）时，碳的氧化反应就会重新以更猛烈的速度进行，瞬间产生大量且具有巨大能量的 CO 气体从炉口逸出，同时还夹带着大量的钢液和炉渣，造成较大的喷溅。

2）阻碍 CO 气体通畅排出是导致喷溅产生的另一重要原因。

在生产中各炉吹炼情况基本上一样，碳的氧化速度也不相上下，但有的炉次有喷溅，有的炉次就没有，这说明除了碳的氧化不均衡外，阻碍 CO 气体通畅排出的各种因素不能忽视。

严重的泡沫渣使泡沫化的炉渣中滞留了大量的气体，使渣层大大加厚，液面距炉口的距离缩小，甚至上涨到炉口。有时泡沫本身的涨力就能使炉渣溢出炉口，或在一定的氧气流股的冲击作用下把炉渣带出炉口，溢出炉外造成较大喷溅。另外，泡沫化炉渣对熔池覆盖良好，对 CO 气体的排出起着阻碍作用。因此，严重的泡沫渣将易产生喷溅。

知识链接

熔池温度的突然变化以及炉渣中（FeO）的大量积聚、渣量过大、渣层过厚、炉容比过小等均可造成喷溅的加剧。

3. 喷溅的类型

（1）金属喷溅

吹炼初期，炉渣尚未形成或吹炼中期炉渣返干时，固态或高黏度炉渣被顶吹氧射流和从反应区排出的 CO 气体推向炉壁。在这种情况下，金属液面裸露，由于氧气射流冲击力的作用，金属液滴从炉口喷出，这种现象称为金属喷溅。

（2）泡沫渣喷溅

吹炼过程中，由于炉渣中表面活性物质较多，炉渣泡沫化严重，在炉内 CO 气体大量排出时，从炉口溢出大量泡沫渣的现象，称为泡沫渣喷溅。

（3）爆发性喷溅

吹炼过程中，当炉渣中（FeO）积累较多时，由于加入渣料或冷却剂过多而造成熔池温度降低；或是操作不当，使炉渣黏度过大而阻碍 CO 气体排出。一旦温度升高，熔池内碳氧剧烈反应，就会产生大量 CO 气体急速排出，同时也使大量金属和炉渣喷出炉口，这种突发的现象称为爆发性喷溅。

4. 喷溅的预防与控制

根据喷溅产生的原因，预防喷溅的关键在于吹炼操作，避免导致喷溅的因素产生。预防喷溅的原则如下：

（1）控制好熔池温度，保证前期温度不过低，中、后期温度不过高，严格避免熔池温度突然降低，保证脱碳反应均衡地进行，消除爆发性的脱碳反应。

（2）控制好渣中$\sum$(FeO）含量，保证渣中$\sum$(FeO）不出现积累现象，以避免炉渣泡沫化程度严重，或引起爆发性的碳氧反应。

具体操作时应注意以下几点：

1）前期化渣心切，采用不合适的高枪位操作，使熔池升温缓慢，渣中$\sum$(FeO）积聚过多，炉渣过泡，一旦碳开始激烈氧化，往往会引起喷溅。因此，凡是前期渣化得早就应及时降枪，以减少$\sum$(FeO)，同时促进熔池升温，促使碳的均匀氧化，避免碳焰上来后的大喷。

2）二批渣料加入不合适，使熔池温度明显下降，待温度再度提高后也会产生喷溅。对此，应随机调整二批渣料加入的时间，并尽量采用小批量、多批次加入的方法，这样有利于消除因二批渣料的加入使熔池温度明显降低，渣中$\sum$(FeO）积聚而造成的喷溅。

3）炉渣不化，采取提枪化渣时，不要长时间在高枪位吹氧。否则，炉渣一化，渣中$\sum$(FeO）大量增加容易引起喷溅。另外，在操作时还可适当加入一定量的萤石以促进化渣。

4）新炉阶段炉膛小，前期温度低，渣中$\sum$(FeO）偏高，铁水若含硅量高，则渣量大。因此要注意及时降枪，使渣中$\sum$(FeO）不要过高，防止喷溅。一旦发生喷溅，不能立即降枪，若此时降枪，脱碳反应更加激烈反而会加剧喷溅。应适当提枪降压，一方面减缓脱碳反应，另一方面氧气流股可冲击炉渣，使气体排出，减轻炉渣发泡程度，当炉况正常时再降枪恢复正常吹炼。

5）在炉容比一定的条件下，应限制渣量及渣料加入量，尽量降低渣层厚度。严格控制装入量，避免过分超装。

6）铁矿石、氧化铁皮等原材料应分批多次加入，并限制其批量，保证吹炼顺利进行。

■ 思考题

1. 什么叫吹损？吹损包括哪几部分？

2. 产生喷溅的原因是什么？在操作中预防喷溅发生的措施有哪些？

第九节　操作事故及处理

一、低温钢

1. 产生原因

从热平衡计算可知，氧气顶吹转炉炼钢过程有较多的富余热量，但在生产中往往由于操作不合理、判断失误等原因造成低温钢，其主要原因有以下几种：

（1）吹炼过程中不注意炉温的合理控制，在到达终点时，火焰不清晰，判断不准确。

（2）取钢样及热电偶测温时操作人员多在熔池上部进行，其结果不具有代表性，往往高于熔池实际温度，造成判断失误。

（3）终点钢液温度合适，但由于使用冷钢包，或钢包内粘有大量冷钢，使钢液温度下降过多造成低温钢。

（4）吹炼过程从火焰判断以及热电偶测量钢液温度来看，钢液温度足够，但由于熔池内尚有大型废钢未完全熔化，或有石灰结坨尚未成渣，在吹炼终点时废钢或渣坨突然熔化，大量吸收熔池热量，致使熔池温度降低造成低温钢。

2. 处理方法

吹炼过程温度过低时可采取提温措施，通常的办法是向炉内加硅铁补吹提温。若钢液含碳量较高，可采取适当补吹进行提温。吹炼时降低枪位，加速熔池反应，迅速提高温度。若出钢后发现温度低，要慎重处理，可通过炉外热补偿技术加热升温以减少损失。必要时可组织回炉，切不可勉强进行浇注。

二、高温钢

1. 产生原因

吹炼过程中由于过程温度控制过高，造成终点温度过高而又未加以及时合理地调整所致。

2. 处理方法

（1）出钢前发现炉温过高，可适当加入炉料冷却熔池，并采用点吹使熔池温度、成分均匀，当测温合格后即可组织出钢。

若出钢温度高出不多，在出钢过程中可向钢包中加入适量的清洁小废钢或生铁块，也可适当延长吹氩时间、延长镇静时间来降低钢液温度。

（2）吹炼过程发现熔池温度过高，要及时采取降温措施，可向炉内加入氧化铁皮或铁矿石，但要注意用量，以分批多次加入为宜。

知识链接

目前有的转炉炼钢厂用追加多批石灰的办法降低熔池温度，其目的是既要降温又要去除磷、硫。用石灰降温虽可提高炉渣碱度，有利于磷、硫的去除，但降温效果不如氧化铁皮、铁矿石。而且炉渣碱度过高也无必要，只能造成渣料消耗增加、成本增加的后果。

三、化学成分不合格

1. 碳、锰含量不合格

对于吹炼的碳素钢，有的碳含量虽在所炼钢种的规格范围之内，而锰的含量却高出或不足于钢种的规格成分，这样的钢称为号外钢。

（1）原因

造成碳出格、配锰不准的原因可能有以下几种：

1）炉前操作人员生产经验不足，通过经验进行终点碳的判断有误，吹炼过程氧枪枪位操作不合理，对脱氧合金化过程中铁合金增碳量估计不准，这些均会造成碳不合格。

2）所使用的铁水含锰量发生变化，炉前操作人员不清楚，因此，在到达终点时对钢液残余锰量估计判断不准。

3）铁水装入量不准或波动较大。

4）铁合金计量出现差错，或由于铁合金混杂堆放、管理不当造成误用而产生锰不合格现象。

5）对终点钢液温度、钢液氧化性的变化及影响合金元素吸收率的因素估计不足，因而易造成锰不合格。

6）炉前设备运转失灵，在转炉出钢时将合金料部分或全部加在钢包外，又未能及时发现并追加合金料。

（2）处理方法

造成号外钢的原因不外乎终点碳判断不准或配锰有误。出现 C、Mn 不合格时应根据出现的原因加以分析，采取相应措施改判钢种或回炉处理。有的厂家将其轧成钢球。

2. 磷不合格

（1）原因

1）出钢过程下渣过多，或出钢时合金加得不当，或由于终渣碱度低，出钢温度高，出钢后钢液在钢包内镇静时间、浇注时延续时间比较长，或钢包内不清洁、残渣过多，这些都会导致回磷而造成磷不合格。

2）终点第一次拉碳时磷已合格，但由于钢液碳含量高或其他原因而进行补吹。补吹时操作不当，使熔池温度过高、氧化铁减少而造成回磷。

（2）处理方法

1）出钢前发现磷含量不合格可倒出部分熔渣，加入造渣材料二次造渣，提高熔渣氧化性，同时降低炉温，保证脱磷效果。

2）出钢后发现磷含量高，只能改判钢种或回炉处理。

因此，在吹炼过程中一定要控制好熔渣和炉温，为防止回磷，出钢后向钢包内投加石灰粉以稠化炉渣。第一次拉碳合格后，若碳高需补吹，则应根据熔池温度、炉渣碱度等酌情补加石灰，调整好枪位。防止氧化铁还原过多，炉渣出现返干现象而导致回磷。

3. 硫不合格

（1）原因

1）铁水、石灰、铁矿石等原材料含硫量突然增加，发生变化，炉前操作人员不清楚，又没有及时采取相应措施。或吹炼过程炉温较低，石灰用量少，炉渣数量小，而导致硫高。

2）吹炼后期渣子化得不好，渣子黏产生返干现象，炉渣碱度降低，没有起到脱硫的作用。或终点碳含量低，采用碳粉或生铁块增碳，由于增碳剂含硫量高造成硫不合格。

(2) 处理方法

终点钢水硫含量超出所炼钢种规格的要求时，不能贸然出钢，可以倒出部分熔渣，再加入适量的渣料重新造渣，必要时兑入一定量的铁水或加入提温剂，继续吹炼。待钢中硫含量符合要求时再出钢。

若出钢后才发现钢中硫含量高时，应及时组织回炉处理。

四、氧枪粘钢

1. 原因

(1) 吹炼过程氧枪操作不合理，又未做到及时调整枪位，或吹炼时转炉所使用的氧枪喷嘴结构不合理易造成氧枪粘钢。

(2) 铁水装入量过大，枪位控制过低，炉渣化得不好、流动性差，金属喷溅后容易使氧枪粘钢。

(3) 吹炼过程中使用白云石造渣，但白云石加入数量及加入时间不妥，造成炉渣黏度增大、流动性差以致造成氧枪粘钢。

2. 处理方法

(1) 氧枪粘钢少时，一般在吹炼后期用熔渣涮掉。要求炉温要高，碱度要低，涮枪时可向炉内适当加些萤石，在保证炉渣化透的情况下有较厚渣层，枪位可适当低一些，这样氧枪粘钢很容易涮掉。

(2) 氧枪粘钢严重时，要在停吹后用大锤击打钎子，将氧枪粘钢打下，若打不下来，可用乙炔—氧气进行切割。仍处理不掉时，只好更换氧枪。

五、回炉钢

1. 产生原因

(1) 吹炼过程由于操作人员操作不当，造成终点钢液温度及成分不合格以致出现回炉钢。

(2) 由于浇注设备出现故障不能及时浇钢，使钢包内钢液温度迅速降低所致。

2. 处理方法

(1) 必须了解清楚钢液的回炉原因、钢液温度、成分，结合正常吹炼时的一些参数，综合分析，得出稳妥的处理方法。

(2) 若钢液全部回炉，可将回炉钢分两次进行处理，在处理时可根据回炉钢液温度、成分适当配加一定数量硅铁及一定数量的石灰，同时枪位要控制合理，确保吹炼过程化好渣，防止烧枪事故发生。

(3) 回炉钢经吹炼合格后，出钢时应注意合金元素吸收率的变化，调整好合金加入量，确保钢的质量。

六、冻炉

由于设备故障，如停水、停电等造成长时间的停吹，钢水被迫凝固在转炉内，这种现象称为冻炉。

处理冻炉的关键是温度。由于长时间的停吹，又加上炉内有凝固的冷钢，因此在重新炼钢的第一炉，不仅要将全部凝钢熔化，还要在终点使钢水温度达到所炼钢种出钢要求。

炉内凝钢不多时，开吹的第一炉就可以全部解冻；若凝钢数量较多，就要连续吹炼两炉才能熔掉全部凝钢。

第一炉全部装入铁水，兑铁水后，配加部分硅铁，并且分批加入焦炭，也可以将焦炭一次加入炉内，焦炭加入总量一般是铁水量的1/30左右。在吹炼前要测液面，吹炼过程注意控制枪位。

第二炉的吹炼就要根据炉内剩余凝钢的多少及炉温情况确定处理方法。如果剩余凝钢不太多，炉温也较高，兑入铁水后只配加部分硅铁，不加冷却剂并控制好熔渣的流动性，炉内的凝钢基本上可以全部熔化，并达到出钢温度的要求。

■ 思考题

1. 低温钢产生的原因是什么？在操作中如何防止低温钢的产生？

2. 硫、磷出格的原因是什么？操作中如何防止硫、磷不合格？

3. 氧枪粘钢的原因是什么？在操作中怎样防止氧枪粘钢？如果氧枪粘钢了应如何进行处理？

第十节　开新炉操作

开新炉操作的好坏对氧气顶吹转炉炉衬使用寿命有很大影响，若开新炉操作不当，还会发生炉衬塌落现象。因此，对开新炉的要求是：在保证烘烤、烧结好炉衬的基础上，要炼出合格的钢液。

一、开新炉前的准备工作

开新炉前，应组织有关人员对转炉系统设备做全面检查试车。所有设备和操作系统经检查和试车确认正常后，才能使之处于备用和运转状态。开炉前应做好以下几方面的检查和准备工作：

（1）认真检查炉衬的修砌质量，如果采用下修法，要特别注意检查炉底与炉身接缝处是否严密，以防开炉后发生漏钢事故。复吹的底部供气应正常。

（2）检查转炉倾动机构是否能正常倾动。

（3）检查氧枪及其升降机构是否正常，氧枪提升事故手柄应处于备用状态。

（4）检查散状材料各料仓及上料运输带是否正常，检查开炉用料是否备好，检查电子秤及活动流槽是否收放灵活。

（5）检查炉下车供电导轨是否正常，检查炉前、炉后挡火板、吹氩装置等设备运转是否正常、灵活。

（6）检查烟气净化回收系统的风机、可调文氏管、汽化冷却设备等是否正常运行。

（7）检查供水系统、氧枪、副枪、炉口、烟罩、炉前、炉后挡火板、烟气净化系统所用冷却水的压力和流量是否符合要求，所有供水管路应畅通无阻塞。

（8）检查炉前所用的测试仪表，保证读数显示正确可靠。

（9）检查氧枪与转炉、氧枪与供水和氧压等各项联锁装置（即氧枪降到转炉内时，炉子转不动；炉子不正时，氧枪降不下来；高压水压力低于某一数值或高压水温度高于某一数值以及氧气压力小于某一数值时，氧枪要自动提升)，保证其灵活可靠。

(10) 炉前所用的各种工具及材料必须准备齐全。

(11) 主控室内设备应运转正常无误。所有测量仪表的读数显示应准确可靠。

检查试车工作要做到认真细致，以免给开炉操作带来困难，甚至发生意外事故。准备工作就绪后，使设备处于运转或备用状态。

二、炉衬的烘烤过程

开新炉的主要目的就是迅速将炉衬烧结成一个整体并使之加热到炼钢的温度，以利于吹炼的顺利进行。

炉衬的烘烤就是将处于常温的转炉内衬砖加热烘烤到炼钢要求的高温。炉衬的烘烤过程也就是石墨碳素骨架的形成过程，烘烤温度越高，石墨化也越多。所以开新炉操作必须保证均匀快速升温，使炉衬砖结合剂尽快石墨化，同时要保证烘烤时间，使炉衬烧透而结合成一个整体。

目前，转炉的内衬全部都采用镁炭砖砌筑，使用焦炭烘炉法。采用焦炭烘炉法操作时，主要应控制好氧压、枪位、底焦、批焦的加入数量及时间，炉衬的烘烤温度、烘烤时间等。

焦炭烘炉步骤如下：

(1) 根据转炉吨位的不同，首先装入适量的焦炭（底焦)、木柴，用油棉丝引火，立即吹氧使其燃烧，避免断氧。

(2) 炉衬烘烤过程中，定时分批补充焦炭，适时调整氧枪位置和氧气流量，使其与焦炭燃烧所需氧气量相适应，以使焦炭完全燃烧。

(3) 烘炉过程要符合炉衬的升温速度，保证足够的炉衬烘烤时间，使炉衬具有一定厚度的高温层，以达到炼钢要求的高温。

(4) 烘炉结束后，倒炉观察炉衬烘烤情况，并进行测温。

(5) 烘炉前，可解除氧枪提升氧气工作压力联锁报警，烘炉结束及时恢复。

(6) 复吹转炉在烘炉过程中，炉底应一直供气，只是比正常吹炼的供气量要少些。

首钢 210 t 转炉的烘炉实例如下。

1) 首先加入焦炭 3 000 kg，再加入木柴 800 kg。

2) 用油棉丝火把点火，一经引火，立即吹氧，不能断氧。开氧 5 min 后，将罩裙降至距炉口 400 mm。

3) 在前 150 min 内，氧气流量（标态）控制在 10 000 m^3/h，氧枪高度为 10 ~ 11 m（距地面)。

4) 吹氧 40 min 后，开始分批补充加入焦炭，每隔 15 min 加入焦炭 500 kg。

5) 150 min 以后，氧气流量（标态）调整到 12 000 m^3/h，氧枪高度在 10 m；每隔 15 min补加焦炭 600 kg；焦炭加入后，氧枪控制在 9.5 ~ 11 m 范围内，调节枪位 2 ~ 3 次。

6) 炉衬烘烤总时间不得少于 330 min。

7) 烘炉结束，停氧，关上炉前挡火板，倒炉观察炉衬及出钢口等部位烘烤质量及残焦情况，并进行测温，若符合技术要求即可装入铁水炼钢。

8) 因故停炉时间超过 2 天，或炉龄小于 10 炉且停炉时间超过 1 天，均需按开新炉方式用焦炭烘炉，烘炉时间为 3 h。不准用冷炉炼钢。

首钢 210 t 转炉烘炉曲线如图 2—28 所示。

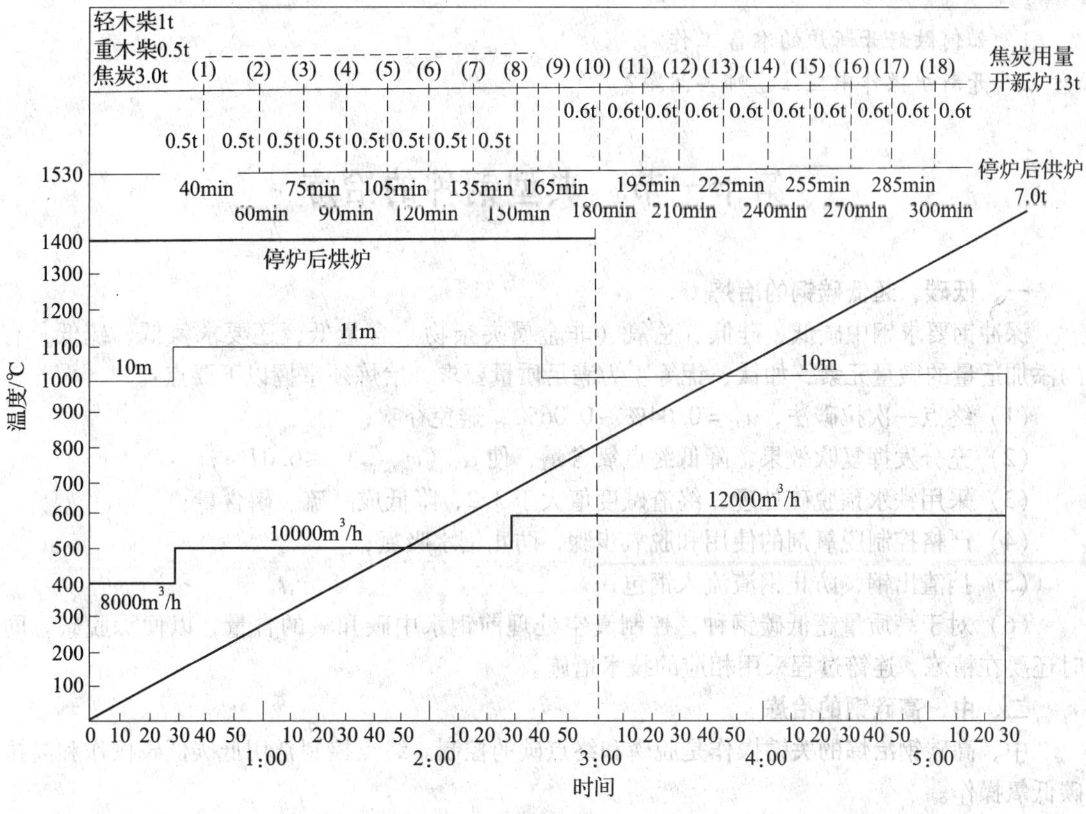

图 2—28　首钢 210 t 转炉烘炉曲线

三、开新炉操作

第一炉钢的吹炼操作也称开新炉操作。虽然炉衬经过了几个小时的烘烤，但只是内衬表面具有一些热量，而炉衬的内部温度仍然较低，所以有以下几方面要求：

（1）第一炉钢不需加废钢，全部装入铁水。

（2）根据铁水成分、温度和配加的材料，通过热平衡计算确定是否需要配加适量 Fe－Si 或焦炭，以补充热源。

（3）根据铁水成分，配加造渣材料。

（4）出钢前检查出钢口。由于是新炉衬，再加上出钢口又小，出钢温度比正常吹炼要高 20℃。

（5）开新炉的前 6 炉，应连续炼钢，不要冶炼重要钢种。100 炉以内不出现计划停炉。

生产小提示

开新炉时操作人员尽量避免在炉前停留，以免发生炉衬塌落，造成人身伤亡事故。应严格按照开新炉的操作规程，合理配加焦炭，严格操作。

■ 思考题

1. 如何做好开新炉的准备工作?
2. 开新炉操作中应注意哪些问题?

第十一节　典型钢种的冶炼

一、低碳、超低碳钢的冶炼

深冲钢要求钢中碳低、硅低、总氧（非金属夹杂物）含量低，还要求氮低、硫低，有的添加适量的微量元素，如钛、铌等。为满足质量要求，冶炼须掌握以下要点：

(1) 终点一次拉碳法，$w_C = 0.04\% \sim 0.06\%$，避免补吹；

(2) 充分发挥复吹效果，降低终点氧含量，使 α_o ($w_{[C]溶}$) $\leqslant 0.07\%$；

(3) 采用铁水预脱硫处理，终渣碱度值大于3.2，降低成品硫、磷含量；

(4) 严格控制脱氧剂的使用和脱氧步骤，防止钢水吸氮；

(5) 挡渣出钢，防止钢渣流入钢包；

(6) 对于高质量超低碳钢种，控制真空处理前钢水中碳和氧的含量，以便深脱碳。同时还要在精炼、连铸过程采用相应的技术措施。

二、中、高碳钢的冶炼

中、高碳钢冶炼的关键操作是脱磷和终点碳的控制。终点控制常用低碳低磷操作和高拉碳低氧操作。

1. 低碳低磷操作

终点碳的控制目标是根据终点硫、磷情况而确定的，只有在低碳状况下炉渣才具有充分脱磷的条件，在出钢过程再进行增碳，到精炼工序最终微调成分以达到目标要求。

2. 高拉碳低氧操作

高拉碳的优点是终渣氧化铁低、金属收得率高、氧耗低、合金收得率高、钢水气体含量较低。但高拉碳法终渣氧化铁较低，脱磷较困难，因此，要根据成品磷的要求决定高拉碳范围，既能保证终点钢水氧含量低，又能达到成品对磷的要求，并减少增碳量。

三、钢筋钢（低合金钢）的冶炼

1. 钢筋钢基本性能要求

钢筋钢也称混凝土结构用钢筋，是工程结构的主要材料之一。对钢筋钢基本性能的要求如下：

(1) 强度

强度是指钢筋在受拉状态下的屈服强度 R_e 和抗拉强度 R_m。钢筋钢受力达到屈服强度后就会产生较大的残余变形，结构不能正常工作，这种情况即认为其丧失承载能力而被破坏。由此可见，提高钢筋钢强度可以提高结构的承载能力，或者在相同的承载能力下减少钢筋钢的用量。

(2) 塑性

塑性是以钢筋试件受力断裂时的断后伸长率（A_5 或 A_{10}）表示的。

(3) 焊接性

钢筋应具有良好的焊接性能。焊接性能与钢筋化学成分有关。

(4) 成分均匀性

冶炼低合金钢筋钢，合金元素含量较高，冶炼必须保证成分均匀，若发生局部锰高便会导致钢筋冷弯脆断，造成重大事故。

(5) 与混凝土的粘接性能

钢筋与混凝土之间的粘接是关系着二者相互传递应力、协调变形的关键。试验表明，表面带肋的钢筋比光面钢筋的粘接力高 2 ~ 3 倍以上。我国钢筋标准中屈服强度 300 MPa 以上钢筋均为表面带肋钢筋。

我国热轧带肋钢筋的牌号由 HRB 及其屈服强度最小值构成，H、R、B 分别为热轧（Hot rolled）、带肋（Ribbed）、钢筋（Bars）三个词的英文首位字母。热轧带肋钢筋分为 HRB335、HRB400、HRB500 这三个牌号，分别相当于Ⅱ、Ⅲ、Ⅳ级钢筋。

钢筋钢分为碳素钢筋钢和低合金钢筋钢。碳素钢筋钢（HPB235）强度较低（I 级），但塑性、韧性和焊接性能较好；低合金钢筋钢是在低、中碳钢基础上，添加了适量的 Si、Mn 元素，使钢具有较高的强度，再加入微量的 Ti、V、N、Nb 等元素，钢筋可具有更高的强度、良好的韧性和焊接性。如在 HRB335 的基础上添加适量 V、N 元素可生产 HRB400、HRB500 牌号的钢筋等。

预应力混凝土结构用钢筋，要求具有较高的强度，有些钢筋强度虽然不太高，但经过冷轧和冷加工提高强度后，也可做预应力钢筋使用。

2. 低合金钢的冶炼

冶炼低合金钢应注意以下几点：

(1) 强化造渣工艺，早化渣、化好渣，终渣碱度值保持在 3.0 ~ 4.0，确保脱磷、脱硫效率；

(2) 采用一次拉碳，避免补吹，降低钢中的氧含量；

(3) 严格脱氧合金化操作，确保成分命中，控制好温度及防止吸氮；

(4) 挡渣出钢防止回磷，并加适量钢包渣改质剂，提高钢的纯度；

(5) 对于高品级低合金钢，必须采用铁水预处理、二次精炼及连铸等有关技术。

四、焊条钢的冶炼

1. 焊条钢的特点

焊条钢按化学成分分为非合金钢、低合金钢、合金结构钢和不锈钢四类。非合金钢焊条主要为碳素焊条钢，成分要求见表 2—35。

表 2—35　　碳素焊条钢化学成分（GB/T 3429—2002）

牌号	化学成分 w/%				
	C	Si	Mn	P	S
H08A	≤0.10	≤0.03	0.30 ~ 0.60	≤0.030	≤0.030
H08E	≤0.10	≤0.03	0.30 ~ 0.60	≤0.020	≤0.020
H08C	≤0.10	≤0.03	0.30 ~ 0.60	≤0.015	≤0.015

焊条钢的最大特点是必须保证焊条化学成分符合各种标准成分的要求，不允许有化学成分偏差，冶炼成分控制的范围比标准的范围更窄，硫、磷含量更低。

焊丝中碳含量增加，则焊缝的裂纹倾向增加，冲击韧性下降，但碳含量过低会导致焊丝过软，焊条挤压困难，焊缝金属强度不够。为此，H08A 类钢碳含量控制在 0.06% ~0.08% 范围内；硅影响冷拔加工性能，并降低焊缝塑性，因而，H08 类钢硅含量应不大于 0.03%；锰不仅可以提高焊缝抗拉强度，也使塑性、韧性提高，同时还提高焊缝的抗裂能力，所以，锰含量控制在 0.4 % ~0.5%。随硫含量的增加焊缝的热裂倾向增大，还会使焊缝产生气孔的可能性增加；而磷含量的增加会使焊缝冷裂倾向增大，同时使低温冲击值迅速降低，H08 就是根据磷、硫含量不同分为 A、E、C 三级。H08C 在 H08 类钢中的硫、磷含量最低，其盘条价格也更高。

2. 焊条钢的冶炼

碳素焊条钢碳、硅含量很低，钢质软，对力学性能无特别要求。碳素焊条钢的冶炼要求如下：

（1）碳素焊条钢原用模铸生产，现多用连铸工艺浇注小方坯。

（2）终点碳 w_C 控制在 0.04% ~0.06%，要维护好出钢口，挡渣出钢。

（3）采用连铸工艺时，钢水若用铝脱氧，氧含量很难控制，控制不当还会产生皮下气泡或水口结瘤，因此，用 Fe－Mn－Al 合金代替单一铝脱氧。

（4）从炼钢到精炼全程严格控制钢中氧含量，精炼结束时，氧活度控制在 0.002 5% ~0.004 5%。

（5）连铸工艺采用全保护浇注小方坯。

（6）中间包采用低碳高碱度覆盖剂。

五、硬线钢生产

1. 硬线钢的特点

硬线钢是金属制品行业生产中高碳产品的主要原料。硬线钢主要用于加工低松弛预应力钢丝、钢丝绳、钢绞线、轮胎钢丝、弹簧钢丝、琴丝等。

如轮胎钢丝 w_C =0.80% ~0.85%，要求有高深拉性，可冷拔到 ϕ0.15 ~0.25 mm；弹簧钢丝 w_C =0.6% ~0.7%，要求有高的疲劳强度和良好的耐磨强度；高质量的钢帘线、电力和电气化铁路高耐蚀锌—铝合金镀层钢绞线、高精度预张拉力钢丝绳、高应力气门簧用钢丝等都是以高碳钢坯（w_C >0.6%）为原料，经过高速线材轧机轧制、热处理后拉拔而成的。

硬线钢质量的主要问题是：拉拔、捻股断裂，强度、面缩率波动大。

2. 硬线钢的生产

生产高级硬线钢在冶炼和连铸工艺中应满足以下要求：

（1）严格的化学成分控制；

（2）钢中有害元素含量低；

（3）严格控制钢中非金属夹杂物的类型、尺寸、成分和数量，严格避免出现富 Al_2O_3 的脆性夹杂物；

（4）连铸坯在凝固期间达到最小的碳偏析；

（5）良好的表面质量。

优质硬线钢生产的关键技术包括以下几方面：

（1）转炉高拉碳低氧冶炼技术；

（2）挡渣出钢与炉渣改质技术，控制钢包渣，$w_{(FeO)+(MnO)}<3\%$；

（3）LF 炉内渣洗精炼工艺和无铝脱氧工艺，控制钢中氧活度为 0.003 0%；

（4）夹杂物变性技术和保护浇注技术；

（5）无缺陷铸坯生产工艺和减少中心碳偏析的工艺技术；

（6）控轧控冷工艺技术。

六、船板钢的冶炼

1. 船板钢的特点

船体结构用钢简称船板钢，主要用于制造远洋、沿海和内河航运船舶的船体、甲板等。

船舶工作环境恶劣，船体外壳要承受海水的化学腐蚀、电化学腐蚀和海生物、微生物的腐蚀；还要承受较大的风浪冲击和交变负荷作用；再加上船舶加工成型复杂等原因，对船体结构用钢要求较严格。良好的韧性是最关键的要求，此外，要有较高的强度，良好的耐腐蚀性能、焊接性能、加工成型性能以及表面质量。其锰、碳含量比值应在 2.5 以上，对碳当量也有严格要求，并由船检部门认可的钢厂生产。

船体结构用钢分一般强度钢和高强度钢两种，一般强度钢的质量分为 A、B、C 和 D 共四个等级；高强度钢又分为两个强度级别和三个质量等级：AH32、DH32、EH32、AH36、DH36、EH36。船板钢的牌号与化学成分见表 2—36。

表 2—36　船板钢的牌号与化学成分

<table>
<tr><th rowspan="2">类别</th><th rowspan="2">等级</th><th colspan="8">化学成分 w/%</th><th rowspan="2">R_e /MPa</th></tr>
<tr><th>C</th><th>Mn</th><th>Si</th><th>P</th><th>S</th><th>Al</th><th>Nb</th><th>V</th></tr>
<tr><td rowspan="4">一般强度钢</td><td>A</td><td>≤0.22</td><td>≥2.50</td><td rowspan="4">0.10～0.35</td><td rowspan="4">≤0.04</td><td rowspan="4">≤0.04</td><td rowspan="2"></td><td rowspan="7"></td><td rowspan="7"></td><td rowspan="4">235</td></tr>
<tr><td>B</td><td>≤0.21</td><td>0.60～1.00</td></tr>
<tr><td>C</td><td>≤0.21</td><td>0.60～1.00</td><td>≥0.015</td></tr>
<tr><td>D</td><td>≤0.18</td><td>0.70～1.20</td><td>≥0.015</td></tr>
<tr><td rowspan="6">高强度钢</td><td>AH32</td><td rowspan="6">≤0.18</td><td>0.70～1.60</td><td rowspan="5">0.10～0.50</td><td rowspan="6">≤0.04</td><td rowspan="6">≤0.04</td><td rowspan="6">≤0.015</td><td rowspan="3">315</td></tr>
<tr><td>DH32</td><td>0.90～1.60</td></tr>
<tr><td>EH32</td><td>0.90～1.60</td></tr>
<tr><td>AH36</td><td>0.70～1.60</td><td rowspan="3">0.015～0.050</td><td rowspan="3">0.030～0.100</td><td rowspan="3">355</td></tr>
<tr><td>DH36</td><td>0.90～1.60</td></tr>
<tr><td>EH36</td><td>0.90～1.60</td><td></td></tr>
</table>

注：一般强度钢残余元素量为 $w_{Cu}\leqslant0.35\%$，$w_{Cr}\leqslant0.30\%$，$w_{Ni}\leqslant0.30\%$；高强度钢残余元素量为 $w_{Cu}\leqslant0.35\%$，$w_{Cr}\leqslant0.20\%$，$w_{Ni}\leqslant0.40\%$，$w_{Mo}\leqslant0.08\%$。

2. 船板钢的冶炼

船板钢的冶炼要点如下：

（1）铁水进行预脱硫处理；

（2）转炉终点碳控制在 0.06%～0.10%；

（3）挡渣出钢，钢包加合成渣；

（4）钢包脱氧合金化，进精炼站前钢中酸溶铝含量达到 0.004%～0.005%；

（5）精炼站喂铝线，钢中酸溶铝含量稳定在0.02%～0.04%，喂钙线控制w_{Ca}/w_{Al}比值为0.1；

（6）保证弱吹氩搅拌时间，促进夹杂物充分上浮；

（7）连铸全程保护浇注。

七、硅钢的冶炼

1. 硅钢性能要求

硅钢是电工钢的一种，硅含量在1.0%～4.5%范围内，主要用于制造电动机和变压器的铁心、日光灯中的镇流器、磁开关和继电器、磁屏蔽和高能加速器中的磁铁等。

硅钢有冷轧和热轧之分。对硅钢性能有如下要求：

（1）铁损低

因为铁损高会增加电量损耗，钢中加硅主要作用是降低铁损；降低硫含量有利于减少铁损；适当增加钢中磷含量对降低铁损也有利。

（2）磁感应强度高

磁感应强度高可以降低铁心激磁电流（空载电流），使导线电阻引起的铜损和铁心铁损降低，节省电能。

（3）对磁的各向性的要求

电动机在运转状态下工作，要求硅钢磁各向同性，用无取向硅钢制造；变压器在静止状态下工作，用冷轧取向硅钢制造。

（4）磁时效性小

铁心磁性随使用时间而变化的现象为磁时效。磁时效主要是由于钢中过饱和碳与氮析出的细小碳化物和氮化物所致。所以优质无取向硅钢中碳含量应小于0.003 5%，氮含量应小于0.005%。

（5）脆性小

硅钢片在制作铁心时须冲压加工成型，冲片性能要好；倘若钢质脆会降低成品率，并影响冲模使用寿命。硫不仅对磁性有害，而且使钢产生热脆，应尽量降低。此外，硅钢片的表面要光滑平整，厚度均匀，偏差要小，绝缘薄膜要好。硅钢的典型成分举例见表2—37。

表2—37　硅钢的典型成分举例

类别	化学成分 w/%						
	C	Si	Mn	P	S	$[Al]_S$	N
普通取向硅钢	0.03～0.05	2.80～3.50	0.05～0.10		0.015～0.0030	<0.015	<0.006
优质无取向硅钢	<0.0030	3.20～3.40	<0.15	<0.040	<0.003	1.40～1.60	<0.002

2. 硅钢的冶炼要点

冶炼工艺要适应不同牌号硅钢的要求，对无取向硅钢要求超低碳、低硫和低氮含量。总的来说，硅钢冶炼要点如下：

（1）精料

1）采用低锰铁水冶炼，要求$w_{Mn}<0.35\%$；使用低锰废钢，要求$w_{Mn}<0.35\%$，钢中锰含量高将使硅钢片磁性变坏。

2）铁水预处理脱硫，入炉铁水 $w_S < 0.005\%$。

3）使用高级硅铁合金（碳、锰含量低）。

4）辅原料成分稳定，杂质少。

（2）转炉吹炼。顶底复合吹炼工艺，脱碳、脱锰、控制好温度，终点碳控制在0.04%。

（3）钢包合金化并底部吹氩。合金要均匀加入，出钢量达70%前加完。

（4）RH 真空处理微调钢水成分达到规定要求和控制好终点温度。

（5）连铸工艺

1）因钢水硅含量高、导热性差，采用慢速浇注，二次冷却采用弱冷却制度。

2）全程保护浇注，结晶器使用专用保护渣。

3）二冷区采用电磁搅拌，提高等轴晶比例，消除硅钢片表面瓦楞状缺陷。

4）连铸坯热送，使用保温台车。

八、IF 钢的冶炼和连铸工艺控制

1. IF 钢的特点及成分要求

IF 钢也称无间隙原子钢，就是在碳含量极低（$w_C = 0.001\% \sim 0.005\%$）的钢中，加入适量的强化元素 Ti、Nb，与钢中残存的间隙原子碳和氮结合形成碳化物和氮化物［Nb(CN)、TiN 等］的质点，这样，钢的基体中已没有间隙原子 C、N 存在了，而是以钛、铌的碳化物和氮化物质点存在。

（1）IF 钢的优点

1）优异的深冲性；

2）无时效性；

3）非常高的钢板表面质量；

4）可冲制极薄的制品、零件，主要用于汽车薄板。

（2）IF 钢的化学成分要求

1）极低的碳含量，小于0.005 0%；

2）非常低的氮含量，小于0.003 0%；

3）一定的钛或钛和铌含量；

4）铝脱氧钢，$w_{[Al]_S} = 0.03\% \sim 0.07\%$。

IF 钢的典型成分见表2—38。宝钢批量生产达到了 $w_{[C]} \leqslant 0.002\,5\%$，$w_{[N]} \leqslant 0.002\,0\%$，$w_{[O]} \leqslant 0.003\,0\%$ 的水平。

表2—38　　IF 钢的典型成分

化学成分 w/%							
C	Si	Mn	P	S	Al	Ti	N
<0.003	<0.02	0.10~0.15	<0.015	<0.010	0.020~0.040	0.060~0.080	<0.003

2. IF 钢的冶炼

（1）IF 钢生产工艺路线为：铁水预处理→复吹转炉炼钢→RH 精炼→板坯连铸→热连轧→冷轧、退火、镀锌等。

（2）冶炼工艺

1）铁水脱硫后，硫含量为0.002%，入炉前尽可能扒净铁水渣。

2）高铁水装入比，顶底复吹炼，后期加铁矿石、铁皮使炉渣发泡，充分脱磷；防止钢液吸氮，出钢 $w_N<0.0020\%$，按RH精炼要求严格控制终点碳。

3）出钢不脱氧，不加铝，防止增氮。

4）RH真空碳脱氧，然后加铝和钛。

5）严格实施保护浇注，防止二次氧化、增氮。钢包—中间包吸氮量应小于0.000 15%，中间包—结晶器吸氮量应小于0.000 1%。

6）钢包和中间包内衬砌筑碱性耐火材料，采用极低碳碱性覆盖剂。

7）结晶器选用无碳保护渣，防止增碳。

■ 思考题

1. 中、高碳钢的冶炼要点有哪些？
2. 硬线钢的冶炼要点有哪些？

第三章

高磷铁水的吹炼

我国不少地区有丰富的高磷铁矿资源。研究高磷铁水的吹炼，不仅可以生产合格的钢铁产品，而且可以得到含五氧化二磷较高的副产品——磷肥渣。实践表明，吹炼 1 t 含磷 2% 左右的铁水，可得到 200 kg 的优质磷肥。因此，掌握高磷铁水的吹炼技术对综合利用资源有重要意义。

氧气顶吹转炉吹炼高磷铁水时，主要问题是如何解决脱磷和脱碳之间的矛盾。因此，如何控制脱磷和脱碳的相对速度，就成为高磷生铁吹炼的关键。

知识链接

氧气顶吹转炉吹炼时所发生的脱磷反应属于放热的钢渣界面反应。所以，较低的熔池温度，高碱度、高氧化铁和流动性良好的炉渣以及金属液与炉渣的充分接触是脱磷的必要条件。

一、吹炼工艺

氧气顶吹转炉吹炼高磷铁水，通常采用留渣法或喷吹石灰粉法操作。吹炼前期的主要任务是在保留足够碳含量的基础上脱除绝大部分的磷，并且要保证磷肥渣的质量。吹炼后期的主要任务是脱除残余的磷并保证炼出合格的钢液。因此，在吹炼过程中，制定合理的造渣制度、供氧制度和温度制度是吹炼高磷铁水的有力保证。

1. 造渣制度

(1) 采用留渣法吹炼高磷铁水的操作要点如下：首先，要尽可能多地把上一炉的终渣留在炉内，以便吹炼前期尽快形成足够数量的高碱度、高氧化铁的活跃炉渣来保证最大限度的脱磷。实践表明，一般留渣的炉次，前期脱磷率可达 80% ~90%。其次，采用双渣留渣法时，要掌握好倒渣时机，一般在开吹 6 ~8 min，炉渣已化好，泡沫渣已基本形成时倒出大部分炉渣，然后根据吹炼要求加入渣料再造新渣。倒渣时要求炉渣发泡，流动性良好。

知识链接

泡沫渣不仅是倒渣操作的重要条件，也是脱磷良好的象征。

另外，吹炼高磷铁水时，由于石灰加入量大，加入时间又过于集中，如果供氧制度配合不当，石灰往往容易结坨，炉渣不易化透，从而影响前期的脱磷效果。为防止石灰结坨，石灰应分批多次少量加入。吹炼的中后期重点要控制好脱碳速度和熔池温度。

（2）为提高吹炼高磷铁水的脱磷效果，常采用喷吹石灰粉操作法。喷吹石灰粉操作法的特点是成渣速度快，因此适用于吹炼高磷铁水。

喷吹石灰粉法的操作要点是：在开吹的同时加入约1/3的石灰量、适当的废钢和铁矿石。为了快速生成流动性良好的泡沫渣，开吹时的枪位应靠近允许的最高限度，大约吹炼5 min左右，这样可减少喷溅。然后按预定的速率喷吹石灰粉，并适当降低枪位，操作重点在枪位及其变动时间。当熔池中碳含量为0.6% ~0.7%时，摇炉倒渣，泡沫渣非常容易流出，此时熔池温度大约在1 570 ~1 650℃，再加入废钢或铁矿石调整温度后，继续喷吹石灰粉直至吹炼终点。如果吹炼低碳钢种，终点钢液含磷量一般能降到0.03%以下；如果吹炼中碳钢或要求钢液含磷量低于0.02%，则可倒出二次渣。

这种方法的主要缺点是：必须将石灰破碎成粒度为0.3 mm以下的石灰粉，不但需要破碎设备，而且粉尘很大，石灰极易水化。

2. 供氧制度

供氧制度不仅决定着炉渣的形成进程，同时也是影响熔池温度和脱碳速度的重要因素。因此，制定合理的供氧制度是决定吹炼高磷铁水能否顺利进行的关键问题之一。

氧枪枪位和供氧压力是供氧制度中最灵活、最主动的控制手段。在稳定供氧压力的条件下，枪位的高低就成为控制脱磷、脱碳相对速度的关键。化渣脱磷阶段，如果枪位过低，脱碳速度加快，造成渣中氧化铁减少，炉渣返干，则对提高前期脱磷速度不利，常常出现碳低、磷高的不利局面，后期只好被迫后吹脱磷，这样不但影响钢液质量，而且增加钢铁料消耗，也加剧了对炉衬的侵蚀。

枪位主要根据化渣和脱碳情况来确定，总的原则是：石灰不结坨、炉口不断火、碳焰不过猛、避免大喷溅，倒渣或出钢前应适当降低枪位以降低渣中氧化铁含量。

3. 温度制度

知识链接

虽然脱磷反应是放热反应，从热力学条件来看，温度升高不利于脱磷，但是，适宜的温度是形成流动性良好、具有较高脱磷能力炉渣的重要条件，同时也是维持正常的脱碳速度的重要条件。因此，必须严格控制熔池温度。

扒渣时温度应控制在1 470 ~1 500℃。过高过低的扒渣温度都会影响前期脱磷任务的完成。

过程温度一般控制在1 600℃左右，过程温度过低，吹炼后期易产生既要提温又要脱磷的矛盾。如果处理不当，易发生后期回磷甚至造成后吹脱磷。过程温度过高，一方面不利于后期脱磷而造成终点磷偏高的恶果，另一方面也易造成终点温度偏高。

准确控制终点温度对吹炼高磷铁水十分重要。吹炼普碳钢的终点温度应保持在1 620 ~1 650℃；吹炼低合金钢时出钢温度在1 650℃左右或略高些。总之，终点温度在满足浇铸要求的基础上应尽可能在下限出钢。

控制温度所采用的冷却制度一般有四种，即废钢—氧化铁皮、低磷生铁块—氧化铁皮、石灰石—氧化铁皮、铁矿石。对废钢、低磷生铁块供应充足的转炉炼钢厂，应尽可能采用废钢—氧化铁皮和低磷生铁块—氧化铁皮作冷却剂。

总之，采用何种冷却剂应因地制宜，综合考虑。

知识链接

废钢作冷却剂，冷却效果稳定，温度控制准确且带入的杂质少。氧化铁皮既作冷却剂又作助熔剂，其用量应根据炉况灵活掌握。低磷生铁块作冷却剂，既降低了熔池的磷含量，同时也保持了熔池内较高的碳含量。

二、钢的品种和质量

用留渣法吹炼含磷量为 2.0% ~2.5% 的高磷生铁，已成功地吹炼出 16Mn、25MnSi 等钢种，钢的含氢量与含氮量同吹炼一般的中磷生铁相比较，没有明显区别。钢中含氧量随渣中氧化铁的增加而增加。所以，在终点前应该尽量进行较长时间的降枪操作，以降低渣中的氧化铁含量，从而降低钢中含氧量。

三、钢渣磷肥

用高磷铁水炼钢可以得到五氧化二磷含量高于 14% 的炉渣，可用来生产磷肥，因此称为磷肥渣。衡量磷肥渣质量的指标主要有两个：一是要有较高的五氧化二磷的绝对含量，一般大于 14%；二是要求磷肥渣的枸溶率要高，至少在 85% 以上。

要想得到五氧化二磷含量高的磷肥渣，必须保证适当的渣量，渣量越大则渣中五氧化二磷含量越低。炉渣碱度和氧化铁含量都不宜控制过高，应尽量少用或不用铁矾土等助熔剂。

通常把能溶于 2% 柠檬酸的五氧化二磷称为有效五氧化二磷，又称枸溶性磷。枸溶性磷占磷肥渣中全部五氧化二磷的百分数，称为枸溶率。它是评价磷肥渣质量好坏的标准，一般枸溶率至少在 85% 以上，否则磷肥渣中五氧化二磷再高，也不能发挥肥效作用。

影响磷肥渣枸溶率的因素之一是渣中的二氧化硅含量，要求在 7% ~8% 以上。二氧化硅含量越高，枸溶率越高。另外，造渣时不能加萤石助熔，因为加入萤石后，会使硅磷酸五钙分解成磷灰石和正硅酸钙：

$$5CaO \cdot P_2O_5 \cdot SiO_2 = 3CaO \cdot P_2O_5 + 2CaO \cdot SiO_2$$

磷灰石不易溶于柠檬酸，所以，当转炉吹炼高磷铁水要副产钢渣磷肥时不能加萤石。磷肥渣要堆放，让其缓慢冷却，以降低炉渣的硬度，然后经破碎制成磷肥，就可以直接用到农业生产上去。

思考题

1. 如何进行高磷铁水吹炼工艺操作？
2. 衡量钢渣磷肥的质量指标主要是什么？

第四章

氧气转炉炼钢炉衬与转炉炉衬使用寿命

转炉炉衬使用寿命是指氧气转炉从开新炉到停炉整个炉役期内炼钢的总炉数，又简称为炉龄，以炉为计量单位。转炉炉衬使用寿命是一项综合性技术经济指标，同时也反映了转炉炼钢厂的生产技术水平和生产管理水平。提高氧气转炉炉衬使用寿命，对于提高劳动生产率、改善钢的质量、降低耐火材料消耗、降低钢的成本、充分发挥氧气转炉优越性等，都具有十分重要的意义。

第一节　耐火材料基本知识

一、耐火材料的分类

耐火材料是一种能耐高温（1 550℃以上）的材料，是氧气转炉不可缺少的内衬材料。转炉炉衬耐火材料的质量直接关系到转炉炉衬的使用寿命、钢的质量和产量，因此，必须合理选择、使用耐火材料。目前，耐火材料的种类繁多，根据不同的使用目的和要求，主要有以下两种分类方法。

1. 按耐火材料的化学性质分类

（1）碱性耐火材料

碱性耐火材料是指以 CaO 或 MgO 为主要组成的耐火材料。这种耐火材料在高温下能够抵抗碱性炉渣的侵蚀，但不耐酸性炉渣的作用。镁砖、镁铝砖、镁铬砖、白云石砖等均属于碱性耐火材料。

（2）中性耐火材料

中性耐火材料是指在高温下既能抵抗酸性炉渣的作用又能抵抗碱性炉渣侵蚀的耐火材料。高铝砖、黏土砖、铬砖、碳砖等均属于中性耐火材料。

（3）酸性耐火材料

酸性耐火材料是指以 SiO_2 为主要成分组成的耐火材料。这种耐火材料在高温下能够抵抗酸性炉渣的侵蚀，但不耐碱性炉渣的作用。硅砖等属于酸性耐火材料。

2. 按化学成分分类

耐火材料按化学成分分类的情况见表 4—1。

表 4—1　　耐火材料按化学成分分类的情况

耐火材料名称	主要成分
黏土砖	Al_2O_3 30%～40%，SiO_2 50%～60%，Fe_2O_3 2%，CaO 0.7%，MgO 0.3%
镁铝转	MgO 80%，Al_2O_3 5%～10%
高铝砖	一级品 Al_2O_3 75%以上 二级品 Al_2O_3 60%～75% 三级品 Al_2O_3 48%～60%
硅砖	SiO_2 50%～60%，CaO 2.5%～3.0%，MgO 0.8%，Al_2O_3 1.0%～2.0%，Fe_2O_3 1.0%
镁砖	MgO 80%～85%，CaO 2%
镁铬砖	MgO 40%～80%，Cr_2O_3 8%～12%
镁碳砖	MgO 78%～82%，C 14%
白云石砖	CaO 40%，MgO 30%

二、耐火材料的主要性能

耐火材料的使用条件和制品的质量主要取决于它的性能，各种耐火材料的性能都有其各自的特点。因此，为了合理使用耐火材料，必须了解耐火材料的性能及使用的工作条件。

1. 耐火度

耐火度是指耐火材料抵抗高温作用而不熔化的性能指标。其意义与熔点不同，熔点是指纯结晶物质的熔化温度。由于耐火材料不是单一结晶矿物组成，而是由多种矿物及杂质组成的，因而没有固定的熔点，所以，耐火度实际上是指耐火材料软化到一定程度时的温度。

知识链接

耐火制品的耐火度不能代表它的实际温度，因为测定耐火材料耐火度时是不荷重的，实际使用时有荷重作用，因此，使用温度要比耐火度低。

2. 荷重软化温度

荷重软化温度是指耐火材料在高温下对荷重的抵抗性能。耐火制品在常温下耐压强度很高，但是在高温时受压就会产生变形，其耐压强度显著降低。

荷重软化点则以耐火材料在 196 kPa 的压力下，以一定的升温速度连续均匀加热，引起一定数量变形的温度表示。因此，荷重软化点也是用来评价耐火材料高温结构强度的指标。

生产小提示

在生产中，耐火材料的实际负荷通常比 196 kPa 低得多，而且是一面受热，所以，耐火材料的最高使用温度往往较其荷重软化温度高。

3. 热稳定性

耐火材料抵抗因温度急剧变化而不开裂或剥裂的能力称为热稳定性，又称为耐急冷急热性。热稳定性是耐火材料的重要性质之一。

4. 抗渣性

耐火材料在高温下抵抗炉渣侵蚀作用的能力称为抗渣性。

炉渣对耐火材料的侵蚀作用包括三方面，即化学侵蚀、物理溶解及机械冲刷。三者作用往往是同时进行，并且相互促进。耐火材料受炉渣侵蚀的过程很复杂，因而测定抗渣性能的方法很难标准化。抗渣性能主要与炉渣的性质、工作温度及耐火材料的致密程度有关。

5. 高温体积稳定性

耐火材料在高温使用过程中，继续完成焙烧过程中未完成的物理化学变化，使其体积发生不可逆变化，称为高温体积稳定性。

这种体积的变化，有些是收缩，称为重烧收缩；有些是膨胀，称为重烧膨胀。一般用收缩或膨胀的数值占原体积尺寸的百分数来表示高温下的体积稳定性。这种变化严重时，往往会引起炉衬砖的开裂甚至倒塌。

黏土砖在使用过程中常产生重烧收缩，硅砖则容易产生重烧膨胀，只有碳质耐火材料的高温体积稳定性良好。各种耐火材料的重烧收缩或重烧膨胀允许在0.5% ~1.0%范围内。

6. 体积密度

体积密度是耐火材料包括全部气孔在内的单位体积所具有的质量，以 g/cm^3 为单位。

7. 真密度

真密度是耐火材料除去全部气孔后单位体积所具有的质量，以 g/cm^3 为单位。

8. 气孔率

任何耐火制品内部都存在着大小不同的气孔，按其存在形态可分为闭口气孔和开口气孔（显气孔）两类。闭口气孔指密封在制品中与外界不相通的气孔，开口气孔指与外界相通的气孔。

气孔率是表示耐火材料致密程度的指标，用气孔体积占整个耐火材料总体积的百分数来表示。气孔率有显气孔率和真气孔率两种。

（1）显气孔率指耐火材料的开口孔隙的体积与耐火材料总体积之比的百分数。

（2）真气孔率指耐火材料全部孔隙（包括开口孔隙和闭口孔隙）的体积与耐火材料总体积之比的百分数。

由此可见，显气孔率增加说明耐火材料与大气相通的气孔多，因而在使用过程中，这种耐火材料易受侵蚀和水化作用，危害较大。由于闭口气孔不能直接测定，所以往往用显气孔率表示耐火制品的致密程度。

9. 常温耐压强度

耐火材料在常温下每平方厘米承受负荷的能力称为常温耐压强度，以 MPa 表示。常温耐压强度用来表示耐火制品的加工质量。

10. 热膨胀性

耐火材料随温度变化而发生可逆体积变化的现象，称为热膨胀性，以线膨胀的百分数表示。不同材质的耐火材料其线膨胀的百分数不同。

11. 导热性

导热性表示耐火材料导热能力的大小，以导热系数 λ 表示，单位为 J/（m·℃·h）。

思考题

1. 什么是转炉炉衬使用寿命？
2. 什么是耐火材料？有哪两种分类方法？
3. 耐火材料的主要性能有哪些？

第二节 转炉炉衬用砖

目前，氧气转炉的炉衬基本上都是使用碱性耐火材料，常用的有白云石质耐火材料和镁质耐火材料。凡是含 CaO 40% 以上，MgO 30% 以上的耐火制品均称为白云石质耐火制品；凡是以 MgO 为主要矿物组成（含 MgO 80% 以上）的耐火制品称为镁质耐火制品。

白云石质耐火材料和镁质耐火材料的共同特点是：具有较高的耐火度和抗碱性渣侵蚀的能力。因此，它们都能适应氧气转炉高温吹炼的工作条件，并满足高碱度炉渣脱除硫、磷时不致严重侵蚀炉衬的要求。但是，镁质与白云石质耐火材料抵抗碱性渣中氧化铁的侵蚀能力有所区别，镁质抗蚀能力比白云石质强。

一、白云石、镁石

自然界开采出来的原料不能直接用来做炉衬砖，经过焙烧之后的熟料才能用来制成各种炉衬砖，供转炉砌筑使用。

1. 白云石

从自然界开采出来的白云石叫做生白云石，它是由碳酸钙和碳酸镁的复合矿物组成的，其分子式可用 $CaCO_3 \cdot MgCO_3$表示，其理论成分为 CaO 30.41%，MgO 21.87%，CO_2 47.72%。理论成分中的 CaO 与 MgO 比值约为 1.39。若 CaO 与 MgO 比值小于 1.39，说明 MgO 含量高于理论成分，这种白云石称为高镁白云石或称镁质白云石。各地所产白云石的 CaO 与 MgO 比值不同，有的还含 SiO_2、Al_2O_3、Fe_2O_3等杂质，所以，生白云石不能直接做转炉炉衬材料，必须经过高温（1 500 ~1 700℃）煅烧才能得到熟白云石。煅烧过程分为两个阶段，即加热阶段和烧结阶段。

加热阶段的反应为：

$$CaCO_3 \cdot MgCO_3 \xrightarrow{720 \sim 750℃} CaCO_3 + MgO + CO_2 \uparrow$$

$$CaCO_3 \xrightarrow{990 \sim 920℃} CaO + CO_2 \uparrow$$

当加热到 900 ~1 000℃时，生白云石的分解反应基本结束，CO_2全部排除，生成的产物是 CaO 和 MgO 的混合物。这种经过煅烧的白云石熟料机械强度很低，极易水化［$CaO + H_2O \rightarrow Ca(OH)_2$］，不能作为耐火材料用，因此，必须继续升温烧结。

第二阶段是继续升温使白云石烧结。当温度升高到 1 200℃时，白云石中的 SiO_2、Al_2O_3、Fe_2O_3等与 CaO 发生反应，生成下列化合物：$3CaO \cdot 5SiO_2$、$2CaO \cdot Al_2O_3 \cdot Fe_2O_3$、$2CaO \cdot Fe_2O_3$。温度升高到 1 300℃以上时有液相产生，结晶颗粒长大，料块发生很大的收缩，最后，温度升高至1 500 ~1 700℃时，白云石中的 MgO 生成结晶型方镁石，得到组织致密的熟白云石料块，它可以在空气中存放一个短时期而不被水化。

熟白云石的主要成分是：MgO 28%以上；SiO_2 5% ~7%；R_2O_3（即 Al_2O_3、Fe_2O_3 等）5% ~7%。

MgO 含量增加可以提高熟白云石的耐火度、抗渣性及抗水化性。所以，有条件的可以用高镁白云石代替白云石做转炉炉衬材料。SiO_2 含量过高或在原料中分布不均匀时，在煅烧过程中生成 $2CaO \cdot SiO_2$，虽然能稳定白云石中的 CaO，但 $2CaO \cdot SiO_2$ 在冷却过程中，发生同质异晶转变，体积骤然膨胀10%，可以使料块粉碎。因此，白云石熟料中 SiO_2 含量不能高于7%。R_2O_3 含量也不能过高，若 R_2O_3 含量过高，在烧结过程中易生成低熔点化合物，影响白云石熟料质量。R_2O_3 少量存在时，有助于耐火材料的烧结。

2. 镁石

我国镁质矿资源十分丰富，为发展碱性耐火材料提供了有利条件。镁石是以天然菱镁矿（$MgCO_3$）为原料，经过充分煅烧后得到的。高温煅烧后排出 CO_2 气体形成方镁石结晶体。

菱镁矿的煅烧过程也是经过两个阶段，首先是加热分解：

$$MgCO_3 \xrightarrow{640\sim800℃} MgO + CO_2\uparrow$$

在加热阶段 $MgCO_3$ 分解，生成许多细小的非晶体 MgO，称为轻烧镁石。它具有很大的吸水性，可致使体积膨胀，产生开裂。因此，轻烧镁石不能作为耐火材料，必须经过第二阶段的高温煅烧，也称死烧。温度继续升高到1 700℃时，轻烧镁石中的 MgO 由细小的非晶体结晶逐渐长大，得到致密的死烧镁石，即：

$$MgO \xrightarrow{800\sim1\,700℃} MgO\text{（方镁石晶体）}$$

死烧镁石含 MgO 在85%以上，其余为 CaO、Al_2O_3、Fe_2O_3 和 SiO_2 等杂质。死烧镁石耐火度很高，可达2 000℃，其抗水化性能比白云石好，但镁石的热膨胀百分率比较大，耐急冷急热性能不如白云石。

知识链接

在缺少天然菱镁矿资源的国家和地区，可以从海水中提取 MgO 纯度很高的镁砂，含 MgO 在98%左右，是做转炉炉衬的好材质，但成本昂贵。

3. 结合剂

结合剂的作用：在常温下起结合作用，能使原料具有可塑性，容易成型，防止颗粒偏析，防止原料水化；在高温下结合剂中碳的石墨化形成砖的碳素骨架，这种骨架一直发展到颗粒内部，使砖的高温强度增加。

生产中要求使用无水有机化合物作炉衬砖结合剂。目前国内普遍采用的结合剂是煤焦油、煤沥青、石油沥青及酚醛树脂等。

以经过煅烧后的熟白云石或镁砂为主要原料，配以结合剂，按一定工艺要求配料可以制成各种炉衬砖，如镁碳砖等。

二、转炉炉衬用砖

近年来，由于连铸比的不断提高，炼钢技术的不断改进，转炉炉衬用砖的使用条件日趋严格，要求进一步改进高温性能，延长使用时间，并能经受住钢液强烈搅拌的冲击及炉渣的化学侵蚀和冲刷。为了适应氧气转炉的操作条件，氧气转炉的炉衬砖不断地向高质量的方向发展，采用镁碳砖提高炉衬的使用寿命则是十分有效的。

1. 镁碳砖

转炉炉衬目前普遍采用的是镁碳砖，其优点是：兼备镁质和碳质耐火材料的优点，抗渣性强，导热性能好，避免了镁砂颗粒产生热裂，同时，由于有结合剂固化后形成的碳网络，将氧化镁颗粒紧密牢固地连接在一起。

镁碳砖生产用原材料有镁砂（电熔镁砂最为理想）、碳素原料（高纯度石墨最佳）、结合剂（以酚醛树脂最好）、抗氧化添加剂（Ca、Si、Al、Mg、Zr、SiC、B_4C、BN 等金属元素或化合物）。镁碳砖是把 14% ~18% 高碳含量的石墨与电熔镁砂混合，再以合成树脂作为结合剂，经混炼、成型热处理后即为成品。

转炉内衬由绝热层、永久层和工作层组成。绝热层一般是用多晶耐火纤维砌筑，炉帽的绝热层也有用树脂结合镁质捣打料打结而成的；永久层各部位用砖也不完全一样，多用低档镁碳砖或焦油白云石砖或烧结镁砖等砌筑；工作层则全部砌筑镁碳砖。

砌筑工作层的镁碳砖有普通型和高强度型，我国已制定了行业标准。根据砖中碳含量的不同可分为三类，每类又按其理化指标分为三个牌号，即 MT10A、MT10B、MT10C；MT14A、MT14B、MT14C；MT18A、MT18B、MT18C 等。其理化指标见表 4—2。

表 4—2　　各类镁碳砖的理化指标

项　目	指　标								
	MT10A	MT10B	MT10C	MT14A	MT14B	MT14C	MT18A	MT18B	MT18C
w_{MgO}/%（不低于）	80	78	76	76	74	74	72	70	70
w_C/%（不低于）	10	10	10	14	14	14	18	18	18
显气孔率/%（不高于）	4	5	6	4	5	6	3	4	5
体积密度/（g/cm^3）（不低于）	2.90	2.85	2.80	2.90	2.82	2.77	2.90	2.82	2.77
常温耐压强度/MPa（不低于）	40	35	30	40	35	25	40	35	25
高温抗折强度/MPa（1 400℃，30 min，不低于）	6	5	4	14	8	5	12	7	4

2. 转炉内衬砌砖

转炉内衬砌砖情况如下：

（1）炉口部位

应砌筑具有较高抗热震性和抗渣性，耐熔渣和高温炉气冲刷，并不易粘钢，即使粘钢也易于清理的镁碳砖。

（2）炉帽部位

应砌筑抗热震性和抗渣性能好的镁碳砖。有的厂家砌筑 MT14B 牌号的镁碳砖。

（3）炉衬装料侧砌砖

应采用具有高的抗渣性和高温强度，好的耐热震性，并添加抗氧化剂的镁碳砖；也有的厂家选用 MT14A 镁碳砖。

（4）炉衬出钢侧砌砖

炉衬出钢侧受热震影响较小，但受钢水的热冲击和冲刷作用较大。常采用与装料侧相同级别的镁碳砖，但其厚度可稍薄些。

（5）两侧耳轴部位砖衬

两侧耳轴部位除受吹炼过程的蚀损外，其表面无渣层覆盖，因此，衬砖中的碳极易被氧化。此处又不太好修补，所以蚀损较严重。应砌筑抗氧化性强的镁碳砖，如MT14A镁碳砖。

（6）渣线部位衬砖

这个部位与熔渣长时间接触，是受熔渣蚀损较为严重的部位。渣线随出钢时间而变化，不够明显；但在排渣侧，由于强烈的熔渣蚀损作用加上吹炼过程中转炉腹部遭受的其他作用的共同影响，蚀损比较严重，因而需要砌筑抗渣性良好的镁碳砖，也可选用 MT14A 镁碳砖。

（7）熔池和炉底部位

在吹炼过程中，熔池和炉底虽然受钢水的冲蚀作用，但与其他部位相比，损坏程度较轻，可选用碳含量较低的 MT14B 镁碳砖。若是复合吹炼转炉，炉底也可砌筑 MT14B 镁碳砖。

3. 转炉出钢口用砖

出钢口受高温钢水冲蚀和温度急剧变化的影响，损毁较为严重，因此，应砌筑耐冲蚀性好、抗氧化性高的镁碳砖。一般都采用整体镁碳砖或组合砖（如 MT14A 镁碳砖），使用约 200 炉后就需更换。

更换出钢口有两种方式，一种是整体更换，一种是重新做出钢口。重新做出钢口时，首先清理原出钢口后，放一根钢管，钢管内径就是出钢口尺寸，然后在钢管外壁周围填以镁砂，并进行烧结。

4. 复吹转炉供气用砖

底部供气砖用于从转炉底部供入 Ar、N_2或 CO_2，或三者与氧气的混合物。复吹时产生高温和强烈的搅拌作用，因此，底部供气砖必须具有耐高温、耐侵蚀、耐冲刷、耐磨损和抗剥落性强的性能；从吹炼角度讲，要求气体通过供气砖产生的气泡细小均匀；供气砖使用安全可靠，使用寿命尽可能与炉衬使用寿命同步。为此，镁碳砖仍然为最佳的选择。

■ 思考题

1. 转炉炉衬常用的耐火材料有哪些？
2. 结合剂的作用是什么？

第三节　炉衬使用寿命

一、炉衬损坏的原因

氧气转炉是高温冶金设备，氧气转炉炉衬的工作条件是十分恶劣的。它在钢液、炉渣、炉气三方面的高温作用下，由于化学侵蚀、机械冲刷等多方面原因而损坏。其主要原因有以下几个方面。

1. 机械磨损与冲击

如氧气转炉兑入铁水和加入废钢时对炉衬的激烈冲击，以及钢液、炉渣强烈搅拌时造成的机械磨损，清除炉口周围结渣时所产生的冲击等。

2. 化学侵蚀

炉渣中的酸性氧化物多，在炉内停留时间较长，而且炉渣中 FeO 含量高，对炉衬的化学侵蚀加剧，炉衬氧化脱碳，表面熔融软化，强度降低，使炉渣侵入砖中。

3. 热剥落

氧气转炉出钢后，炉衬温度急剧下降，当下一炉装入铁水吹炼时，炉衬温度又迅速上升，炉衬温度急剧变化或局部过热产生的应力引起炉衬砖体崩裂和剥落。

4. 机械冲刷

钢液、炉渣、炉气在炉内运动过程中对炉衬的机械冲刷作用。

5. 结构剥落

炉渣侵入砖内，炉衬矿物成分的分解引起层裂。

知识链接

转炉在吹炼过程中，炉衬的损坏是由上述各种原因综合作用引起的。各种作用相互联系，机械冲刷把炉衬表面上的低熔点化合物冲刷掉，因而加速了炉渣对炉衬的化学侵蚀。温度作用加速炉渣对炉衬的化学侵蚀，降低了炉衬在高温作用下承受外力作用的能力，而炉内温度的急剧变化所造成的热应力，容易使炉衬产生裂纹，从而加速了炉衬的熔损与剥落。

生产实践表明，氧气转炉炉衬的损坏以装料侧和渣线部位最为严重，特别是耳轴区域的损坏，常成为被迫停炉的主要原因。炉口部位由于采用水冷装置，炉口与炉帽部位的损坏程度大为减轻。炉底部位的侵蚀不太严重。但若操作不当，炉底也会出现侵蚀严重的现象，从而导致被迫停炉。耳轴部位的炉衬在使用过程中不易挂上炉渣，空炉时炉衬砖中的碳被氧化消耗的多，加之转炉炉体倾动时受扭转力的作用而加速了蚀损，随着吹炼的炉数增加，炉衬逐渐变薄，损坏程度加剧。

氧气转炉炼钢过程中，吹炼前期、中期、后期炉衬的蚀损速度各不相同。一般，在吹炼前期阶段，由于铁水中硅的大量氧化、酸性炉渣的化学侵蚀，炉衬的蚀损速度较快。吹炼中期主要是碳氧反应，蚀损速度缓慢。吹炼后期由于熔池中钢液含碳量较低，渣中 FeO 含量升高，炉衬蚀损速度又急剧增加。

知识链接

氧气转炉炉衬各部位的工作条件不同，蚀损速度及程度也各不相同，所以，必须根据转炉炉衬各部位的工作条件和损坏的原因不同，采用多种材质的炉衬砖砌筑，这样既可避免因炉衬局部蚀损严重而停炉，又可以达到延长转炉炉衬使用寿命的目的。

二、炉衬砖蚀损机理

镁碳砖由于石墨的存在，减轻了炉渣对耐火材料的侵蚀性，提高了炉衬砖的抗渣侵蚀性能。同时，石墨还增强了耐火砖的导热性能，提高了炉衬砖抵抗热震的稳定性能。但是，镁碳砖中的石墨也是造成炉衬耐火材料侵蚀的直接原因。

镁碳砖的蚀损机理如下：

对使用过的镁碳砖进行结构分析表明，其工作表面比较光滑，但存在着明显的三层结构。工作表面有很薄（1 ~3 mm）的熔渣渗透层，也称反应层；与反应层相邻的是脱碳层，厚度为0.2 ~2 mm，也称变质层；与变质层相邻的是原砖层。其各层化学成分与岩相组织各异。使用过的镁碳砖的层带图如图 4—1 所示。

镁碳砖工作表面的碳首先受到氧化性熔渣 FeO 等氧化物、供入的 O_2、炉气中 CO_2 等氧化性气氛的氧化作用，以及高温下 MgO 的还原作用，这使镁碳砖工作表面形成脱碳层。其反应式如下：

$$FeO + C \rightarrow \{CO\} + Fe$$

$$CO_2 + C \rightarrow 2\{CO\}$$

$$MgO + C \rightarrow Mg + \{CO\}$$

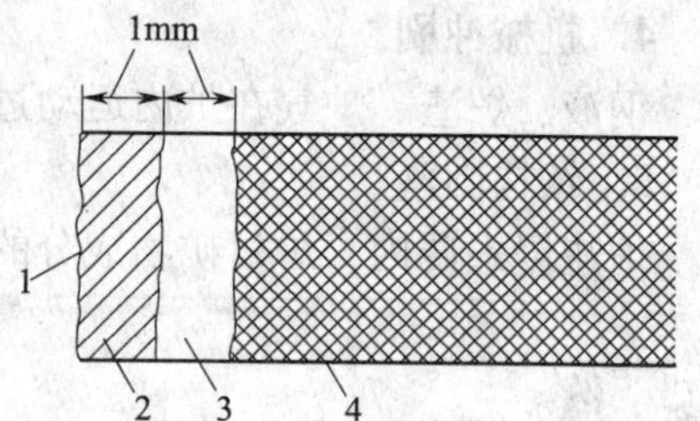

图 4—1 使用过的镁碳砖的层带图

1—受热面 2—反应层

3—脱碳层 4—原砖层

镁碳砖中的石墨碳氧化后生成气孔，渣中铁的氧化物被石墨碳还原后生成的铁珠则沉积在残砖中。镁碳砖表面经过氧化，逐渐形成表面脱碳层。在表面脱碳层内，由于气孔存在，MgO 颗粒之间的结合强度大为降低，很容易被高温熔渣冲刷，造成松动和流失，熔渣渗透层（也称变质层）流失后，脱碳层继而又成为熔渣渗透层，在原砖层上形成了新的脱碳层。上述的共同作用致使镁碳砖不断被熔蚀。

镁碳砖通过氧化—脱碳—冲蚀，最终镁砂颗粒漂移流失于熔渣之中，镁碳砖就是这样被蚕食损坏的。可见提高镁碳砖的使用寿命，关键是提高砖制品的抗氧化性能。

三、提高炉衬使用寿命的措施

目前，影响氧气转炉炉衬使用寿命的因素很多，但大致归纳起来有以下几个方面：

（1）耐火材料的质量以及砌筑工艺；

（2）冶金物料的质量以及炼钢操作因素；

（3）炉体的维护操作工艺水平；

（4）炉型、炉容的影响。

为了提高氧气转炉炉衬的使用寿命，首先应提高炉衬耐火材料的质量，采用综合砌筑炉体，实现精料炼钢，改进转炉吹炼工艺操作，实现吹炼过程计算机动态控制。与此同时加强炉体的有效维护，采用喷补与溅渣护炉技术，逐步实现炉容大型化，提高转炉作业率，扩大冶炼品种，减少耐火材料消耗，降低生产成本，提高生产、技术以及管理水平。具体措施如下。

1. 提高炉衬砖的质量

（1）减少杂质含量

制砖原材料中的 SiO_2、Al_2O_3、Fe_2O_3 等杂质对氧气转炉炉衬砖的抗渣性及高温强度都有很大的影响，因此，要求原材料中杂质含量应尽量的低。国外制砖原材料中杂质的含量普遍控制在 2% ~3% 以下，而我国优质砖原材料中杂质含量则控制在 3% 以下。

（2）提高炉衬砖中 MgO 含量

对于镁质炉衬砖来说，提高 MgO 含量意味着提高其纯度。试验表明，高温死烧或电熔镁砂，其 MgO 含量大于98%，CaO 与 SiO_2含量比应大于或等于3。这种优质镁砂，其活性较低，在高温下能减缓 MgO 与 C 的反应，杂质少，不出现或少出现低熔点化合物，能形成致密的氧化镁富集层，以抵抗炉渣对方镁石晶体的侵蚀；在冶金炉内的熔损速度也缓慢。可见，砖体性能与镁砂有直接的关系。

只有使用体积密度高、气孔率低、方镁石晶粒大、晶粒发育良好、高纯度的优质电熔镁砂，才能生产出高质量的镁碳砖。

（3）提高衬砖的碳含量

固定碳在衬砖中起骨架的作用，研究表明，随着固定碳含量的增加，炉渣对砖的侵蚀深度减小。镁碳砖与其他衬砖相比，除了含有更多的 MgO 外，另一主要的特点就是含有很高的固定碳，一般为14%～16%，最高时可达18%以上，这使其抗渣侵蚀性能大为提高。

（4）提高炉衬砖的体积密度

炉衬砖的体积密度直接影响着炉渣对炉衬的侵蚀程度。体积密度越大，则炉渣在炉衬内的传质越困难，因此炉衬具有良好的抗渣能力。为了提高炉衬砖的体积密度，一方面要提高制砖原材料镁砂的密度，可采用二次煅烧的方法获得高密度的熟料；另一方面在制砖过程中采用合理的颗粒组成以及高压成型，以提高炉衬砖的体积密度。

（5）保证衬砖的尺寸精度

衬砖的尺寸精度误差大或产生弯曲变形，势必造成砌砖时产生较大的砖缝，轻者在炼钢过程中出现钻钢现象，使炉龄降低；重者发生大面积掉砖，造成更大的损失。因此，对砖的外形尺寸应有严格的要求。

2. 采用综合砌炉，提高砌炉质量

在吹炼过程中，由于各部位的工作条件不同，内衬的蚀损速度和蚀损程度也不一样。根据转炉炉衬各部位衬砖损坏程度的差异，用不同材质或同一材质不同级别的炉衬砖砌炉，这就是所谓的综合砌炉。

容易损坏或不易修补的部位，砌筑高档镁碳砖；损坏较轻又容易修补的部位，可砌筑中档或低档镁碳砖。采用溅渣护炉技术后，在选用衬砖时还应考虑衬砖与熔渣的润湿性，若碳含量太高，熔渣与衬砖润湿性差，溅渣时熔渣不易黏附，对护炉不利。采用综合砌炉后，整个炉衬砖的蚀损程度比较均衡，可延长炉衬的整体使用寿命。

在转炉炉衬砖质量一定的情况下，决定炉衬使用寿命高低的关键是砌筑质量以及炉衬使用与维护。炉衬砌筑质量是提高炉衬使用寿命十分重要的环节。因此，在炉衬砌筑时必须做到“砌平、背紧、靠实”。

生产小提示

为了提高炉衬砌筑质量，必须严格执行砌筑操作规程，认真、精心修砌，确保砌筑质量。

3. 优化冶炼操作工艺

转炉炉衬使用寿命的高低除了取决于炉衬砖耐火材料本身的质量特性及对炉衬的砌筑外，炼钢工艺技术的变化对转炉炉衬使用寿命的影响也是至关重要的因素。

（1）采用精料炼钢

采用精料炼钢不仅可以降低钢的成本和提高产品质量，而且对提高炉衬使用寿命是非常有益的。所以，国内外先进的转炉炼钢厂都采用了铁水预处理技术。采用经过预处理的铁水炼钢，可以获得以下的效果：

1）转炉的吹炼时间可以缩短 10% 以上。

2）由于铁水中 Si、P、S 含量低，炉渣数量可降低约 30 kg/吨钢，石灰单耗一般可降低 20 kg/吨钢，这对实现“少渣炼钢”十分有利。

3）转炉吹炼平稳，喷溅明显减少，炉渣中铁含量减少，可降低钢铁料消耗。

（2）改进转炉造渣工艺，控制好炉渣

炉渣对转炉炉衬使用寿命起着决定性的作用。

1）炉渣中含（SiO_2），可使炉衬受到严重侵蚀。因此，必须严格限制铁水中的 Si 含量以及铁矿石、石灰、萤石中的 SiO_2 含量。

为了减轻炉渣中 SiO_2 对炉衬的侵蚀作用，可采取加速石灰熔化的有效措施，用高碱度烧结矿、球团矿代替铁矿石和部分石灰，加速成渣，延长炉衬使用寿命。

2）炉渣中含（FeO），对炉衬使用寿命的影响具有两重性。即炉渣中的（FeO）能加速成渣，改善炉渣的流动性，减弱初期渣中（SiO_2）对炉衬的侵蚀。另一方面，炉渣中（FeO）的含量高，促进炉衬砖脱碳，促进炉渣向炉衬中渗透，会加速炉衬的蚀损。

因此，原则上是吹炼初期希望炉渣中的（FeO）略高些，以利于化渣去除有害元素磷，而在石灰熔化形成均匀的炉渣后，特别是在吹炼终点，应限制炉渣中的（FeO）含量。在工艺操作中应根据吹炼的钢种要求，控制好炉渣中的（FeO）含量。

3）采用生白云石或轻烧白云石代替部分石灰造渣。提高渣中的（MgO）含量，减轻炉渣对炉衬的化学侵蚀。

向初期渣和终渣中加入白云石、白云石质石灰或菱镁矿等，使炉渣中的（MgO）含量过饱和，并通过摇炉将（MgO）含量过饱和的炉渣黏结在炉衬的表面上，延长炉衬使用寿命。这种造渣方法具有以下作用：

①在一定条件下，MgO 能加速石灰的溶解，促进前期化渣，减少萤石用量，还能减轻前期炉渣中的（SiO_2）对炉衬的侵蚀作用。

②由于白云石砖、镁碳砖炉衬的主要成分是 CaO 和 MgO，若不加含 MgO 的材料造渣，则炉渣要从炉衬中溶解 MgO，生成一系列含有 MgO 的低熔点复杂化合物，如 $2CaO \cdot MgO \cdot 2SiO_2$、$CaO \cdot MgO \cdot 2SiO_2$、$MgO \cdot 2SiO_2$ 等，因而造成炉衬的侵蚀。加入含 MgO 的材料造渣后，炉渣中 MgO 含量达到饱和状态，可以减少炉渣对炉衬的侵蚀。

③炉衬被侵蚀的决定因素是渣中的（FeO）含量，提高炉渣中的（MgO）浓度，可减轻（FeO）对炉衬的侵蚀。

在采用白云石造渣时，操作不当会引起炉底上涨。炉底上涨、渣线上移危害炉帽，使铁水装入量逐渐减少，会给氧枪操作带来影响。因此，这种情况在吹炼中必须予以消除。

炉底上涨的主要原因是炉渣过于黏稠。另外，在兑铁水前加入少量石灰和白云石，也能促使炉底上涨。通过对上涨物的岩相分析，可知其主要矿物组成为 $3CaO \cdot SiO_2$、$2CaO \cdot SiO_2$、方镁石（MgO）以及大量的金属包裹物和 $CaO \cdot Fe_2O_3$ 等。

解决炉底上涨的根本方法是确定合理的白云石加入量。一旦炉底上涨，可采用减少装入量、提高氧压等措施。总之，在转炉吹炼过程中，要按照工艺操作规程，严格控制白云石加入量，控制好炉渣，这对提高炉衬使用寿命十分有利。

采用白云石造渣，若操作不当也常会出现粘枪事故。粘枪的主要原因是炉渣中 MgO 含量高、黏度大形成喷溅造成的。所谓粘枪，是指在氧枪枪身上粘有许多钢、渣混合物，而且越黏越大，使氧枪提不出氧枪孔。对粘在氧枪上的钢、渣混合物进行化学分析可知，金属含碳量为 0.4% ~2.0%，属于钢或半钢成分。而经岩相分析可知炉渣主要是由 $2CaO \cdot SiO_2$、$CaO \cdot Fe_2O_3$ 和方镁石（MgO）组成的。

生产小提示

目前，国内有许多转炉炼钢厂引进石灰窑或进行改造，焙烧活性石灰。并用活性石灰取代冶金石灰，用轻烧白云石取代生白云石作为造渣熔剂，从而加快了转炉吹炼初期的成渣速度。使初期渣的 CaO 含量提高到 45%，MgO 含量提高到 8%，有效地减轻了初期渣对炉衬的蚀损作用，炉衬使用寿命有了明显的提高。

4. 加强炉体维护

（1）转炉炉衬维护方法

为了提高炉龄，国内外转炉炼钢厂采用了多种有效技术来维护转炉炉体，如采用激光、红外线等测厚仪检测炉衬厚度，对炉衬采用喷补和溅渣护炉技术，对转炉炉壳进行冷却，改进炉壳材质等。这些技术在提高炉龄中均起到重要作用。

（2）转炉炉衬喷补技术

为了提高转炉炉衬使用寿命，常采用多种材质或结构的炉衬砖进行综合砌筑，力求使转炉各部位炉衬砖均匀蚀损。但在生产中常因炉衬砖质量不够稳定、吹炼条件的变化、操作不当等原因，而使炉衬蚀损不均匀，往往因炉衬的局部蚀损而造成停炉。采用喷补护炉技术是提高炉衬使用寿命的有效措施，也是一种十分经济的方法。

炉衬喷补是指在转炉出钢后的热态下，采用喷补设备把喷补料喷射到炉衬蚀损严重的部位，形成新的耐火材料烧结层的护炉方法。其原理是将喷补材料喷吹附着在炉衬表面，进而烧结成一体。这种新的耐火材料烧结层可承受更高的热负荷，使炉衬免受炉渣、钢液、炉气、烟尘以及金属氧化物蒸气直接的破坏作用，因而使炉衬能得到保护。

喷补方法大致可以分为湿喷补法、半干喷补法及火焰喷补法等。

1）湿喷补法。湿喷补法是将以镁砂为主的喷补料装入喷补罐内，加水混合后压送到喷嘴并喷射到指定位置的喷射补炉方法。该法一般以压缩空气作载体，操作灵活方便，可以将喷补料喷射到转炉任何受侵蚀部位。喷补层厚度一般可达 20 ~30 mm，但耐用性差。

2）半干喷补法。半干喷补法是把喷补料放入压力罐并压送到喷嘴，在喷嘴端部和水混合后，被喷射到炉内指定位置的喷射补炉方法。喷补层具有耐熔损的优点，喷补厚度一般可达 20 ~30 mm。这种补炉方法目前采用较多。

3）火焰喷补法。火焰喷补法是用氧气、喷补料和燃料通过水冷喷枪内管混合燃烧，使喷出的补炉料立即形成熔融态并喷射到蚀损部位的喷射补炉方法。喷补层耐蚀能力强。该法一般用于喷补转炉渣线和炉帽部位。

喷补料由镁砂或高氧化镁白云石、化学结合剂以及增塑剂组成。为了达到最佳的喷补效果，喷补料的性能应满足以下要求：

1）喷补料材质应与炉衬材质相接近，喷补时与炉衬表面有良好的黏着性，能迅速烧结与炉衬形成陶瓷结合，并有一定强度，材料的反跳和回落要少，具有合适的粒度分布。

2）喷补料耐火度要足够高，能承受炉内高温作用，并有足够的高温强度。

3）对炉渣、炉气及金属氧化物有良好的稳定性。

4）喷补料的膨胀系数及收缩率要小，尽量为零，否则由于膨胀或收缩产生的体积应力会引起崩裂及剥落。喷补料在喷射管内流动通畅。

采用喷补技术，既省时间又节约大量的耐火材料，对提高转炉炉衬使用寿命效果显著。

（3）炉体冷却技术

随着复吹、二次燃烧等吹炼新工艺的出现，炉内冶金反应更加强烈。为了提高转炉炉龄，国内外越来越多的转炉炼钢厂使用镁碳砖，但由于镁碳砖的高热传导性及高热膨胀性，转炉炉壳的温度明显升高，炉壳发生变形甚至开裂。为避免此类事故造成炉壳损坏，影响炉体使用寿命，许多转炉采用水冷、风冷及气雾冷却等方式对炉帽、炉身和炉底的钢外壳进行冷却，这对提高转炉炉龄效果明显。

5. 转炉炉容大型化

转炉容量过小对炉衬使用寿命、炉衬耐火材料消耗等指标均有很大的影响。由于小容量转炉炉内高温反应区更为靠近炉壁，加之出钢钢水温度比较高，炉衬使用寿命比较低。转炉炉容大型化对提高炉龄取得明显技术经济效益，具有极为重要的意义。

6. 实现吹炼过程计算机动态控制

改进转炉的吹炼操作，实现吹炼过程的计算机动态控制，使操作标准化，实现科学炼钢，可以大大缩短转炉的吹炼周期，提高转炉的快速直接出钢率，大大缩短了炉衬与高温钢液及炉渣的接触时间，并对钢的质量、品种、消耗、连铸、正常生产和提高炉龄带来极大的好处。

总之，提高炉衬耐火材料的质量，选用镁碳砖作炉衬材料，不断增加耐火材料品种，采用综合砌炉技术与多种喷补和溅渣护炉方法，开发各种新工艺、新技术，对提高转炉炉龄具有重要意义。

四、溅渣护炉技术

溅渣护炉技术是提高炉衬使用寿命的主要手段。我国从1994年开始转炉溅渣护炉试验，采用和发展的速度很快。如鞍钢等大多数炼钢厂的转炉都采用溅渣护炉技术，既降低了耐火材料的消耗，又大幅度提高了炉龄。

1. 溅渣护炉的特点

溅渣护炉的特点具体如下：

（1）操作简便。根据炉渣黏稠程度调整成分后，利用氧枪和自动控制系统改供氧气为供氮气，即可降枪进行溅渣操作。

（2）成本低。充分利用转炉高碱度终渣及制氧的副产品氮气，加少量调渣剂即可实现溅渣，可降低吨钢石灰消耗。

（3）时间短。一般只需 3 ~ 4 min 即可完成溅渣护炉操作，不影响正常生产。

（4）溅渣均匀覆盖在转炉炉衬上，不改变炉形。炉膛温度较稳定，炉衬砖无急冷急热的变化。

（5）由于炉衬使用寿命的提高，节省修砌炉的时间，劳动强度低且无环境污染，对协调生产组织、提高钢产量十分有利。

2. 溅渣护炉的基本原理

溅渣护炉的基本原理是：在转炉出钢后，留部分 MgO 含量达到饱和或过饱和的终点炉渣，调整终渣成分，并通过喷枪向渣中吹高压氮气，使炉渣溅起并附着在炉衬上，在炉衬表面形成一层高熔点的溅渣层，减轻炼钢过程对炉衬的机械冲刷和化学侵蚀，从而达到保护炉衬、提高炉龄的目的。图 4—2 所示为转炉溅渣示意图。

3. 溅渣护炉的机理

（1）溅渣层的分熔现象

所谓炉渣的分熔现象（也称选择性熔化或异相分流），是指附着于炉衬表面的溅渣层的矿物组成不均匀，当温度升高时，溅渣层中低熔点物首先熔化，与高熔点相分离，并缓慢地从溅渣层流淌下来；而残留于炉衬表面的溅渣层为高熔点矿物，这样反而提高了溅渣层的耐高温性能。

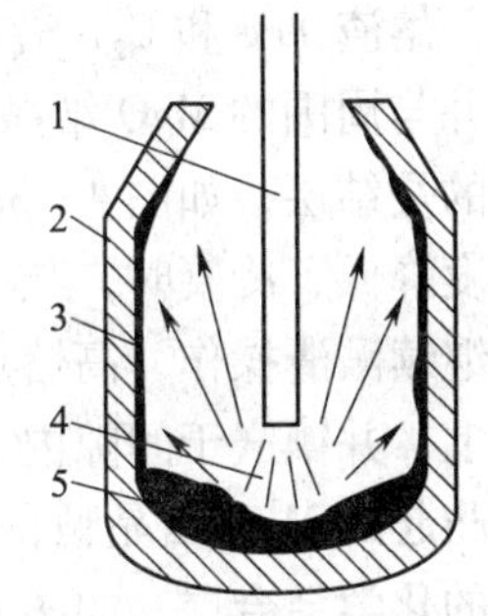

图 4—2 转炉溅渣示意图
1—氧枪 2—炉衬 3—挂渣 4—吹氮 5—炉渣

在反复溅渣的过程中，溅渣层存在着选择性熔化，使溅渣层 MgO 结晶和 C_2S（$2CaO \cdot SiO_2$）等高熔点矿物逐渐富集，从而提高了溅渣层的抗高温性能，炉衬得到保护。实验结果表明，渣中 TFe 含量越高，分熔开始的温度越低，分熔后流失的 FeO 含量越大。炉渣分熔现象使高 TFe 的炉渣溅到炉壁上后，在冶炼升温过程中，由低耐火度向高耐火度变化。

炉渣的分熔现象表明，溅渣层寿命不仅与终点渣的性质有关，更重要的还与溅渣层分熔过程矿物变化有关。为此，应适当调整熔渣成分，进一步提高分熔后溅渣层的熔化温度，即便是在吹炼后期高温阶段，也能起到保护炉衬的作用，从而为实现永久性炉衬提供条件。

（2）溅渣层的形成

溅渣层是熔渣与炉衬砖间在较长时间内发生化学反应逐渐形成的，即经过多次的溅渣—熔化—溅渣的往复循环。由于溅渣层表面的分熔现象，低熔点矿物被下一炉次高温熔渣所熔化而流失，从而形成高熔点矿物富集的溅渣层。

转炉溅渣层的形成机理可概括如下：

1）炉衬表面镁碳砖中碳被氧化形成表面脱碳层。

2）溅射的炉渣向表面脱碳层内渗透扩散，充填于镁碳砖脱碳产生的气孔内或与周围的 MgO 颗粒烧结或以镶嵌固溶的方式形成较致密的高 MgO 烧结层。

3）在烧结层外冷凝沉积的溅渣层经过反复分熔，逐渐形成以高熔点氧化物为主相的致密结合层。

4）在结合层外继续沉积的炉渣，其成分接近转炉终渣，熔点也与转炉终渣相近，在冶炼中将不断地被熔蚀掉，又经过溅渣，也不断地被重新喷溅和冷凝在结合层表面上。

（3）溅渣层与炉衬砖的黏结机理

溅渣层与镁碳衬砖的黏结机理如图 4—3 所示。

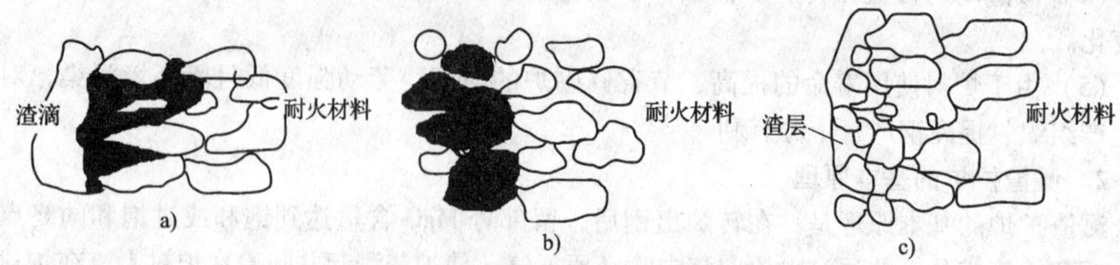

图 4—3　溅渣层与镁碳衬砖的黏结机理

熔渣是多种成分的组合体。溅渣初始，流动性良好的高铁低熔点熔渣首先被喷射到炉衬表面，熔渣 TFe 和 C_2F 沿着炉衬表面气孔与裂纹的缝隙向镁碳砖表面脱碳层内部渗透与扩散，并与周围的 MgO 结晶颗粒反应烧结熔固在一起，形成以 MgO 结晶为主相、以 MF 为胶合相的烧结层，如图 4—3a 所示。部分 C_2S 和 C_3S 也沿衬砖表面的气孔与裂纹流入衬砖内，当温度降低、冷凝时，与 MgO 颗粒镶嵌在一起。

继续溅渣操作，高熔点颗粒状矿物 C_2S、C_3S 和 MgO 结晶被高速气流喷射到炉衬的粗糙表面上，并镶嵌于间隙内，形成了以镶嵌为主的机械结合层；同时，富铁熔渣包裹在炉衬砖表面凸起的 MgO 结晶颗粒表面，或填充在已脱离砖体的 MgO 结晶颗粒的周围，形成以烧结为主的化学结合层，如图 4—3b 所示。

继续溅渣，大颗粒的 C_2S、C_3S 和 MgO 飞溅到结合层表面并与其 C_3F 和 RO 相结合，冷凝后形成溅渣层，如图 4—3c 所示。

（4）溅渣层保护炉衬的机理

根据溅渣层物相结构分析溅渣层的形成机理，可推断出溅渣层对炉衬的保护作用有以下四个方面：

1）对镁碳砖表面脱碳层的固化作用。吹炼过程中，镁碳砖表面层碳被氧化，使 MgO 颗粒失去结合能力，在熔渣和钢液的冲刷下，大颗粒 MgO 松动—脱落—流失，炉衬被蚀损。溅渣后，熔渣渗入并充填到衬砖表面脱碳层的孔隙内，或与周围的 MgO 颗粒反应，或以镶嵌固溶的方式形成致密的烧结层。由于烧结层的作用，衬砖表面大颗粒的镁砂不再松动—脱落—流失，从而防止了炉衬砖的进一步被蚀损。

2）减轻了熔渣对衬砖表面的直接冲刷蚀损。溅渣后在炉衬砖表面形成了以 MgO 结晶或 C_2S 和 C_3S 为主体的致密烧结层，这些矿物的熔点明显高于转炉终点渣，即使在吹炼后期高炉温下也不易软熔，不易剥落，因而有效地抵抗了高温熔渣的冲刷，大大减轻了对镁碳炉衬砖表面的侵蚀。

3）抑制了镁碳砖表面的氧化，防止炉衬砖体再受到严重的蚀损。溅渣后在炉衬砖表面所形成的烧结层和结合层，质地均比炉衬砖脱碳层致密，且熔点高。这就有效地抑制了高温氧化渣、氧化性炉气向砖体内的渗透与扩散，防止镁碳砖体内部的碳被进一步氧化，从而起到保护炉衬的作用。

4）新溅渣层有效地保护了炉衬—溅渣层的结合界面。新溅渣层在每炉的吹炼过程中都会不同程度地被熔损，但在下一炉溅渣时又会被重新修补，如此往复循环地进行，所形成的溅渣层对炉衬起到了保护作用。

4. 溅渣工艺操作步骤

(1) 转炉出钢时应将钢液全部出净，并在出钢时注意观察炉渣稀稠、温度高低，从而决定是否需要加入调渣剂及加入数量，观察炉衬侵蚀情况。

调整熔渣成分有两种方式：一种是转炉开吹时将调渣剂随同造渣材料一起加入炉内，控制终点渣成分，如果 $w_{(MgO)}$ 达到了目标要求，出钢后不必再加造渣剂；倘若终点熔渣成分达不到溅渣护炉要求，则采用另一种方式，即出钢后加入调渣剂，调整 $w_{(MgO)}$ 使之达到溅渣护炉要求的范围。

常用的调渣剂有生白云石、轻烧白云石、菱镁矿渣、轻烧菱镁球、冶金镁砂和高氧化镁石灰等。调渣剂的作用主要是提高渣中氧化镁含量。选择调渣剂时，首先考虑 MgO 含量的多少。综合考虑提出等效氧化镁质量分数（$w_{MgO_{等效}}$）的概念，用以比较调渣剂中等效氧化镁含量的高低。

$$w_{MgO_{等效}} = w_{MgO} / \left[1 - w_{CaO} + R \times w_{SiO_2}\right]$$

常用调渣剂的成分及含量见表 4—3。

表 4—3　　常用调渣剂的成分及含量

种类	w_{CaO}/%	w_{SiO_2}/%	w_{MgO}/%	$w_{烧碱}$/%	$w_{MgO_{等效}}$/%
生白云石	30.3	1.95	21.7	44.48	28.4
轻烧白云石	51.0	5.5	37.9	5.6	55.5
菱镁矿渣	0.8	1.2	45.9	50.7	44.4
轻烧菱镁球	1.5	5.8	67.4	22.5	56.7
冶金镁砂	8	5	83	0.8	75.8
高氧化镁石灰	81	3.2	15	0.8	49.7

生产小提示

各钢厂可根据自己的情况，选择一种调渣剂，也可以多种调渣剂配合使用。

(2) 出钢后留下全部或部分炉渣，立即前后摇炉使炉渣涂挂到前后侧大面上。也可以直接将炉子直立，将氧枪下到预定高度，开始吹氮、溅渣。吹氮所用压力及流量与吹炼过程所用氧气的压力和流量近似或稍低，使炉衬全面挂上渣后，将枪停留在某一位置上，对需要溅渣的特殊部位进行溅渣。

(3) 吹氮溅渣操作达到所需时间后，停止吹氮并提枪。检查炉衬溅渣情况，是否还需局部喷补，如果已达到要求，即可将渣倒入渣罐中，溅渣操作结束。

5. 溅渣护炉技术效果的影响因素

如何有效地利用高速氮气射流将炉渣均匀地喷溅在炉衬表面，这是溅渣护炉技术的关键，其效果取决于熔池内的留渣量及渣层厚度，炉渣的物化性质，溅渣气体压力、热量以及枪位与喷枪孔数和夹角等。具体情况如下：

(1) 熔池内的合适留渣量

合适的留渣数量是指在确保炉衬内表面形成足够厚度溅渣层的基础上，还能在溅渣后对装料侧和出钢侧进行摇炉挂渣。溅渣护炉所需的实际渣量可按溅渣理论渣量的 1.1 ~ 1.3 倍进行估算。

炉渣密度可取 3.5 t/m^3，公称吨位在 200 t 以上的大型转炉，溅渣层厚度可取 25 ~ 30 mm；公称吨位在 100 t 以下的小型转炉，溅渣层厚度可取 15 ~ 20 mm。留渣量计算公式为：

$$Q_s = K \cdot A \cdot B \cdot C \tag{4—1}$$

式中 Q_s——留渣量，t/炉；

K——渣层厚度，m；

A——炉衬的内表面积，m^2；

B——炉渣密度，t/m^3；

C——系数，一般取 1.1 ~ 1.3。

根据国内溅渣的生产实践，合理的留渣量也可根据转炉的具体容量按下式计算：

$$Q_s = 0.301 W^n \ (n = 0.583 \sim 0.650) \tag{4—2}$$

式中 Q_s——留渣量，t/炉；

W——转炉公称吨位，t。

(2) 提高渣中的 (MgO) 含量

采用镁碳砖作为炉衬时，减少炉衬被侵蚀的重要措施就是提高渣中的 (MgO) 含量。渣中的 (MgO) 含量与炉渣碱度有关，当终渣碱度 (CaO/ SiO_2) 为 3.0 左右，MgO 含量在 8% 左右时，即可保证 MgO 达到饱和，炉衬中 MgO 溶解量就会减少，从而提高炉衬的使用寿命。

(3) 渣中的 (FeO) 含量

渣中的 (FeO) 含量的高低对炉衬侵蚀和溅渣效果有很大的影响。渣中的 (FeO) 含量越高，铁酸盐就越多，炉渣流动性就越好，对炉衬侵蚀作用就越大，而且不易附着在炉衬上。如果渣中的 (FeO) 含量过低，则会造成造渣去除 S、P 困难，因此，操作中应严格控制渣中的 (FeO) 含量。

(4) 炉渣黏度

炉渣黏度大而且渣稠，则溅渣时不易溅起，溅渣量迅速下降。反之，炉渣黏度小且渣稀，则溅渣覆盖比较容易，但覆盖层较薄，有挂渣流落现象，这时应加渣料进行调整，保证炉渣黏度适当。

(5) 溅渣层抗侵蚀能力

溅渣层抗侵蚀能力是影响护炉效果的重要因素，为此需加入调渣剂。调渣剂不仅具有提高溅渣熔点的作用，而且还可以使炉渣更容易溅起而改善溅渣的动力学条件，同时在渣中能产生弥散固相质点，从而提高渣和炉衬的结合能力。

(6) 高压氮气

高压氮气是溅渣的动力，其压力、流量直接影响溅渣的效果。国内各厂溅渣实践表明，一般氮气压力与氧气压力相接近时，其溅渣效果比较好。

(7) 枪位

枪位对溅渣高度有明显影响，最佳枪位应根据各炼钢厂转炉的条件在实践中确定。为使溅渣层厚度更加均匀，应随炉子容量的增加而适当增加喷嘴的喷孔数。喷孔倾角一般为12°~14°，可形成大冲击力，产生的反向射流与水平面的夹角也大，有利于增加溅渣的有效覆盖面积。

（8）溅渣时间

通常是根据炉子吨位、供气量、炉内渣量、炉渣状况以及生产节奏等因素综合考虑，目前我国各炼钢厂的转炉一般吹氮时间为3~5 min。溅渣时间越长，炉衬挂渣越多，但时间过长也会造成炉底上涨，并影响生产节奏。因此，各炼钢厂的转炉应根据各自的具体条件灵活掌握溅渣时间。

6. 溅渣护炉操作不当出现的问题及解决措施

溅渣护炉操作不当会带来许多问题，如炉底上涨、氧枪黏结等，应及时采取有效措施妥善解决。

（1）炉底上涨

炉渣在炉底停留的时间越长，黏结在炉底的就越多，导致炉底上涨。炉底上涨将影响正常操作，堵塞顶底复吹底气喷孔。因此，应控制好溅渣时间、渣量、氮气压力和流量，尽量减少炉底上涨。在停吹后要尽快将渣出尽。在顶底复吹转炉时，要尽量控制好底气压力和流量，减少炉底上的炉渣的停留和黏结量。在炉底上涨太多时，可加入小块的硅铁并吹氧，将上涨部分侵蚀掉。

（2）氧枪黏结

溅渣时氧枪头部有时黏结有炉渣，需要及时清理。当冷却水足够，冷却强度大时，氧枪不易粘渣，即使有粘渣，移出氧枪喷水冷却，粘渣就会掉落。由于氧枪水冷强度不够或炉温过高产生热枪的情况时，则应更换氧枪再行溅渣操作。

（3）炉口结渣

采用溅渣护炉操作后，炉口结渣速度比不溅渣时要快，结渣多，会使转炉装料困难。清理炉口结渣须使用专用氧枪，它具有清理速度快、节省氧气、不过多蚀损炉衬的特点。

思考题

1. 炉衬损坏的原因是什么？
2. 试述镁碳砖的蚀损机理。
3. 提高炉衬使用寿命的措施有哪些？
4. 如何提高炉衬耐火材料的质量？
5. 什么是综合砌炉？
6. 采用白云石造渣有什么作用？
7. 为什么采用白云石造渣时如果操作不当会引起炉底上涨或粘枪事故？应如何处理？
8. 什么是喷补？喷补方法有哪几种？它们是如何定义的？区别是什么？
9. 喷补料由哪些成分组成？
10. 对喷补料有什么要求？
11. 常用的结合剂有哪几种类型？结合剂的作用是什么？选择结合剂时应注意哪些问题？
12. 溅渣护炉有何特点？

13. 溅渣护炉的基本原理是什么？

14. 溅渣护炉工艺的操作要点是什么？

15. 调渣剂有什么作用？

16. 溅渣时间根据哪些因素来确定？

17. 为什么溅渣护炉也会带来炉底上涨的问题？如何解决？

第五章

氧气顶底复吹转炉炼钢法

氧气顶吹转炉炼钢法与氧气底吹转炉炼钢法都有其各自的优点及不足，因此促使人们研究、开发兼有这两种炼钢方法优点的新工艺，即顶底复合吹炼转炉炼钢法。这种炼钢方法在生产能力，钢的品种、质量，能源降低，废钢比等方面均显示出良好的冶金特点和技术经济效果。因此，这种炼钢方法在世界各国得到了迅速的发展，越来越多的现有转炉被改造成顶底复合吹炼转炉。目前无论在炉子座数、炉子容量上，还是在复合吹炼的类型上均有很大的发展。顶底复合吹炼法正在逐步取代其他转炉炼钢法。

第一节　我国顶底复合吹炼技术发展概况

我国顶底复合吹炼技术的研究与开发是从20世纪70年代开始的。先后开发了多种形式的供气元件，最早采用的是管式结构的喷嘴。1982年首钢转炉采用双层套管，1983年改为环缝。虽然双层套管同环缝相比，除了使用N_2、Ar、CO_2外，还可以吹入O_2、粉料等，但从结构上看，还是环缝最简单。环缝具有以下特点：流量调节范围大，控制稳定，不会倒灌钢液；在吹炼时，其气流速度可接近于声速，形成气流屏障，具有保护喷嘴和耐火材料的作用。而套管的材质多为镁白云石砖或镁碳砖，如马钢，上钢一厂、五厂，南京钢厂的转炉等均采用这种形式的供气元件。1984年，唐钢二炼钢厂30 t转炉开始采用狭缝式透气砖。它是选择适合于顶底复吹要求的耐火材料作为透气砖的基体，在两片砖之间形成一定宽度的狭缝作为气体通道，控制适当的气体通道间隙，调节底部供气范围，满足顶底复合吹炼工艺要求。武钢50 t转炉则以镁质材料为透气砖的基体。鞍钢150 t转炉原来是以管式喷嘴进行复吹的，1984年开始采用微孔式透气砖，它是以不锈钢管作为气体通道，埋在耐火材料中，经等静压成型和热处理而成。目前，我国已开发了多种形式的透气砖和喷嘴，为顶底复合吹炼工艺合理有效地发展创造了有利的条件。

顶底复合吹炼是在顶部吹氧的同时，通过底部向熔池吹入适当数量的气体，强化搅拌，促进平衡。底部吹入的气体种类很多，如N_2、Ar、O_2、CO_2等。其中N_2比较便宜，但对钢的质量有影响，而且冶炼的钢种受到限制。因此，我国一般采用前期吹N_2，后期用Ar切换或用CO_2切换的工艺。鞍钢、上钢一厂、首钢等炼钢厂采用前期吹N_2、后期切换CO_2工艺。而武钢则通过全程用Ar，终点停氧后用Ar搅拌的“后搅拌工艺”取得很好的效果。

我国顶底复合吹炼法经过不断地完善和提高，也开发了高压复吹技术，并根据我国转炉的特点和资源情况，在开展相关的科研工作，如进一步开发新气源、长使用寿命和大气量可调的供气元件，底部供气元件端部蘑菇头的形成条件和控制技术的研究，转炉复吹工艺热补偿技术，建立和完善复吹工艺检测及计算机系统，铬矿和锰矿的直接还原，高废钢比冶炼，高纯净钢的冶炼等。到目前为止，我国大部分炼钢厂的氧气转炉都在不同程度地采用复合吹炼技术，设备不断完善，工艺不断改进，操作技术水平不断提高，吹炼的品种不断扩大，技术经济效果也在不断提高。

第二节　顶底复吹转炉炼钢的工艺类型及冶金特点

一、顶底复吹转炉炼钢工艺的类型

自从顶底复合吹炼炼钢法投产以来，出现了各种类型的顶底复合吹炼炼钢法。按照吹炼工艺目的来划分，主要分为以下四种类型。

1. 顶部吹氧、底部吹惰性及中性气体的复吹工艺

顶部吹氧、底部吹惰性及中性气体，主要是为了加强熔池的搅拌，改善成渣过程，加速熔池反应，减少喷溅，缩短吹炼时间。

这种类型的代表方法有LBE、LD－KG、LD－OTB、LD－AB、NK－CB等。底部气源主要是N_2、Ar、CO_2等，吹入的气体基本上不参与熔池的冶金反应，只起搅拌熔池的作用。各种方法的区别主要在于供气元件、使用的气体以及其他辅助操作的不同。底部供气强度一般为0.03～0.12 m^3/（min·t）。这种类型设备费用较低，且操作简便。

2. 顶、底复合吹氧工艺

顶部、底部同时吹氧，既能加强熔池的搅拌又能强化冶炼，加速氧与金属液中各元素的直接氧化，使原来的氧气顶吹炼钢法增添了氧气底吹炼钢法的某些特点，能更好地改善炉内的动力学条件，缩短吹炼时间。

这种类型的方法有STB、BSC－BAP、LD－OB、LD－HC、LTB－P等。各种方法的区别主要是底部气体（O_2或同时加入N_2、Ar、CO_2）、喷嘴的冷却介质以及辅助操作的不同。底部供气量较大，一般为0.2～2.5 m^3/（min·t），顶部供氧比为60%～95%，底部供氧比为40%～50%。

3. 喷吹燃料型工艺

顶部、底部吹氧的同时喷入燃料，其主要目的是为了提高转炉废钢比，降低钢的成本。这种类型的方法有KS、KMS、OBM－S等。各方法的区别是喷入燃料的种类和喷入方式的不同。喷入的燃料主要是燃气、燃油或煤粉，燃料燃烧后产生大量的热量可以预热废钢，熔化废钢，提高废钢的用量，降低钢的成本。

4. 底吹氧喷熔剂工艺

在顶底复合吹氧的基础上，通过底枪，在吹氧的同时喷吹石灰等熔剂，除加强了熔池的搅拌外，还可以使氧气、石灰和钢水直接接触，加速反应速度，其典型代表方法有K－BOP。熔剂的喷入量取决于钢水脱硫、脱磷的量。采用这种复吹工艺可以冶炼合金钢和不锈钢。

二、顶底复吹转炉炼钢法的冶金特点

1.“顶吹”与“底吹”的比较

氧气底吹转炉的炉体结构与氧气顶吹转炉相似，其差别在于前者装有带喷嘴的活动炉

底，喷嘴装在炉底塞上，通过喷嘴向炉内提供氧气进行吹炼。“顶吹”与“底吹”特点的比较见表5—1。

表5—1　“顶吹”与“底吹”特点的比较

顶吹法	底吹法
1. 工艺简单	1. 搅拌能力大
2. 生产率高	2. 渣—钢金属间反应动力学条件改善
3. 废钢熔化率高	3. 没有渣的过氧化，铁损失较少
4. 成渣易于控制	4. 合金回收率较高
5. 吹炼操作灵活	5. 氧含量较低
6. 耐火材料使用寿命长	6. 喷溅少，烟尘生成少
7. 可脱碳加热	7. 较易预热废钢
8. 在高含碳量下可较好脱磷	8. 高重复性
9. 氧流及其搅拌仅作用于局部，而且不到冶炼结束	9. 废钢熔化能力较低（炉子热效率降低）
10. 熔池成分、温度不均匀	10. 炉底材料使用寿命低
11. 反应未达平衡	11. 吹入气体量大
12. 临界状态下喷溅	12. 喷嘴处保护气体吸热以及吸入氢气
13. 不能达到 $w_C \leqslant 0.01\%$	13. 为了前期去磷，需喷入石灰粉，因而工艺复杂
14. 终渣（FeO）含量高	
15. 炉渣温度高（不适于脱磷）	
16. 由于没有平衡，过程控制困难	

氧气顶吹转炉（LD法）通过软吹化渣，有利于快速成渣，提高渣中的（FeO）含量，促进脱磷反应，这是其突出优点。但熔池搅拌不充分（尤其是大型炉子），特别是在低碳区CO的发生量减少导致搅拌力降低；金属中氧含量增大，铁、锰的氧化损失较大。而氧气底吹转炉冶炼过程更加平稳，搅拌能力大，促进了炉内的反应，脱碳能力强，金属收得率也高，脱磷、脱硫也更接近平衡；采用喷吹石灰粉操作，使底吹转炉提前脱磷，适用于吹炼高磷铁水，但工艺复杂。

2. 顶底复合吹炼炼钢法的冶金特点

顶底复合吹炼炼钢法兼有氧气顶吹炼钢法和氧气底吹炼钢法的冶金特点，因而具有比其他转炉炼钢方法更好的冶金效果。根据顶底复吹转炉内的冶金反应，顶底复吹转炉具有以下特点：

（1）显著降低了钢水中的氧含量和熔渣中的TFe含量。由于复吹工艺强化了熔池搅拌，促进钢—渣界面反应，反应更接近于平衡状态，所以显著地降低了钢水和熔渣中的过剩氧含量。

（2）提高了吹炼终点钢水余锰含量。渣中TFe含量降低，钢水余锰含量增加，因而也减少了铁合金的消耗。

（3）提高了脱磷、脱硫效率。由于反应接近平衡状态，磷和硫的分配系数较高，渣中TFe含量的降低，明显改善了脱硫条件。

(4) 吹炼平稳，减少了喷溅。复吹工艺集顶吹工艺成渣速度快和底吹工艺吹炼平稳的双重优点于一体，吹炼平稳，减少了喷溅，改善了吹炼的可控性，可提高供氧强度。

(5) 更适宜吹炼低碳钢种。终点碳可控制在不大于0.03%的水平，适于吹炼低碳钢种。

综上所述，复吹工艺不仅提高钢质量，降低消耗和吨钢成本，更适合供给连铸优质钢水。国内外一些炼钢厂的转炉采用顶底复吹转炉炼钢工艺的冶金效果见表5—2。

表5—2　　顶底复吹转炉炼钢工艺的冶金效果

方法与厂家	金属收得率/%	终点[Mn]/%	铁合金消耗/(kg/t)	渣料消耗/(kg/t)	氧气消耗/(m^3/t)	底吹气消耗/(m^3/t)
K-BOP	+1.0	+0.07	-1.2	-5	-1.2	
STB	+(0.7~1.0)	+0.10	-0.8	-11.8	-0.8	
LD-KG	+0.54	+0.04			-1.64	+0.88
LBE	+1.0	+0.03	-0.9	-(5~20)		+(0.2~1.5)
鞍钢	+0.34	+0.02	-0.9	-15.8	-1.0	+8.52
武钢	+1.56	+0.03	-0.84	-10.43	-1.43	+0.96

生产小提示

顶底复合吹炼工艺目前已能吹炼普通低合金钢、低碳钢、焊条钢、船板钢、深冲钢、硅钢、不锈钢等品种。为了满足用户对钢的品种和性能越来越多样的要求，顶底复合吹炼法正向高级化品种、高纯化质量发展，并在品种、质量上求效益，发挥其巨大作用。

思考题

1. 顶底复合吹炼的优越性是什么？
2. 顶底复合吹炼的工艺类型有哪几种？

第三节　顶底复吹转炉炼钢的底吹气体及底吹元件

顶底复合吹炼转炉底部吹入的气体有Ar、N_2、O_2、CO、CO_2以及混合气体等，在这些气体中，有的是惰性气体如Ar，吹入熔池后不参与炼钢反应，只是起搅拌熔池的作用。但也有一些气体如O_2，吹入熔池后不仅起搅拌熔池的作用，而且还参与炼钢反应。因此，底部供入气体种类不同，对炼钢过程的影响也不同，其最终所取得的经济效果也不同。

一、常用的底吹气体及其作用

顶底复合吹炼转炉底部吹入的气体种类如下：

1. 底吹Ar

Ar是顶底复合吹炼工艺的理想搅拌气体，它不溶于钢液，不影响钢的质量，而且对炉底使用寿命的影响比较小。由于气体来源比较少，所以 Ar 的成本比较高。顶底复合吹炼转炉底部吹入 Ar 后可以有效地改善 Fe、Mn、P 等在钢—渣间的分配，吹炼某些特殊钢种时，比底吹 N_2 和 CO_2 气体更为合理。

2. 底吹 N_2

N_2 是最廉价的底吹气体，容易获取，使用安全。因此，顶底复合吹炼转炉底部吹入 N_2 是一种既经济又有效的供气方法。底吹 N_2 可以加强熔池的搅拌作用，改善成渣过程，使吹炼平稳，缩短吹炼时间。但是供 N_2 强度必须严格控制，否则钢液中［N］的含量将超出成分规格要求，钢中含氮量增加，将危害钢的性能。一般只在吹炼前期作为底吹辅助气体使用。吹炼前期、中期使用 N_2 吹炼，吹炼末期及终点前切换 Ar 吹炼，以确保钢的质量。N_2 作为底吹搅拌气体是理想的，N_2 搅拌可以降低熔池中 p_{CO}，有利于低碳区［C］—［O］反应。

3. 底吹 CO

CO 是一种比较好的搅拌气源，不影响钢的质量，也不会增加炉气中的 CO 含量。但是 CO 是一种有毒的气体，易发生爆炸。因此，在使用时应特别注意安全，严防管路及接头部位漏气。

4. 底吹 CO_2

CO_2 可以作为搅拌气体，也可与熔池中的碳进行反应，由于是吸热反应，因此减缓了对炉底耐火材料的侵蚀作用。反应后气体量将增加一倍，故搅拌能力更强，可进一步降低钢中［N］和渣中的（FeO），充分发挥顶底复合吹炼的优越性。但 CO_2 来源较少，一般与氧气联合（O_2+CO_2）使用。

5. 底吹 O_2

底部吹 O_2 能更好地改善吹炼效果，缩短吹炼时间。底部吹 O_2 时，氧化反应产生大量热量，使局部温度升高，容易使炉底及供氧元件受到严重的侵蚀。因此，必须选择合理的冷却介质以及冷却制度，以便减轻炉底及供氧元件的损坏。

6. 底吹 N_2 和 CO_2 混合气体

底吹 N_2 和 CO_2 混合气体，可增强熔池的搅拌力，降低钢中含氮量，还可以起到保护喷嘴的作用。

二、底吹气体的作用

顶底复合吹炼底部供气的主要作用是加强熔池的搅拌能力，改善冶金效果，强化吹炼，提高生产能力，增加热源，提高废钢用量。所以在选择气源时，除了要考虑上述供气的作用外，还要考虑所选用的气源对钢的质量有无影响，气体来源方便与否，价格是否低廉，操作是否简便。对不同作用的顶底复合吹炼转炉，应选用不同的气源，具体情况如下。

1. 加强熔池的搅拌力，改善冶金效果

一般使用惰性气体如 Ar，也可以使用 N_2、CO 和 CO_2 等气体。从底部吹入惰性气体 Ar，可加强熔池的搅拌力，改善成渣过程，加速熔池反应，减少喷溅，缩短吹炼时间。

2. 强化吹炼，提高生产能力

其气源主要为 O_2，也可以加入一些其他气体如 CO_2 等。底部吹入 O_2 时，氧化反应产生大量热量，使局部温度升高，导致炉底及供气元件损坏。因此，必须采用供冷却介质的喷嘴。冷却介质有的用 Ar 或 CO_2 等作为保护气，在底部吹氧量不大时使用。也有的用碳氢化合物（如天然气、重油等）作为冷却剂，用于底部供氧量较多时，使用时应注意减少碳氢化合物对钢质量的影响。

3. 增加热源，提高废钢用量

为了增加热源，底部气源采用氧气，同时喷入燃料，主要为气态或液态燃料，也可喷入固态燃料，燃料燃烧后产生的热量可以多熔化废钢，提高废钢用量，降低成本。

三、常见的底吹供气元件

当前应用顶底复合吹炼工艺的一个重要限制性因素就是炉底使用寿命，即供气元件的使用寿命，而供气元件的特性对吹炼操作有重要的影响。因此，国内外都很注重研究供气元件，至今已有多种类型的供气元件，大致可以分为两大类，即喷嘴型供气元件和透气砖型供气元件。

1. 喷嘴型供气元件

喷嘴型供气元件有单管式喷嘴、双层套管式喷嘴以及环缝式喷嘴等。

（1）单管式喷嘴

单管式喷嘴是一种最早使用的、最为简单的供气元件，用无缝金属圆管制成，埋入炉底炉衬砖中，用于喷吹不需要冷却剂保护的那些气体，如 N_2、Ar、CO_2、天然气等。

单管式喷嘴底部供气元件的气量调节幅度小，向熔池喷吹时，会产生非连续性反冲击，常常发生管口粘接和灌钢堵塞，使喷嘴及耐火材料侵蚀加快。

（2）双层套管式喷嘴

双层套管式喷嘴是一种内为圆孔、外为环缝的喷嘴，由双层无缝钢管组成，内孔喷吹搅拌气体，外缝喷吹冷却保护介质，其结构示意图如图 5—1 所示。

喷吹氧气时，环缝主要是喷入碳氢化合物冷却介质。碳氢化合物在高温下裂解，吸收大量的热量，使喷嘴头部以及附近炉衬得到冷却，减缓耐火材料的侵蚀。

在喷吹惰性（或中性）气体时，环缝也是吹入惰性（或中性）气体，而且速度较高，外缝气体压力高于内管气压，以使内管得到良好的保护，减少其粘钢、粘渣以及侵蚀。生产实践证明，这种措施防止内管粘接是比较有效的。双层套管式喷嘴工作的好坏不仅与环缝和中心管间的压力与面积有关，而且还与管壁厚度有关。

双层套管式喷嘴的主要缺点是：供气调节幅度很小，冶炼中、高碳钢时脱磷困难；气流射入熔池后产生的反作用力仍会对炉底耐火材料造成破坏。

 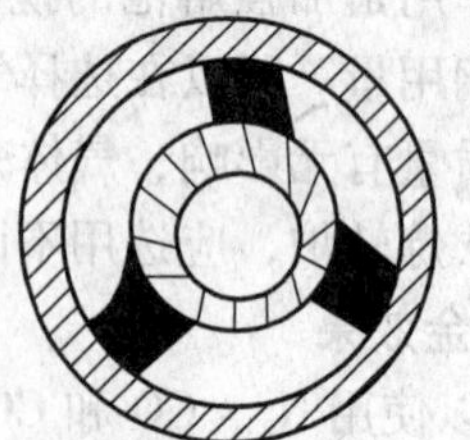 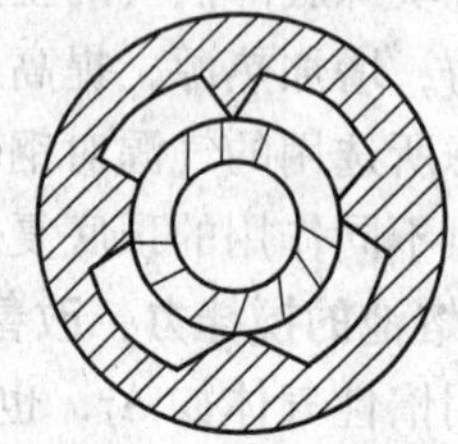

图 5—1　双层套管式喷嘴结构示意图

（3）环缝管式喷嘴

环缝管式喷嘴的结构如同双层套管，将内管用泥料堵塞，只留环缝供气，环缝宽度一般为 0.5 ~5.0 mm。与套管式喷嘴相比，其供气量调节范围较大，最大气量与最小气量比值由 2.0 增加至 10.0，反冲击次数少，因而可提高喷嘴及炉底耐火材料的使用寿命。

环缝管式喷嘴的主要问题是如何保持双层套管的同心度，以使环缝均匀，保证供气稳定。

2. 透气砖型供气元件

透气砖型供气元件的供气量可调范围大，不易堵塞，在生产中得到了大量应用。采用透气砖的最大优点是喷吹时允许气流间断，不必担心在使用喷嘴时存在的堵塞问题。采用透气砖喷吹时，其气泡小而且分散比较广，因此工艺效果比较好，但不适用于吹氧及喷粉。

（1）弥散型透气砖供气元件

它是最初的透气砖供气元件，在制砖过程中，使砖内形成许多弥散分布的微孔，孔的大小为 100 目左右。这种供气元件供气分布均匀，任何情况下气孔都不会被钢液堵塞，因而气量调节范围大，甚至可以中断或间断供气。但透气砖因气孔率高而密度低，其强度、耐冲刷性、耐腐蚀性等方面均不高，因此使用寿命短。

（2）砖缝组合型透气砖供气元件

砖缝组合型透气砖（也叫钢板包壳砖）是由多块耐火砖以不同的形式组合成各种砖缝并外包不锈钢板而制成，其缝隙宽度一般为 0.3 ~ 0.5 mm。气量调节范围大，一般为 0.02 ~ 0.20 m^3/（min·t）。气体从炉体下部气室通过砖缝进入炉内，可中断供气而不堵塞。

砖缝组合型供气元件，由于钢板外壳受热膨胀和热应力的影响，在炉役期内常发生开裂现象，砖与钢板壳之间的缝隙很难保证，从而造成缝隙供气不均匀，大部分气体从钢板壳流入炉内，造成底部元件供气不稳定。砖缝组合型透气砖如图 5—2 所示。

（3）直孔型透气砖供气元件

直孔型透气砖中，沿其砖的断面分布许多贯通的直孔道。在制砖时将许多细的、易熔的金属丝埋入砖中，在砖的烧成过程中，金属丝熔化流出而形成许多细孔。

直孔型透气砖供气元件的砖密度大，气体阻力小，供气量可以大些，气量调节范围大，且不易堵塞。直孔型透气砖如图 5—3 所示。

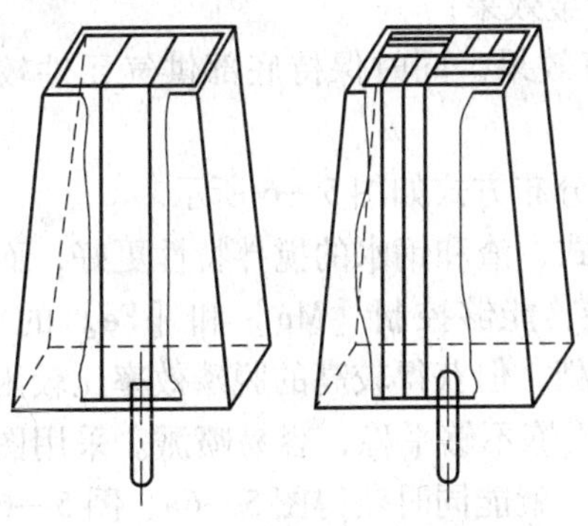

图 5—2　砖缝组合型透气砖

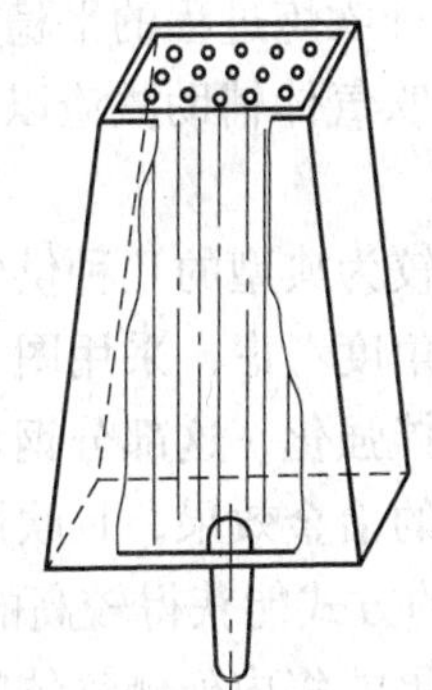

图 5—3　直孔型透气砖

（4）细金属管多孔型供气元件

它是由埋设在母体耐火材料中的许多细不锈钢管组成的。所埋设金属管的内径一般为 ϕ1 ~ 3 mm（通常多为 ϕ1.5 mm 左右），每块供气元件中埋设的细金属管数为 10 ~ 150 根，各金属管焊装在一个集气箱内，如图 5—4 所示。此种供气元件不仅调节气量幅度比较大，而且通过适当控制供气压力也可以做到中断供气，在供气的均匀性、稳定性和使用寿命方面都比较好。

经过反复的生产实践及不断改进，又出现一种新式细金属管砖式供气元件—MHP - D 型金属管砖，如图 5—5 所示。此种结构是在砖体外层细金属管处多增设一个专门的供气箱，因而把一块元件分别通入两路气体，在用 CO_2 气源供气时，可在外侧通以少量 Ar，以减轻多孔砖与炉底接缝处由于 CO_2 气体造成的腐蚀。

细金属管多孔砖的出现是喷嘴型和砖型两种基本元件综合发展的结果，既有管式元件的特点，又有砖式元件的特点。细金属管型供气元件是比较好的供气元件类型。

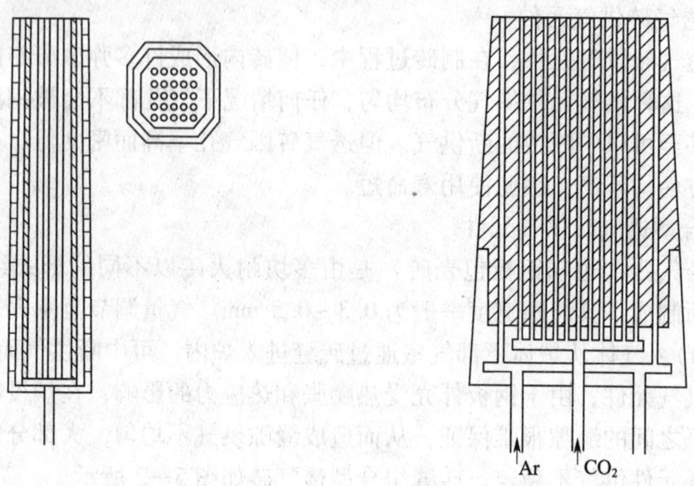

图 5—4 细金属管多孔型供气元件　　图 5—5 改进后的细金属管多孔型供气元件

四、底吹供气元件的布置

底部供气元件的分布应根据转炉装入量、炉型、氧枪结构、冶炼钢种及溅渣要求采用不同的方案，主要应满足以下要求：

（1）保证吹炼过程的平稳，获得良好的冶金效果；

（2）底吹气体辅助溅渣以获得较好的溅渣效果，同时保持底部供气元件较高的使用寿命。

常见的较为典型的几种供气元件在炉底的分布方式如图 5—6 所示。

从吹炼角度考虑，采用图 5—6a 所示的方式，渣和钢水的搅拌特性更好，而且由于火点以内钢水搅拌强化，这部分钢水优先进行脱碳，能够控制［Mn］和［Fe］的氧化，因此，能获得较好的冶金效果，且吹炼平稳，不易喷溅，但获得较高的脱磷效率比较困难。采用图 5—6b 所示的方式能获得较高的脱磷效率，但吹炼不够平稳，容易喷溅。采用图 5—6c 所示的方式，如果能将内外侧气体吹入适当地组合，就能同时获得图 5—6a、图 5—6b 所示的方

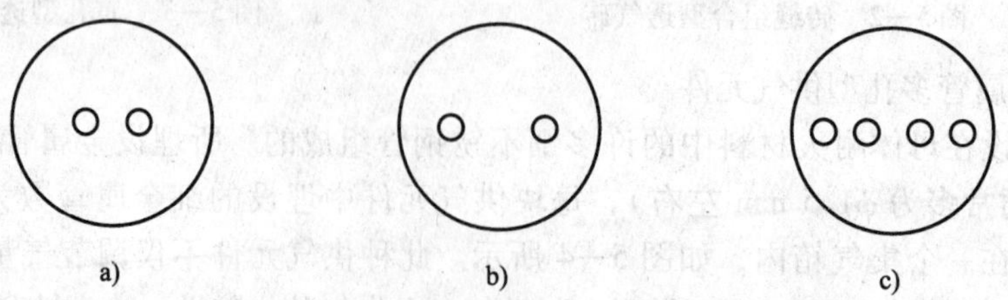

图 5—6 供气元件在炉底的分布方式

a）底部供气元件所在圆周位于氧气射流火点以内　b）底部供气元件所在圆周位于氧气射流火点以外

c）底部供气元件既有位于氧气射流火点以内的，也有位于氧气射流火点以外的

式各自的优点。

从溅渣角度考虑，底部供气元件的分布应该满足底吹 N_2 辅助溅渣工艺的要求。当底部供气元件位于溅渣 N_2 气流冲击炉渣形成的作用区以内时，底部供气元件吹入气体产生的搅拌能会被浪费，起不到辅助溅渣的作用，而且导致 N_2 射流气流直接冲击底部供气元件，从而降低其使用寿命。

因此，从溅渣效果及底部供气元件使用寿命考虑，底部供气元件应位于合理的枪位下，N_2 气流冲击炉渣形成的作用区外侧附近。

从上面的分析可知，底部供气元件的布置必须兼顾吹炼和溅渣效果。不同钢厂有不同的布置方案，如图 5—7 所示。

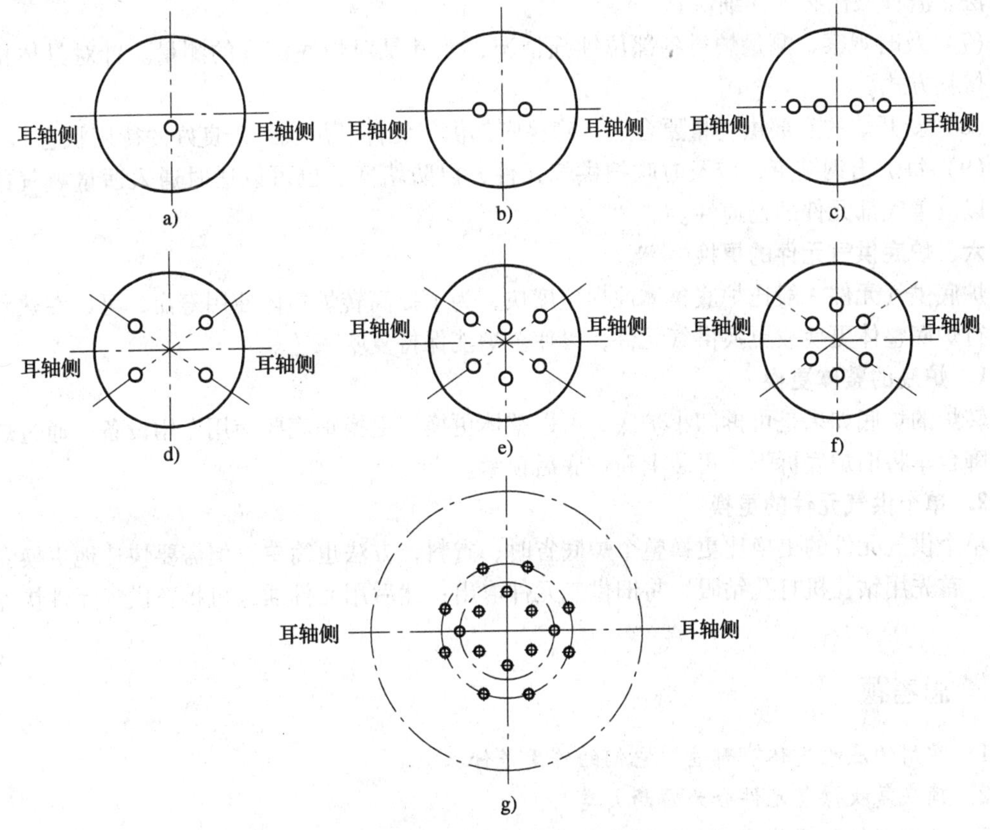

图 5—7　底部供气元件分布图例

a）本钢 120 t 转炉　b）鞍钢 180 t 转炉　c）日本加古川 250 t 转炉

d）武钢二炼钢 80 t 转炉　e）日本京滨制铁所 250 t 转炉

f）武钢一炼钢 100 t 转炉　g）武钢三炼钢 250 t 转炉

底部供气元件在安装及砌筑过程中很容易遭受异物侵入，这样会导致底部供气元件在使用之前或使用之后发生部分堵塞，从而影响其使用寿命。因此，必须规范底部供气元件的安装和砌筑。

五、底部供气元件的使用寿命

炉底供气元件的使用寿命很难与炉衬使用寿命达到同步，有时不得不中途停止复吹工艺。因此，应从供气元件的设计、布置、选用的材质、元件制作、安装以及使用维护等方面着手提高底部供气元件的使用寿命，具体措施如下：

（1）供气元件设计、布置合理。

（2）选用抗温度急冷急热、抗剥落性好的优质镁碳质耐火材料制作底部供气元件。

（3）确保元件的金属管无缺陷、不漏气；喷嘴式底部供气元件的金属管骨架连接要牢靠，并进行打压试验，确保无漏气现象。

（4）底部透气砖成型时，要达到规定的体积密度、化学性能和物理性能。

（5）吹炼过程要控制好底部供气量、造渣和热维护等操作，尽可能缩短停吹与出钢时间，及减少补吹率，以保证炉底元件的使用寿命。

（6）采用渣补技术时，可根据元件出口端炉底状况，决定留渣量、熔渣的流动性及渣补方法。渣补操作必须仔细认真。

（7）及时观察、测量炉衬各部位蚀损情况，尤其是对炉底深度的测量。针对具体情况确定修补方式。

（8）新开炉的底部供气量要合适，确保底部供气元件及炉底处于良好的待用状态。

（9）每炉出钢结束，应及时吹扫供气元件，以防堵塞。也可以适时通入适量氧气或空气，以改善底部元件的畅通性。

六、炉底供气元件的更换

炉底供气元件一般比炉底整体蚀损速度快，为了提高转炉整体使用寿命，可以在热状态下进行炉底整体更换或更换供气元件，以使全炉能保持复吹工艺。

1. 炉底的整体更换

转炉的炉底如果是可拆卸小炉底，可以整体更换。更换炉底要使用专用设备，通过炉下的升降台车将旧炉底拆下，再装上新炉底后顶紧。

2. 单个供气元件的更换

单个供气元件的更换比更换整个炉底省时、省料，方法也简单，但需要快速地更换专用设备。首先用钻孔机打孔钻眼，将旧供气元件取出；然后用元件插入机将新供气元件快速置入。

思考题

1. 常用的底吹气体有哪些？它们的作用是什么？
2. 顶底复吹供气元件分为哪两大类？
3. 喷嘴型供气元件有哪些？其结构特点是什么？
4. 透气砖型供气元件有哪几种？其结构特点是什么？

第四节　顶底复吹转炉内的冶金反应

一、顶底复吹转炉内钢水和炉渣成分的变化

顶底复吹转炉内钢水和炉渣成分的变化如图 5—8 所示，由于顶底复吹转炉的熔池搅拌加强，渣—钢间的反应更加趋于平衡，因而具有特定的冶金特点。

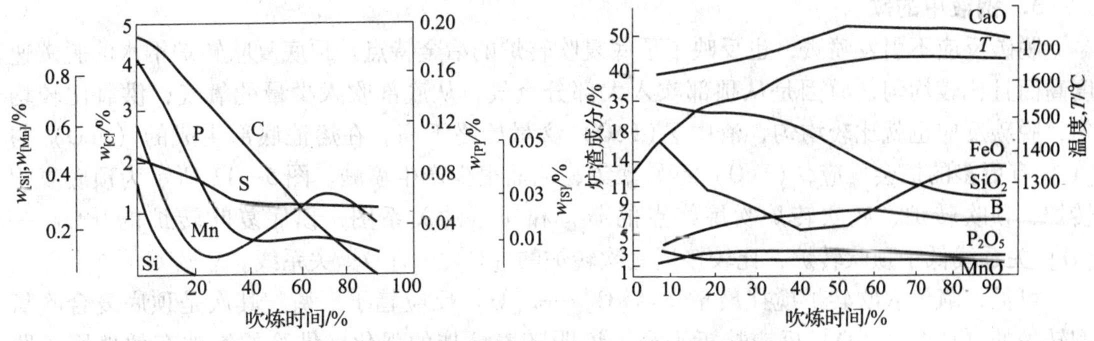

图 5—8　顶底复吹转炉内钢水和炉渣成分的变化

1. 成渣速度

顶底复吹转炉与顶吹转炉相比，熔池搅拌范围大而且强烈。从底部喷入石灰粉造渣，成渣速度快。通过调节氧枪枪位化渣，加上底部气体的搅动，成渣速度比顶吹转炉快。

2. 渣中∑(FeO)

顶底复吹转炉在吹炼过程中，渣中的∑(FeO) 的变化规律和∑(FeO) 含量与顶吹转炉有所不同，这是炉内反应的特点之一。

顶底复吹转炉渣中∑(FeO) 的变化如图 5—9 所示。从图 5—9 中可看出，从吹炼初期开始到中期渣中∑(FeO) 含量逐渐降低，中期变化平稳，后期又稍有升高，其变化的曲线与顶吹转炉有相似之处。

图 5—10 所示为吹炼终点渣中全铁含量（$w_{(\mathrm{TFe})}$）与钢中碳含量（$w_{[\mathrm{C}]}$）的关系，可见，就渣中∑(FeO) 含量而言，顶吹转炉（LD）> 顶底复吹转炉（LD/Q－BOP）> 底吹转炉（Q－BOP）。

顶底复吹转炉炉渣的 $w_{(\sum \mathrm{FeO})}$ 低于顶吹的原因主要有以下两个方面：

（1）从底部吹入的氧，生成的 FeO 在熔池的上升过程中参与氧化反应而被大量消耗；

（2）由于底吹气体的搅拌，在渣中∑(FeO) 含量低的条件下也能化渣，所以操作中不需要高的∑(FeO) 含量。

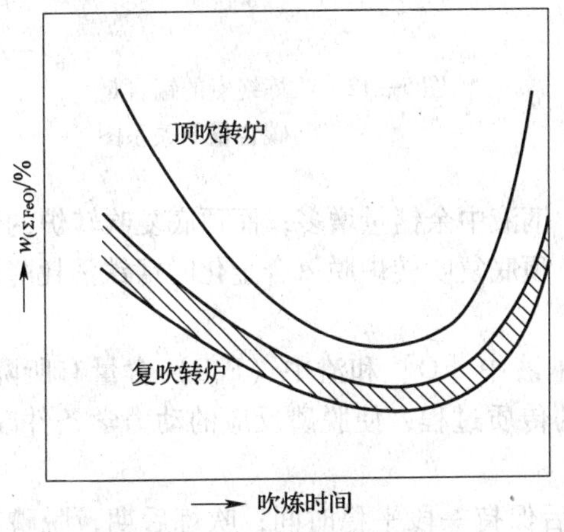

图 5—9　顶底复吹转炉渣中∑(FeO) 的变化

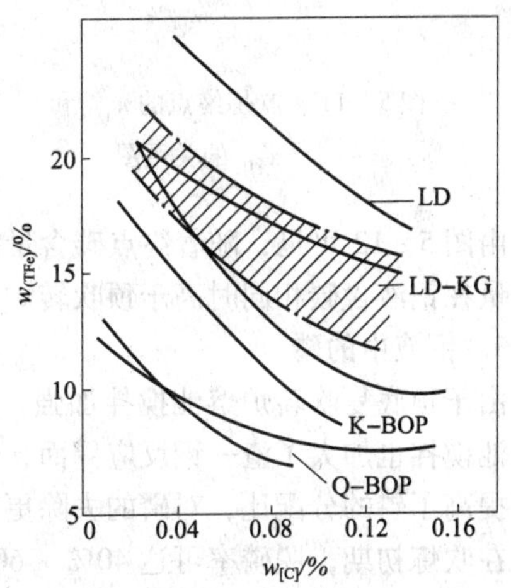

图 5—10　吹炼终点渣中 $w_{(\mathrm{TFe})}$ 与 $w_{[\mathrm{C}]}$ 的关系

3. 钢液中的碳

脱碳反应不引发喷溅，也反映了顶底复吹转炉的冶金特点。顶底复吹转炉钢水的脱碳速度高而且比较均匀，原因是从顶部吹入大部分氧气，从底部吹入少量的氧气，供氧比较均匀，脱碳反应也就比较均匀，渣中∑(FeO)含量始终不高。在熔池底部生成的（FeO）与［C］有更多的机会反应，（FeO）不易聚集，从而很少产生喷溅。图5—11所示为顶底复吹转炉、顶吹转炉、底吹转炉吹炼终点的 $w_{[C]}$ 和 $w_{[O]}$ 的关系图，顶底复吹转炉的［C］—［O］关系线低于顶吹转炉，比较接近底吹转炉的［C］—［O］关系线。

可见，氧气底吹转炉搅拌最充分，［C］—［O］反应趋于平衡。其次是顶底复合吹氧型转炉的［C］—［O］反应接近平衡，说明随着搅拌的强化，供给的氧被有效地用于脱碳。在相同含碳量下，顶底复吹转炉金属收得率高于顶吹转炉。

4. 钢液中的锰

在顶底复吹转炉中，由于底吹气体的搅拌作用，钢液中［O］含量和渣中∑(FeO)含量减少。在吹炼初期，钢水中的［Mn］只有30%～40%被氧化。待温度升高后，在吹炼中期的后段时间，又开始回锰，所以出钢前钢水中的余锰较顶吹转炉高。不同类型转炉吹炼终点的锰含量与碳含量的关系图如图5—12所示。

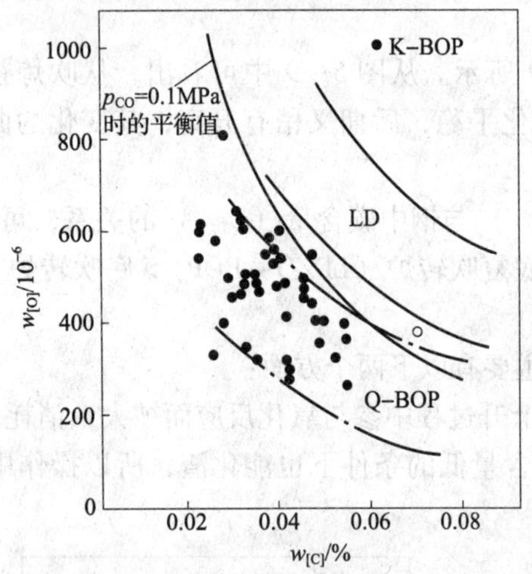

图5—11　吹炼终点的 $w_{[C]}$ 和 $w_{[O]}$ 的关系图

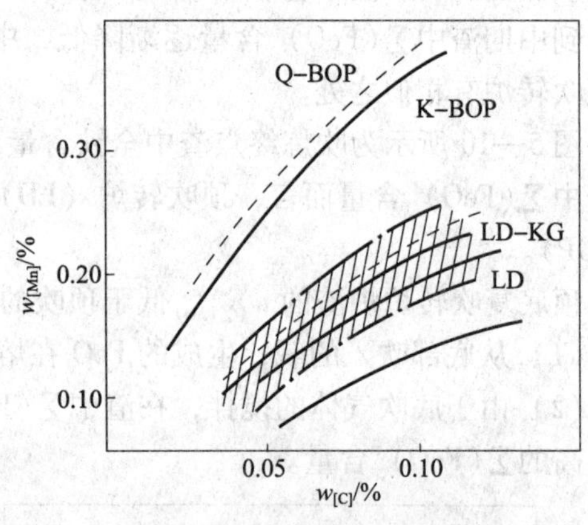

图5—12　吹炼终点的锰含量与碳含量的关系图

由图5—12可见，随着终点碳含量的增加，钢液中余锰量增多；而顶底复吹转炉的钢水余锰量在钢液含碳相同时高于顶吹转炉，因此，顶底复吹转炉脱氧合金化时锰铁消耗降低。

5. 钢液中的磷

由于顶底复吹转炉熔池搅拌加强，虽然使钢液中［O］和渣中（FeO）含量有所降低，但熔池搅拌也加大了渣—钢反应界面，促进磷的传质过程，使脱磷反应的动力学条件改善，从而提高了磷的分配比，对磷的去除更有利。

在吹炼初期，脱磷率可达40%～60%，以后保持一段平稳时间；吹炼后期，脱磷又加快。各种转炉冶炼过程中磷的分配比与 $w_{(TFe)}$ 的关系如图5—13所示，顶底复吹转炉中磷的分配比比顶吹高得多。

6. 钢液中的硫

顶底复吹转炉脱硫条件较好，表现在以下三个方面：

（1）底部喷石灰粉、顶部吹氧有助于石灰溶解，能及早形成较高碱度的炉渣，使硫的分配比进一步提高；

（2）顶底复吹转炉钢水中含氧低，渣中 $w_{(\sum FeO)}$ 比顶吹低；

（3）熔池搅拌好，反应界面大，有利于改善脱硫反应动力学条件。

图 5—14 所示为不同类型转炉中硫的分配比与炉渣碱度的关系，由图 5—14 可见，熔池搅拌能力弱的复吹工艺 LD－KG 与顶吹转炉工艺 LD 的硫分配比没有明显的差别，而熔池搅拌能力强的复吹工艺 LD－OB 和底吹石灰粉的 K－BOP 和 Q－BOP 工艺的硫分配比较大。

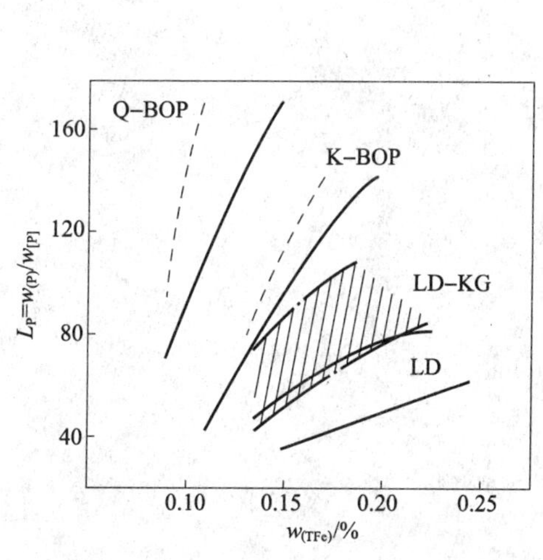

图 5—13　各种转炉冶炼过程中磷的分配比与 $w_{(TFe)}$ 的关系

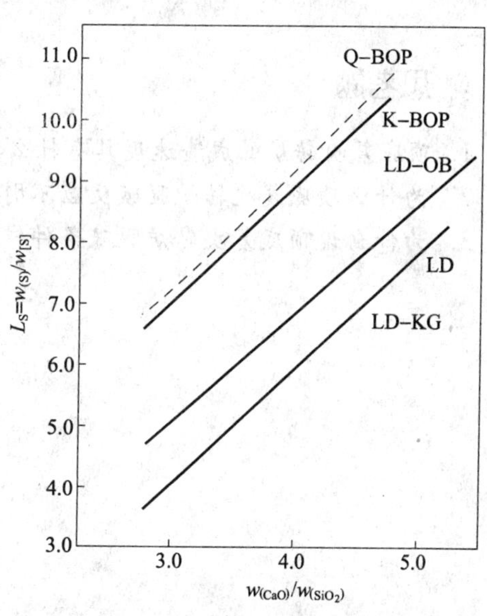

图 5—14　不同类型转炉中硫的分配比与炉渣碱度的关系

7. 钢液中的氮

在顶底复吹转炉中，若是底吹气体全过程应用氮气，必然引起钢水中 $w_{[N]}$ 增加，底吹供氮气强度越大，钢水中 $w_{[N]}$ 越大。为了防止钢水中氮含量增加，要求在吹炼后期把底吹氮气切换为氩气，并增大供气强度，以防止钢水中的 $w_{[N]}$ 增加。

8. 钢液中的氢

钢液中的［H］通常由水分带入。但在顶底复吹转炉中，若是底部吹氧而采用碳氢化合物作冷却剂，则钢液中的［H］含量将有所增加。同样的原因，若是底吹天然气，也会由于 CH_4 裂变后增加钢液中的［H］含量。若是底吹其他气体，将有助于降低钢液氧含量而不会影响钢的质量。

二、顶底复吹转炉冶金特点

根据顶底复吹转炉内的冶金反应，顶底复吹转炉具有以下特点：

（1）显著降低了钢水中氧含量和熔渣中 TFe 含量。由于复吹工艺强化了熔池搅拌，促进钢—渣界面反应，反应更接近于平衡状态，所以显著地降低了钢水和熔渣中的过剩氧含量。

（2）提高了吹炼终点钢水的余锰含量。渣中TFe含量降低，钢水余锰含量增加，因而也减少了铁合金的消耗。

（3）提高了脱磷、脱硫效率。由于反应接近平衡状态，磷和硫的分配系数较高，渣中TFe含量降低，明显改善了脱硫条件。

（4）吹炼平稳减少了喷溅。复吹工艺集顶吹工艺成渣速度快和底吹工艺吹炼平稳的双重优点于一体，吹炼平稳，减少了喷溅，改善了吹炼的可控性，可提高供氧强度。

（5）更适宜吹炼低碳钢种。终点碳可控制在不大于0.03%的水平，适于吹炼低碳钢种。

综上所述，复吹工艺不仅能提高钢质量，降低消耗和吨钢成本，更适合供给连铸优质钢水。

思考题

1. 顶底复吹转炉的成渣速度具有什么特点？
2. 为什么顶底复吹转炉脱碳反应不引发喷溅？
3. 为什么说顶底复吹转炉脱硫条件较好？

第六章

氧气顶吹转炉炼钢设备

第一节　氧气顶吹转炉炼钢车间

从整个钢铁联合企业生产流程来看，炼钢车间处于钢铁生产的中间环节。其主要任务是接受上一工序炼铁车间的铁水作为主要金属料，经过氧气转炉冶炼和浇铸过程，向下一工序轧钢车间提供模铸钢锭或连铸钢坯。氧气转炉生产能力大，冶炼周期短，出钢、出渣频繁，车间运输量大，设备容易发生干扰与损坏，因此，合理地选择设备与工艺流程，选择炉子参数是保证转炉正常生产的必要条件。氧气顶吹转炉总图如图 6—1 所示。

氧气顶吹转炉炼钢的各种作业是在车间各主要跨间和辅助跨间内完成的。

（1）主要跨间。由转炉跨、铸锭跨和加料跨组成，又称车间主厂房。担负着加料、吹炼和出钢、浇铸、炉气的回收与净化等任务。转炉跨主要平台如图 6—2 所示。

（2）辅助跨间。由整模、脱模、精整等跨间组成。

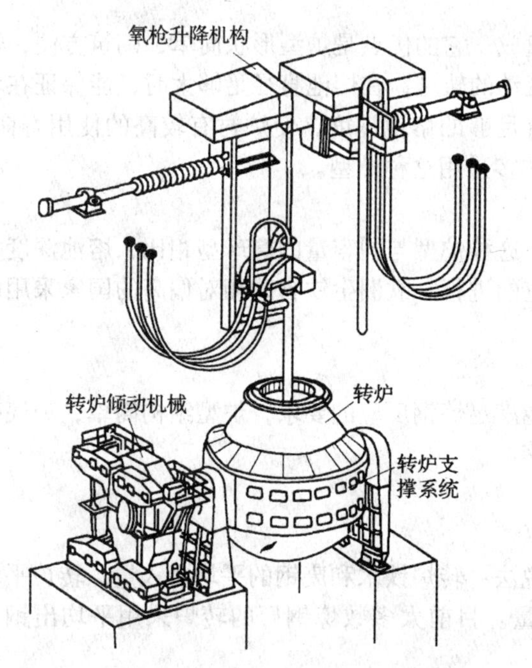

图 6—1　氧气顶吹转炉总图

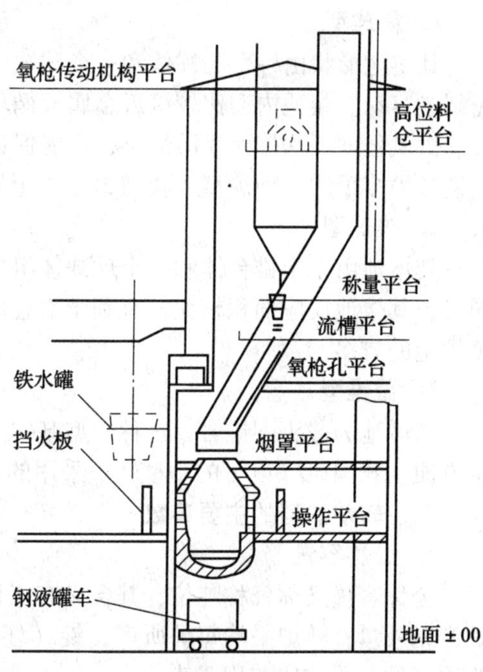

图 6—2　转炉跨主要平台

第二节 转炉炉型及其参数

一、转炉炉型的选择

转炉炉型是指由耐火材料砌成的炉衬内型，也称转炉“炉膛”的形状。

合理的炉型能获得良好的冶炼效果，提高炉衬使用寿命，减少喷溅，降低金属及耐火材料的消耗，而且有利于提高供氧强度以强化冶炼。选择炉型还要考虑到炉壳制造容易，炉衬砌筑和维护方便，以便改善劳动条件，提高炉子作业率。

目前，氧气转炉的炉型按金属熔池形状的不同，可分为筒球型、锥球型和截锥型三种类型，如图 6—3 所示。

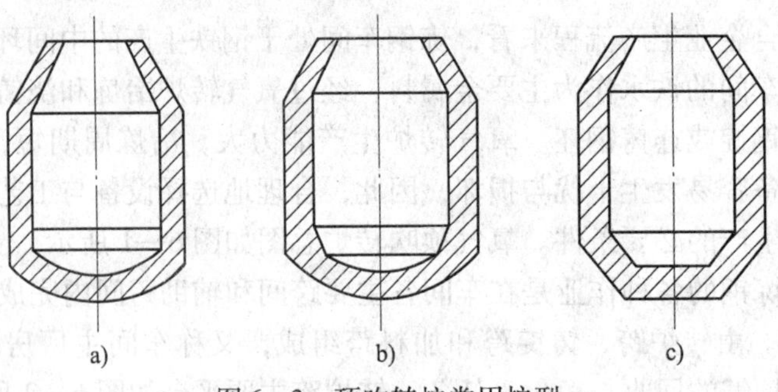

图 6—3 顶吹转炉常用炉型

a）筒球型 b）锥球型 c）截锥型

1. 筒球型

其熔池形状由一个圆柱体和一个球缺体组成。它的优点是炉型形状简单，砌筑方便，炉壳制造容易。熔池内型比较接近金属液循环流动的轨迹，在熔池直径足够大时，能保证在较大的供氧强度下吹炼而喷溅最小，也能保证有足够的熔池深度，使炉衬有较高的使用寿命。大型转炉多采用这种炉型。我国 50 t 以上转炉多采用这种炉型。

2. 锥球型

其熔池由一个锥台体和一个球缺体组成。这种炉型与同容量的筒球型相比，熔池深度相同时，其熔池反应面积较大，有利于冶金反应的进行。欧洲生铁含磷相对偏高的国家采用此种炉型的较多。

3. 截锥型

其熔池为截头圆锥台，这种炉型基本上能满足炼钢反应的要求，炉型结构简单，炉底砌筑方便。我国 30 t 以下的小型转炉采用的较多。

二、转炉炉型的主要参数

1. 公称容量

公称容量又称公称吨位，其含义有三种说法：转炉铁水和废钢的平均装入量；转炉平均炉产钢液量；转炉平均每炉所产良锭（坯）量。目前大多数炼钢厂的转炉采用平均出钢量为炉子的公称吨位，用 T 表示。

2. 炉容比

炉容比指转炉有效容积 V 与公称吨位 T 的比值 V/T。它表示单位公称吨位所占炉膛有效空间的体积，单位是 m^3/t，是氧气转炉的重要参数。炉容比选择应合理。

炉容比的大小决定了转炉吹炼容积的大小，它对转炉的吹炼操作、喷溅、炉衬使用寿命、金属收得率等都有比较大的影响。炉容比选值过小，会使喷溅和对炉衬的冲刷加剧，使供氧强度的提高受到限制，不利于转炉生产率的提高。选值过大，将使设备和厂房的投资增大。

选择炉容比时应考虑以下因素：

（1）铁水比、铁水成分。随着铁水和铁水中硅、磷、硫含量的增加，炉容比应相应增大。采用铁水预处理工艺时，炉容比可小些。

（2）供氧强度。供氧强度增大时，吹炼速度较快，为了不引起喷溅就要保证有足够的反应空间，炉容比应相应增大些。

（3）冷却剂种类。采用铁矿石或氧化铁皮为主的冷却剂，成渣量大，炉容比也需相应增大；采用以废钢为主的冷却剂，成渣量小，炉容比也需相应减小些。

目前使用的炉容比在 0.85 ~ 1.0 m^3/t 之间（大容量转炉取下限）。近年来，为了在提高金属收得率的基础上提高供氧强度，新设计转炉的炉容比趋于增大，一般为 0.9 ~ 1.05 m^3/t。

3. 高宽比

高宽比指转炉总高度 $H_{总}$ 与炉壳外径 $D_{壳}$ 之间的比值，即 $H_{总}/D_{壳}$。在转炉大型化的过程中，$H_{总}/D_{壳}$ 趋于减小，即炉子的轮廓由细高趋于矮胖，这样有利于减小倾动力矩和降低厂房高度，但高宽比过小容易造成喷溅，金属收得率下降。

目前，新设计转炉的高宽比一般在 1.35 ~ 1.65，小转炉取上限，大转炉取下限。

不同容量转炉的高宽比推荐值见表 6—1。

表 6—1　　不同容量转炉的高宽比推荐值

炉容量/t	<6	20 ~ 30	50 ~ 80	120	300
高宽比	1.6 ~ 1.7	1.5 ~ 1.6	1.4 ~ 1.5	1.3 ~ 1.4	1.35

4. 转炉主要尺寸

以筒球型为例，转炉的主要尺寸如图 6—4 所示。

（1）熔池尺寸

1）熔池直径 D。熔池直径是指转炉熔池在平静状态时金属液面的直径。它与转炉的精炼强度关系很大，这是由于顶吹转炉的反应和熔池面积有很大关系，如果熔池面积过小导致熔池过深，不但会引起激烈喷溅，而且钢—渣之间的反应慢。适当增大熔池面，为增大供氧强度创造条件，在装入量和喷溅程度相当的情况下，吹炼速度可以加快。

确定熔池直径时可用经验公式，计算结果还应与条件相似而技术经济指标较好的炉子比

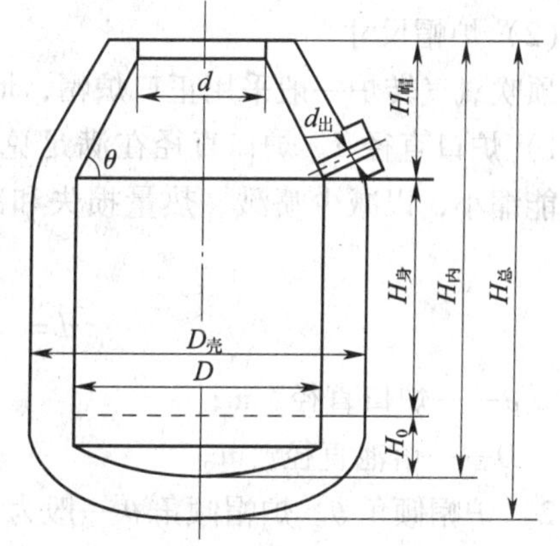

图 6—4　转炉的主要尺寸

H_0—熔池深度　$H_{身}$—炉身高度　$H_{帽}$—炉帽高度　$H_{总}$—转炉总高　$H_{内}$—转炉有效高度　D—熔池直径　$D_{壳}$—炉壳直径　d—炉口直径　$d_{出}$—出钢口直径　θ—炉帽倾角

较进行调整。

我国设计部门推荐的熔池直径 D 可用式（6—1）计算：

$$D = K\sqrt{\frac{G}{t}} \tag{6—1}$$

式中 D——熔池直径，m；

G——转炉装入量，t；

t——转炉供氧时间，min；

K——比例常数。

对于 50 t 以下的转炉： $K = 1.85 \sim 2.10$

对于 50 ~ 120 t 的转炉： $K = 1.75 \sim 1.85$

对于 200 t 的转炉： $K = 1.55 \sim 1.60$

对于 250 t 以上的转炉： $K = 1.50 \sim 1.55$

2）熔池深度 H_0。熔池深度是指转炉熔池在平静状态时从金属液面到炉底的深度，这是熔池尺寸的另一个重要参数。对于一定容量的转炉，炉型和熔池直径确定后，便可以利用几何公式计算熔池深度 H_0，近似计算公式如下：

筒球型熔池
$$H_0 = \frac{V_M + 0.046D^3}{0.79D^2} \tag{6—2}$$

锥球型熔池
$$H_0 = \frac{V_M + 0.0363D^3}{0.70D^2} \tag{6—3}$$

截锥型熔池
$$H_0 = \frac{V_M}{0.574D^2} \tag{6—4}$$

式中 D——熔池直径，m；

V_M——金属熔池容积，m^3。

（2）炉帽尺寸

顶吹氧气转炉一般采用正口炉帽，形状为上小下大的截圆锥体。

1）炉口直径 d。炉口直径在满足兑铁水、加废钢、出渣、补炉等操作要求的前提下，尽可能缩小，以减少喷溅、热量损失和冷空气的吸入量，出钢也比较容易。一般炉口直径为：

$$d = (0.43 \sim 0.53)\ D \tag{6—5}$$

式中 d——炉口直径，m；

D——熔池直径，m。

2）炉帽倾角 θ。炉帽倾角 θ 一般为 60°~70°。θ 过小，炉帽砌砖容易倒塌；θ 过大，出钢时易从炉口下渣。大转炉取下限以降低炉帽高度。

3）炉帽高度 $H_{帽}$。炉帽高度 $H_{帽}$ 分斜段（下部）和直段（近炉口处）两部分，斜段高度可用 $H_{斜} = \frac{1}{2}(D-d)\tan\theta$ 来计算，直段高度一般取 300 ~ 400 mm，故炉帽高度尺寸为：

$$H_{帽} = \frac{1}{2}（D - d）\tan\theta + （300 \sim 400）\text{ mm} \tag{6—6}$$

式中　θ——炉帽倾角。

4）炉帽的有效容积。炉帽容积分直线段和斜线段两部分：

$$\begin{aligned} V_{帽} &= V_{斜} + V_{直} \\ &= \frac{\pi}{12}H_{斜}(D^2 + Dd + d^2) + \frac{\pi}{4}d^2 H_{直} \end{aligned} \tag{6—7}$$

（3）炉身尺寸

转炉在熔池面以上、炉帽以下的圆柱体部分称为炉身。一般炉身直径就是熔池直径。

1）炉身高度：

$$H_{身} = \frac{4V_{身}}{\pi D^2} \tag{6—8}$$

2）炉身容积：

$$V_{身} = V_{总} - V_{帽} - V_{M} \tag{6—9}$$

式中　$V_{总}$——转炉的有效容积，$V_{总} = V$；

$V_{帽}$、$V_{身}$、V_{M}——炉帽、炉身和金属熔池容积。

（4）出钢口

出钢口位于炉帽与炉身的连接处，转炉设置出钢口的目的是为了便于渣钢分离。为缩短出钢口的长度，便于维修和缩短钢流长度，减少散热和二次氧化，目前国内外许多大型转炉出钢口中心线与水平线的夹角趋于减小，甚至采用0°，出钢口角度一般为15°~25°。

出钢口直径 $d_{出}$ 可由经验公式来确定：

$$d_{出} = \sqrt{63 + 1.75T} \tag{6—10}$$

式中　T——转炉公称容量，t。

（5）炉衬厚度的确定

炉衬的组成一般可分为工作层、填充层和永久层。炉衬厚度的选择直接影响到炉壳的尺寸、炉衬使用寿命、生产率和炉容比。

工作层是直接与金属、炉渣、炉气接触的内表面层炉衬，其工作条件最恶劣。它要经受钢、渣的冲刷，熔渣的化学侵蚀，高温和温度急变，物料冲击等一系列作用。要求工作层在高温下有足够的强度、一定的化学稳定性和耐急冷急热性。炉墙部分的厚度一般为400~1 000 mm，炉底和炉帽部分稍薄，约为400~700 mm。

填充层介于永久层与工作层之间。常用散状材料捣打而成，主要作用为减轻工作层受热膨胀时对炉壳钢板的挤压作用，便于迅速拆除工作层而保护永久层不受损害。其厚度为80~175 mm。

永久层紧贴炉壳钢板，修炉时一般不拆除。常由一层侧砌镁砖组成，主要对炉壳钢板起一定保护作用。其厚度约为113~115 mm。

思考题

1. 筒球型转炉具有哪些优点？
2. 容量为 50 ~ 80 t 的转炉高宽比多大较为合适？
3. 炉帽倾角过小会引起什么问题？

第三节 氧气顶吹转炉炼钢主要设备

一、氧气顶吹转炉设备组成

氧气顶吹转炉车间是以转炉设备为主体，同时配备供氧、供料、出钢、出渣、浇铸、烟气处理及修炉等作业系统和工艺设备。此外，还包括机电设备、仪表、控制、车间运输等部分。

转炉主体设备是实现炼钢工艺操作的主要设备，它由炉体、炉体支撑装置和炉体倾动机构等组成，如图 6—5 所示。

转炉炉体包括炉壳和炉衬，炉体支撑装置由托圈、耳轴、轴承座等部件组成，炉体的转动则是通过炉体倾动机构来完成的。

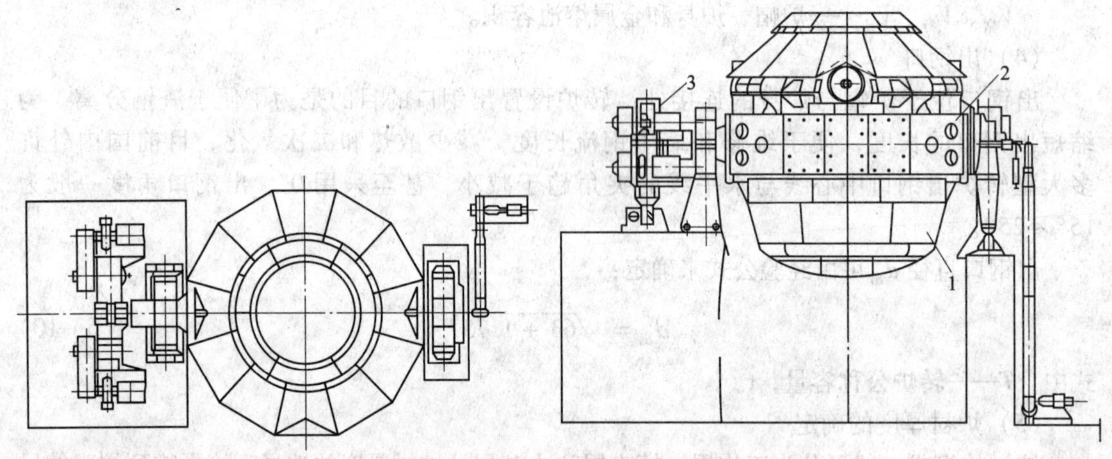

图 6—5 我国某厂 300 t 转炉总体结构

1—炉体 2—支撑装置 3—倾动机构

1. 转炉炉体

(1) 炉壳

转炉炉壳的作用是承受耐火材料、钢液、渣液的全部质量，保持转炉固定的形状，倾动时承受扭转力矩。大型转炉炉壳如图 6—6 所示。

炉壳主要由三部分组成：锥形炉帽、圆柱形炉身和截锥或半球形炉底。各部分用钢板成型后，再焊接成整体。三部分连接的转折处必须以不同曲率的光滑曲线来连接，以减少应力集中。

由于炉壳各部位受力不均衡，炉帽、炉身和炉底应选用不同厚度的钢板。炉壳各部分钢板的厚度可根据经验选定，见表 6—2。

表 6—2　　转炉炉壳各部分钢板厚度

部位 \ 厚度/mm \ 转炉容量/t	6	30	50	120	150	300
炉帽	16	30	45	55	55	70
炉身	16	30	55	70	70	85
炉底	16	30	45	60	60	70

(2) 炉帽

炉帽的作用是减少吹炼时的喷溅和炉内热量的损失，有利于引导炉气的排出。炉帽部分的形状有截头圆锥形和半球形两种。

炉帽顶部为圆形炉口，用以加料，插入氧枪和副枪，排出炉气和倒渣。为避免高温下炉口钢板产生变形，提高炉帽使用寿命，同时保持炉口清洁，使炉口不粘渣或少粘渣，通常采用水冷炉口，在炉口通入循环水强制冷却。水冷炉口有水箱式和水管式两种形式。在炉帽的下端通常焊有环形伞状挡渣板，以防止喷溅物烧损炉体及其支撑装置。

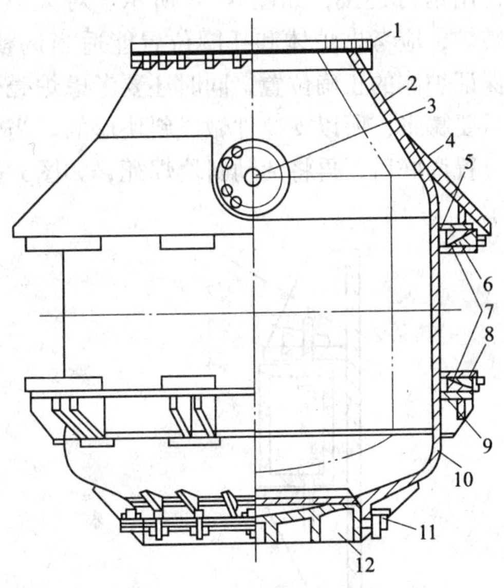

图 6—6　大型转炉炉壳

1—水冷炉口　2—锥形炉帽　3—出钢口　4—护板　5—上卡板　6—上卡板槽　7—斜块　8—下卡板槽　9—下卡板　10—圆柱形炉身　11—销钉和斜楔　12—可拆卸活动炉底

(3) 炉身

炉身多为圆柱形的筒体，是转炉炉壳受力最大的部分。它用耳轴托圈和转炉倾动机构设备相连。炉壳中部和托圈之间留有 80 ~ 100 mm 的间隙，以利于散热和防止或减轻炉壳中部发生变形（椭圆或胀大）。

(4) 炉底

炉底有截锥形和球缺形两种。截锥形炉底制造和砌砖较为简便，但其刚度不如球缺形好。球缺形炉底虽刚性较好，但同时也增加了炉底部分的炉衬厚度，大型转炉多采用球缺形炉底。

炉底和炉身的连接部分有固定式和可拆式两种形式。

2. 炉体支撑装置

(1) 托圈与耳轴

托圈和耳轴是用以支撑炉体并传递转矩的构件，是用钢板焊接或铸造而成的箱形结构。

小型转炉托圈一般是做成整体的。大、中型转炉的托圈，考虑到机械加工和运输的方便，一般采用分段制造，然后再用螺栓连接成整体。图 6—7 所示的托圈共剖为 4 段，装配时用螺栓连接。

托圈与耳轴连接，并通过耳轴落在轴承座上，转炉则坐落在托圈上。要求托圈结构必须具有足够的强度、刚度和韧性才能满足转炉生产的要求。

托圈与炉壳的连接既要考虑安全，又要防止因炉壳受热膨胀产生应力造成的破坏性影响，对小型转炉主要考虑拆卸方便，炉壳与托圈常用销钉连接，如图 6—8 所示。对大、中型转炉，应考虑炉体和托圈位置能适当调整，以保证炉体的正确位置，同时还要考虑炉壳受热后要膨胀，所以支撑件做成斜块形的。当炉体位置调好后，再将活动斜块焊死，如图6—9所示。

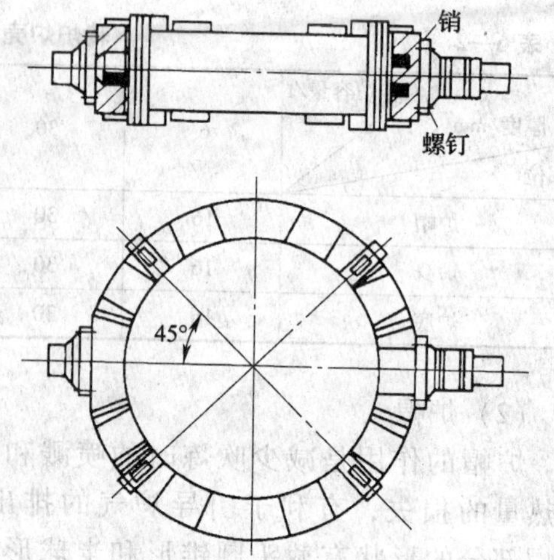

图 6—7　大型转炉剖分式焊接托圈

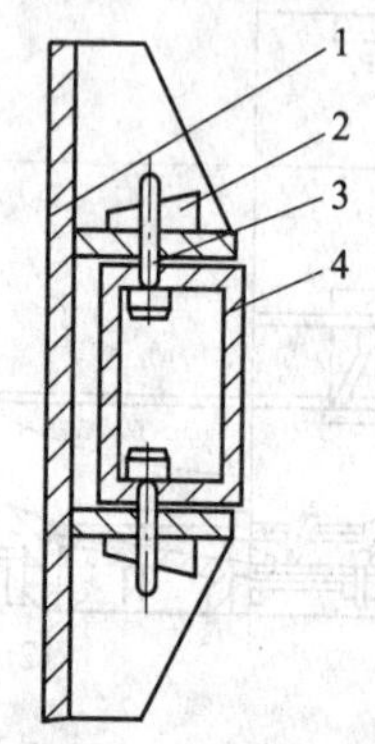

图 6—8　转炉与托圈用销钉连接

1—炉壳　2—斜块　3—销子　4—托圈

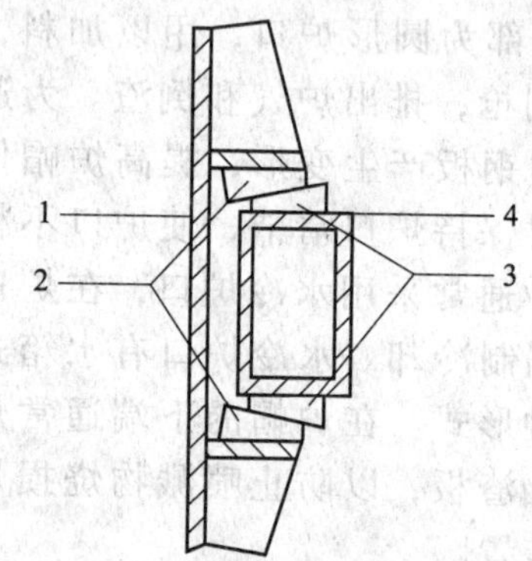

图 6—9　转炉与托圈用支撑斜块连接

1—炉壳　2—固定斜块　3—浮动斜块　4—托圈

耳轴支撑着炉体和托圈的全部质量，是给转炉和托圈传递低速、重载荷、大扭矩的传动件。同时，倾动机构低转速的大扭矩通过耳轴传给托圈和转炉。因此，耳轴应具有足够的强度和刚度。

转炉两侧的耳轴都是阶梯形圆柱体金属部件。耳轴多做成空心轴，里面通入冷却水。冷却水经过耳轴、托圈，直到炉口水箱。水冷耳轴的好处是可以带走耳轴及轴承上的热量，避免由于受热而使耳轴变形。

耳轴与托圈的连接分为法兰盘螺栓连接、静配合连接和焊接连接三种方式，图 6—10 所示为耳轴与托圈的连接方式。

（2）耳轴轴承座

转炉耳轴轴承是支撑炉壳、炉衬、金属液体以及托圈等全部质量的部件。负荷大、转速慢、温度高，经常处于局部工作状态，工作条件十分恶劣。要求耳轴轴承必须有足够的强度，能够经受静力和动力载荷，有足够的抗疲劳极限，对中性好，轴承外壳和支座结构合理，安装、更换、维修容易，而且经济。

转炉耳轴轴承大体分为滑动轴承、球面调心滑动轴承、滚动轴承三种类型。大、中型转炉上普遍采用滚动轴承。

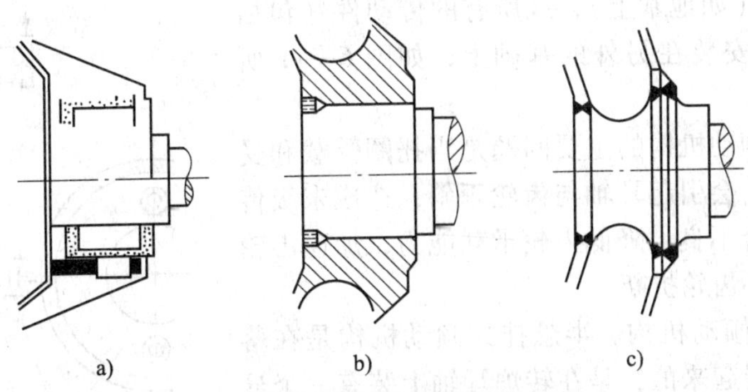

图 6—10　耳轴与托圈的连接方式

a）法兰盘螺栓连接　b）静配合连接　c）焊接连接

3. 转炉倾动机构

（1）对倾动机构的要求

1）能使炉体连续正反转 360°，并能平稳而准确地停止在任意倾角位置上，以满足兑铁水、加料、测温、取样、出钢、倒渣及补炉等工艺操作的要求。

2）在转炉吹炼过程中，一般应具有两种以上的倾动速度，以满足不同操作的需要。当转炉进行测温取样、出钢、倒渣操作时，要平稳缓慢地倾动，以避免钢、渣猛烈晃动，甚至溅出炉口；当转炉空炉或从水平位置摇直，或刚从垂直位置摇下时，均可用较高的倾动速度，以减少辅助时间；在接近预定位置时，采用低速倾动，以便停位准确，并使炉内钢液平稳。

小型转炉（30 t）一般采用一种转动速度，多为 0.7 r/min；50 ~ 100 t 转炉采用两种转速，低速为 0.2 r/min，高速为 0.8 r/min；大于 150 t 的转炉可无极调速，转速在 0.15 ~ 1.5 r/min。

3）倾动机构应安全可靠，发生故障时应具有备用能力，能继续进行工作直到本炉冶炼结束。

4）倾动机构对载荷的变化和结构的变形应有较好的适应性，同时还应具有减缓动载荷和冲击载荷的性能。

5）结构紧凑、占地面积小、效率高、投资少、维修方便。

（2）转炉倾动机构的主要工艺参数

1）转动角度。根据转炉车间的布置形式可分为单面操作和双面操作（炉前出渣，炉后出钢）两种。单面操作要求转炉能有 ±180°的旋转角度，双面操作要求转炉能有 ±360°的旋转角度。

2）转动速度。转动速度的选择应考虑工艺要求和安全。转炉在垂直位置附近时，钢液距炉口较远，转速可大些，以缩短冶炼周期。当转炉倾动到 ±90°附近时，金属液接近炉口，高速转动易造成钢液溢出炉口，故应降低转动速度。

（3）转炉倾动机构类型

倾动机构主要由电动机、制动装置、减速系统、扭矩平衡装置和润滑装置等组成。倾动机构的类型有落地式、半悬挂式和全悬挂式等。

1）落地式倾动机构。落地式倾动机构是指转炉耳轴上装有大齿轮，其他传动件都安装在另外的基础上（如地基上），或所有的传动件（包括大齿轮在内）都安装在另外的基础上，如图 6—11 所示。

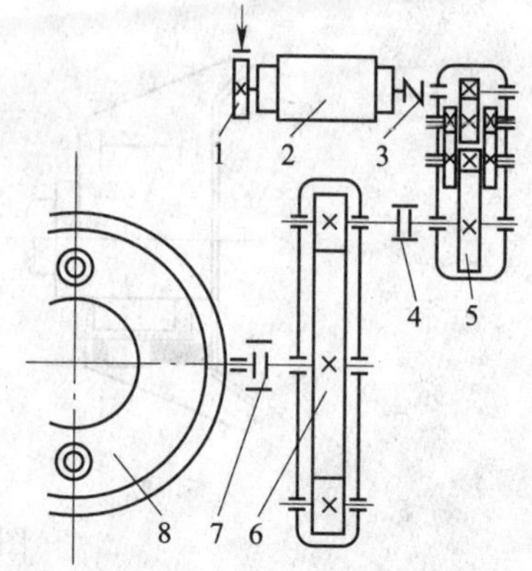

图 6—11 转炉落地式倾动机构

1—制动器 2—电动机 3—弹性联轴器 4、7—齿形联轴器 5—分减速器 6—主减速器 8—转炉炉体

采用落地式倾动机构的主要问题是当托圈受载和受热后挠曲变形时，会引起耳轴与齿轮歪斜，造成末级传动大，小齿轮啮合不良，降低齿轮承载能力，加速齿轮磨损，甚至引起小齿轮折断。

2）半悬挂式倾动机构。半悬挂式倾动机构是在落地式的基础上发展起来的，是在转炉耳轴上装有一个悬挂减速箱，而其他传动部分仍安装在地基上，悬挂减速箱的小齿轮通过万向联轴器或齿式联轴器和主减速箱（落地减速箱）连接，如图 6—12 所示。

对于半悬挂式倾动机构，当托圈与耳轴受载、受热而变形挠曲时，悬挂减速箱随之位移，其内部的大小齿轮仍能正常啮合，消除了落地式倾动机构的弱点，但其设备仍然很重，占地面积也较大。

3）全悬挂式倾动机构。全悬挂式倾动机构的传动装置是把转炉传动的二次减速器大齿轮悬挂在转炉耳轴上，而电动机、制动器、一级减速器都装在悬挂大齿轮的箱体上，如图 6—13 所示。这种机构一般采用多电动机、多初级减速器的多点啮合传动，消除了倾动设备中齿轮位移啮合不良的现象。

这种机构形式结构紧凑、设备质量轻、占地面积小、运转安全可靠、传动机构不受耳轴偏斜的影响。

图 6—13 所示的转炉全悬挂机构采用四点啮合传动。即在末级传动中，用四个各自带有传动机构的小齿轮共同带动悬挂在耳轴上的大齿轮使转炉倾动。这样可大大减少末级大齿

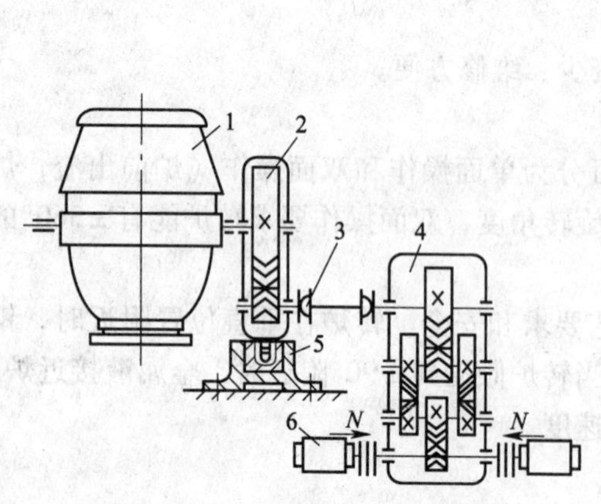

图 6—12 30 t 转炉半悬挂式倾动机构

1—转炉 2—悬挂减速器 3—万向联轴器 4—减速器 5—制动装置 6—电动机

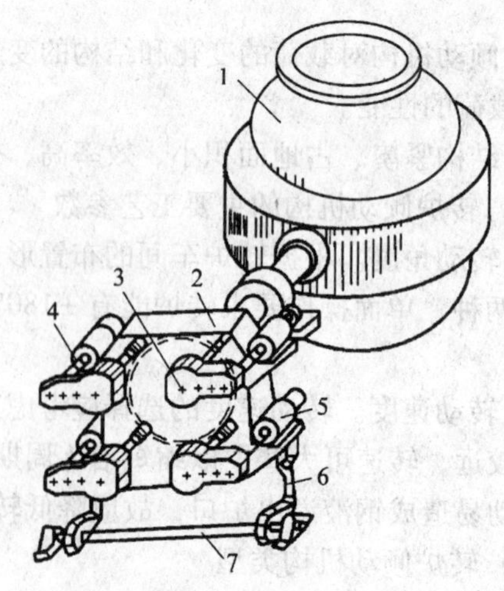

图 6—13 全悬挂式倾动机构

1—转炉 2—齿轮箱 3—三级减速箱 4—联轴器 5—电动机 6—连杆 7—缓振抗扭轴

轮和整套传动机构的尺寸和质量，并提高设备在运行时的安全可靠性。如当一个传动机构发生故障时，其他几个传动机构仍可继续工作，直到一炉钢冶炼结束，有较强的备用能力。

思考题

1. 转炉主体设备由哪些部分组成？
2. 50 ~ 100 t 转炉一般采用几种转速？转速各为多少？

第四节　原材料供应系统

氧气转炉炼钢供料系统机构设备的任务是保证及时、快速地为转炉提供铁水、废钢、造渣材料以及铁合金等原材料。

一、铁水供应

高炉向转炉供应铁水的方式有混铁炉、混铁车、铁水罐直接热装等。

1. 混铁炉供应铁水

混铁炉供应铁水的工艺流程是：高炉→铁水罐车→混铁炉→铁水包→称量→兑入转炉。

混铁炉是高炉与转炉之间的桥梁。由于高炉出铁时间和数量与转炉的需要往往不一致，采用混铁炉后，可使供给转炉的铁水成分和温度相对稳定，有利于组织生产，稳定转炉的操作，有利于实现转炉的自动控制和改善炼钢的技术经济指标。我国原有的大、中型转炉炼钢车间大多采用混铁炉。采用混铁炉的缺点是：一次投资较大，比混铁车多倒一次铁水，因而铁水热量散失较多。如果转炉容量很大，则混铁炉容量要更大或者座数增多才能满足要求。

混铁炉由炉体、炉盖开闭机构和炉体倾动机构三部分组成，如图 6—14 所示。

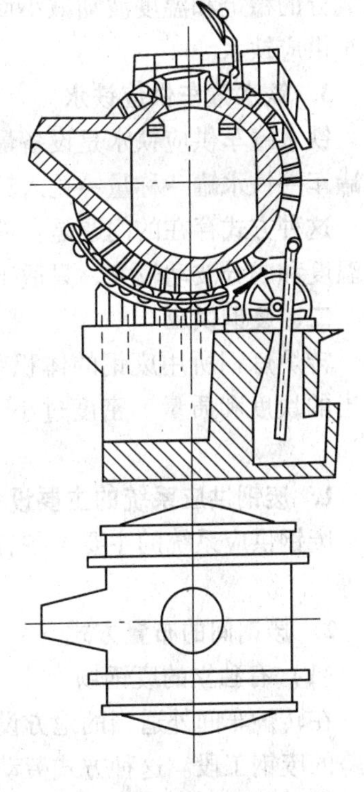

图 6—14　混铁炉（短圆筒形，齿条传动）

（1）炉体

炉体包括炉壳、托圈、倒入口和炉衬内砖等。炉壳用 25 ~ 35 mm 厚的钢板焊接或铆接而成，两个端盖通过螺钉与中间圆柱体主体连接，以便于拆装修炉。在炉体中间垂直平面内配置铁水倒入口、倒出口和齿条推杆的凸耳。倒入口中心与垂直轴线成 5°倾角，以便铁水倒入和混匀。倒出口中心与垂直轴线约成 60°倾角。在工作中，炉壳温度达 300 ~ 400℃，为避免变形，在圆柱形部分装有两个托圈。同时，全部炉体的质量通过托圈支撑在辊子和轨座上。为了铁水保温和防止倒出口结瘤，炉体端部与倒出口上方配有加热器。

（2）炉盖开闭机构

倒入口和倒出口皆有炉盖。通过地面绞车放出的钢绳绕过炉体上的导向滑轮，独立地驱动炉盖的开闭。

(3) 炉体倾动机构

混铁炉普遍采用的一种倾动机构是齿条传动倾动机构。齿条与炉壳凸耳铰接，由小齿轮传动，小齿轮由电动机通过四对圆柱齿轮减速后驱动。

2. 混铁车供应铁水

混铁车又称混铁炉型铁水罐车或鱼雷罐车，兼有运送铁水和混铁炉的双重作用，它由罐体、罐体支撑及倾翻机构和车体部分组成，如图6—15所示。

采用混铁车供应铁水的工艺流程是：高炉→混铁车→铁水罐→称量→兑入转炉。

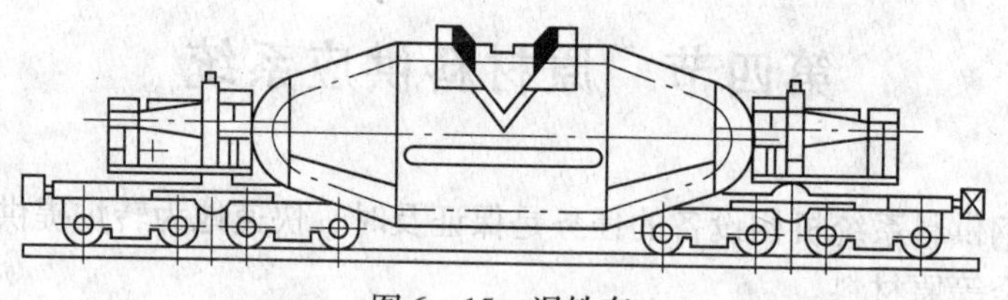

图6—15 混铁车

采用混铁车供应铁水的方法与采用混铁炉相比，设备投资、厂房建设投资和生产费用低；在从高炉向转炉运送铁水的过程中，铁水散热、降温比较少，铁水的粘包损失也较少。混铁车还能较好地适应大容量转炉的要求，有利于进行铁水预处理（预脱磷、硫和硅）。但混铁车的容量有限，因而均匀温度和成分的作用不如混铁炉。如果将混铁车直径加大、车身加长，必须相应增大铁路轨距，加固路基并要有较大的弯道曲率半径，这个问题随着高炉铁水成分的稳定和温度波动减小而逐渐得到解决。近年来，国内外新建大型转炉车间多采用混铁车供应铁水。

3. 铁水罐车供应铁水

铁水罐车供应铁水是设备最简单、投资最省的一种供铁方式。其工艺流程为：高炉→铁水罐车→铁水罐→称量→兑入转炉。

这种方式存在的问题是：铁水温降大，易粘包，转炉发生故障时铁水难以处理，而且铁水温度和成分波动较大，只适于小型转炉车间的铁水运输。

二、废钢供应

转炉炼钢所用废钢的体积和质量都有一定要求。如果体积过大或质量过大，应切割成适当的块度和质量。密度过小而体积过大的轻薄料应打包，压成密度和体积适当的废钢块。

1. 废钢供应系统的主要设备

废钢供应系统的主要设备有废钢坑、磁盘吊车、废钢吊车或地上装料机、平车及称量设备等。

2. 废钢间的布置方式

(1) 有独立的废钢场

在转炉车间外适当的地方设置废钢场，将废钢装进料槽，称量后用平车运进转炉车间加料跨的废钢工段。这种方式劳动条件好，但占地面积大，在加料跨中仍然需要设置小储料场和称量等设备。

(2) 废钢间在加料跨的一端

废钢坑布置在加料跨一端的废钢工段，使用前以磁盘吊车将废钢坑内或火车、汽车上未卸的废钢直接装入废钢槽口，然后称量待运，这种方式占地面积小，联系方便，但厂房造价较高，劳动条件差，不便于处理大量废钢。

(3) 废钢与加料跨毗邻

用横向渡车运送废钢槽，这种方式兼有上述两者的优点，是较好的废钢间布置方式。

3. 废钢的加入方式

目前废钢的加入方式有两种：

(1) 用吊车装废钢

直接用桥式吊车吊运废钢槽向转炉内装废钢，可以与兑铁水吊车共用，也可以用专门设置的废钢吊车装运，这种方式的平台结构和设备都比较简单，但吊车装废钢与转炉操作干扰较大，装入速度不快。

(2) 用废钢加料车装入废钢

采用这种方法，废钢的装入速度较快，可以避免装废钢与兑铁水吊车之间的干扰；可以使废钢槽伸入炉口以内，以减轻废钢对炉衬的冲击，只是平台结构复杂些。当转炉容量较大，装入废钢数量较多时，其优越性更为突出，但需要在平台上铺设轨道，装料车往返行驶，易与平台上的其他作业发生干扰。如图6—16 所示为单料槽地上废钢加料机。

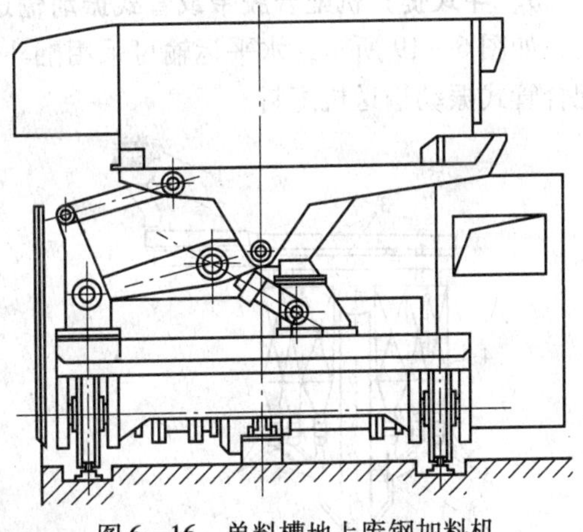

图 6—16 单料槽地上废钢加料机

三、散状料供应

散状材料主要是指在炼钢过程中所使用的造渣材料、补炉材料和冷却剂等。氧气转炉散状材料供应的特点是：种类多、批量小、批数多，要求迅速、准确、连续及时。

散状材料的供应系统一般由储存、运送、称量和向转炉加料等几个环节组成。整个系统由一些存放料仓、运输机械、称量设备和向转炉加料设备组成。目前，散状材料的供应主要有以下几种方式。

1. 全胶带上料系统

图 6—17 所示是一个全胶带上料系统，其作业流程如下：地面（或地下）料仓→固定胶带运输机→可逆胶带运输机→高位料仓→分散称量漏斗→电磁振动给料器→汇集胶带运输机→汇集料斗→转炉。

此种上料系统的特点是：运输能力大，上料速度快而且安全可靠，能够进行连续作业。但是它的占地面积大，投资多，上料、运料时的灰尘大，适于 30 t 以上的转炉车间。

2. 固定胶带和管式振动输送机上料系统

这种系统的上料方式与全胶带上料方式基本相同。不同的是用管式振动输送机代替可逆胶带运输机（见图 6—18），配料时灰尘外溢情况大大改善，车间劳动条件好。适合于大、中型氧气转炉车间。

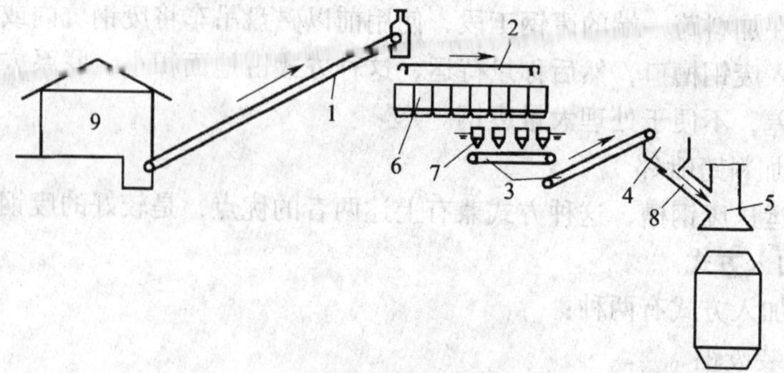

图 6—17 全胶带上料系统

1—固定胶带运输机 2—可逆胶带运输机 3—汇集胶带运输机 4—汇集料斗
5—烟罩 6—高位料仓 7—称量漏斗 8—溜槽 9—散状料间

3. 斗式提升机配合胶带或管式振动输送机上料系统

如图 6—19 所示，水平运输可采用翻斗汽车或胶带机，垂直部分用斗式提升机上料，并配合管式振动输送机配料。

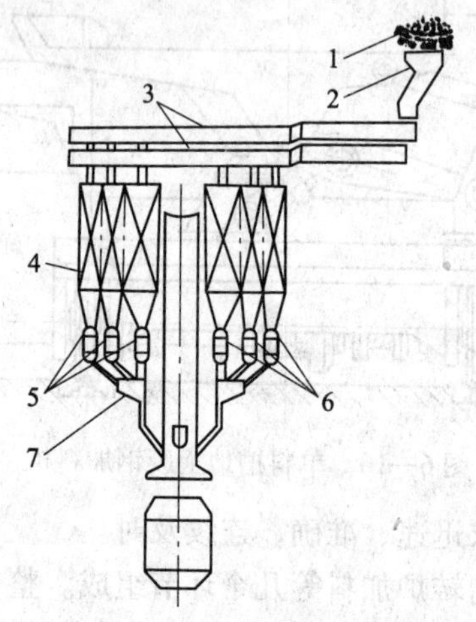

图 6—18 固定胶带和管式振动输送机上料系统

1—固定胶带运输机 2—转运漏斗
3—管式振动输送机 4—高位料仓
5—分散称量漏斗 6—电磁振动给料器
7—汇集漏斗

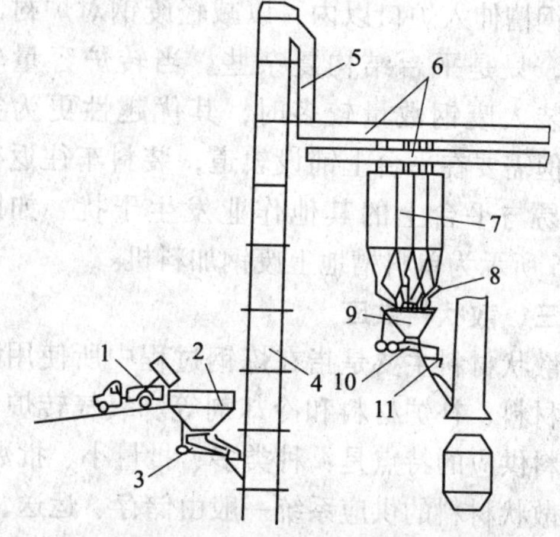

图 6—19 多斗提升机、管式振动输送机上料系统

1—翻斗汽车 2—半地下料仓
3，8，10—电磁振动给料器 4—多斗提升机
5—溜槽 6—管式振动输送机
7—高位料仓 9—称量漏斗 11—汇集漏斗

提升机不如胶带机安全可靠，设备维护较复杂一些，只适用于中小型车间。

四、铁合金供应

各厂的铁合金供应系统往往不同，但总的来说可分为铁合金的供应、储存、称量、烘烤及加入几个工序。

炼钢厂设有铁合金料间，铁合金在合金料间内储存并加工成合格块度，通过转运设备，由铁合金吊斗运到炼钢车间，然后用吊车将吊斗吊到铁合金料仓（设在炉子跨的一端）上，把铁合金储存于铁合金料仓之内。当需要时，可通过电子秤或机械称量设备称量后，运送到铁合金加料漏斗或溜槽内送入到钢包内，如图 6—20 所示。

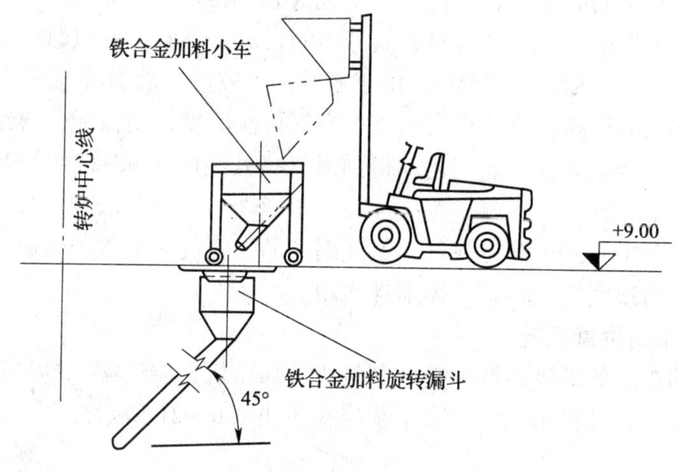

图6—20　铁合金加料设施

有些大型转炉车间的铁合金供应采用胶带机上料，即铁合金自成系统用胶带机上料，其特点是：有较大的运输能力，适当减少车间内铁合金料仓的储量，但增加了一台胶带机上料系统，设备质量与投资有所增加。

■ 思考题

1. 简述混铁炉供应铁水的工艺流程。
2. 废钢间的布置方式有哪些要求？
3. 氧气转炉散状材料供应的特点是什么？

第五节　供氧系统

一、氧气转炉炼钢主要供氧设备

1. 制氧基本原理

空气中含有约20.9%的氧气、78%的氮气、1%左右的稀有气体（如氦、氖、氩等）以及少量CO_2、水分等杂质，空气是制氧的主要原料。

在$1.013\ 25\times10^5$ Pa下，空气、氧气、氮气具有不同的物理性质，见表6—3。

表6—3　几种气体的物理性质

性质＼气体	空气	氧气	氮气
密度/（kg/m^3）	1.293	1.429	1.250 6
沸点/℃	−193 （53 Pa下为−176.01）	−183	−195.8
熔点/℃		−218	−209.86

氧气和氮气具有不同的沸点，若把空气变成液态，再把它“加热”，在不同温度条件下分别蒸发出氧气和氮气来，就能达到氧、氮分离的目的。因此，制氧时，首先要创造条件使空气液化，再将液化空气加热（精馏），由于氮的沸点较低，故氮先蒸发成气体逸出，剩下的液态空气含氧量相应提高，将这种富氧液态空气再次蒸发，使氮成分继续逸出，最后得到液态工业纯氧。抽出液态氧，加热气化就得到氧气，其纯度达98%～99.9%，即工业纯氧，其纯度越高对钢质量越好。

在近代制氧工业中，还可获得氩气、氮气副产品，氩气是氩氧炉与氩气搅拌法的重要气体来源，氮气可作为顶底复吹转炉气体搅拌之用。

2. 氧气转炉车间供氧系统

氧气转炉炼钢车间的供氧系统一般由制氧机、加压机、储气罐、输氧管、控制闸阀、测量仪表以及氧枪等主要设备组成。供氧系统流程图如图6—21所示。

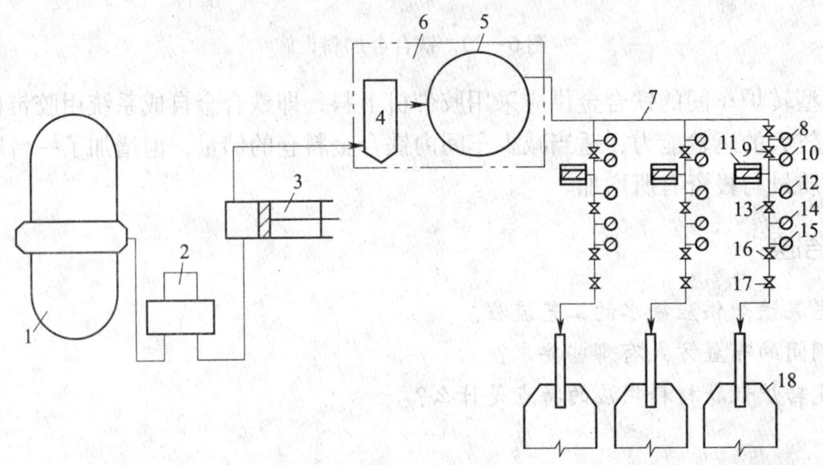

图6—21　供氧系统流程图

1—制氧机　2—低压储气柜　3—压氧机　4—桶形罐　5—中压储气罐　6—氧气站　7—输氧总管　8—总管氧压测定点　9—减压阀　10—减压阀后氧压测定点　11—氧气流量测定点　12—氧气温度测定点　13—氧气流量调节阀　14—工作氧压测定点　15—低压信号联锁　16—快速切断阀　17—手动切断阀　18—转炉

（1）低压储气柜

低压储气柜用于储存从制氧机分馏塔出来的压力为0.039 2 MPa左右的低压氧，储气柜的构造同煤气柜相似。

（2）压氧机

由制氧机分馏塔出来的氧气压力仅有0.039 2 MPa，而炼钢用氧要求其工作压力为0.6～1.5 MPa，需用压氧机给氧气加压，氧压提高后中压储氧罐的储氧能力也相应提高。

（3）中压储氧罐

由压氧机把低压储气柜中的氧加压到2.45～2.94 MPa后储备到中压储氧罐中直接供转炉使用。转炉生产有周期性，而制氧机要求满负荷连续运转，因此，通过设置中压储氧罐来平衡供求，以解决车间高峰用氧的问题。中压储氧罐由多个组成，其形式有球形和长筒形（卧式或立式）等。

(4) 供氧管道

供氧管道包括总管和支管，在管路中设有控制闸阀、测量仪表等，以保证用氧安全可靠，正常生产。阀门有以下几种：

1）减压阀。其作用是将储气罐送来的高压氧气减压到所需要的工作氧压。同时使氧气在进入调节阀前得到较低和稳定的氧压。

2）流量调节阀。其作用是根据吹炼过程的需要调节给氧数量。

3）快速切断阀。它是吹炼过程中吹氧管的氧气开关。通常与氧枪联锁，氧枪达到炉内一定位置时，切断阀自动打开；反之，则自动切断。要求开关灵活，快速可靠，密封性好。

4）截止阀。截止阀的启闭使车间得到或停止氧气供应。

5）手动切断阀。在管道和阀门出事故时可用手动切断阀来开关氧气。

二、氧枪

氧枪又称喷枪或吹氧管，是转炉炼钢的关键设备。氧枪由喷头、枪身和枪尾三部分组成。

1. 喷头

喷头是氧枪的关键部位，喷头上的喷嘴孔型、尺寸和孔数又是喷头的关键工艺参数，它直接而显著地影响吹炼操作的效果。

(1) 喷头类型

按喷孔形状可分为拉瓦尔型、直筒型、螺旋型等；按喷头孔数又可分为单孔喷头、多孔喷头和介于两者之间的单三式或直筒型三孔喷头，即喷头有一个共同的喉口，后面扩张段分成三孔；按吹入物质分为氧气喷头、氧—燃喷头和喷粉料喷头。

拉瓦尔型喷头的孔型由收缩段、喉口和扩张段构成，这种喷头能有效地把氧气的压力变为动能，并获得比较稳定的超音速射流，因而在生产中得到广泛应用。由于单孔喷头氧流对熔池的作用力不均衡，作用动能较高，易产生喷溅现象，对化渣不利，目前大、中型转炉多采用多孔拉瓦尔型喷头。

单孔拉瓦尔型喷头和三孔拉瓦尔型喷头的结构如图 6—22、图 6—23 所示。

(2) 氧枪喷头的材质

喷头工作部分普遍采用高纯度紫铜经锻造或铸造加工而成。紫铜具有良好的导热性、可焊性和热循环反复作用下的热稳定性。

2. 枪身

枪身由三层同心无缝钢管套装而成，内层通氧气，内层管和中层管之间是进水通道，中层管和外层管之间是出水通道。枪身的这些管件从枪尾到枪头都是完整的直管。由于进、出水路之间的压差很小，故分隔进、出水路的中层管可以采用较轻的钢管。

内层管是氧气通道，其直径应等于或略大于喷头进口直径。

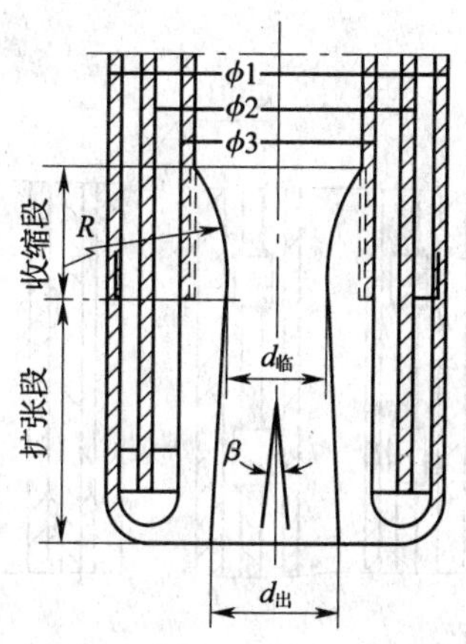

图 6—22　单孔拉瓦尔型喷头

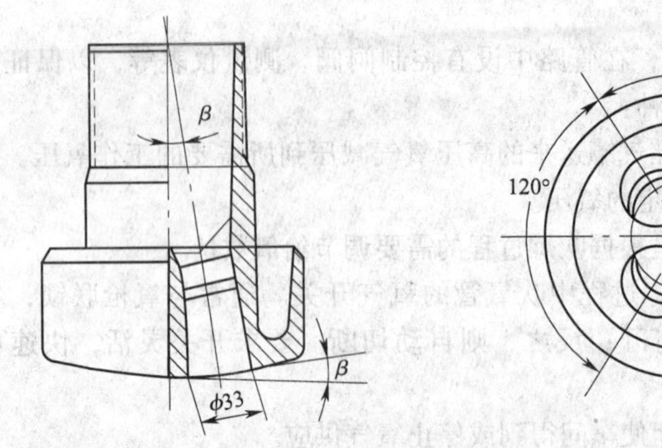

图 6—23　三孔拉瓦尔型喷头（30 t 转炉）

高压冷却水从中层管内侧进入，经喷头顶部转弯 180°后经中层管外侧流出，中层管直径的选择应保证中层管与内层管之间的环形通道有足够的断面积，以保证通过一定流速、一定压力和足够流量的冷却水，使喷头和管体得到良好的冷却，保证氧枪不致受高温作用而损坏。

中层管安装时，为保证喷嘴端面处水的流速能满足喷头冷却的要求，在中层管端面设立三个支点（或定位销、定位槽），以确保端面有足够的冷却水通道面积。为防止中层管摆动，在中层管壁内外隔一定距离焊上定位块，如图 6—24 所示。

外层管直径的计算与选择方法与中层管相同。

3. 枪尾

氧枪尾部装置有氧枪把持器、冷却水进出管接头、氧气管接头和更换氧枪时吊挂用的吊环等。枪尾多采用焊接结构，也有采用铸造的。

4. 氧枪长度的确定

如图 6—25 所示，氧枪总长可按式（6—11）来确定。

$$H_{枪}=h_1+h_2+h_3+h_4+h_5+h_6+h_7+h_8 \qquad (6—11)$$

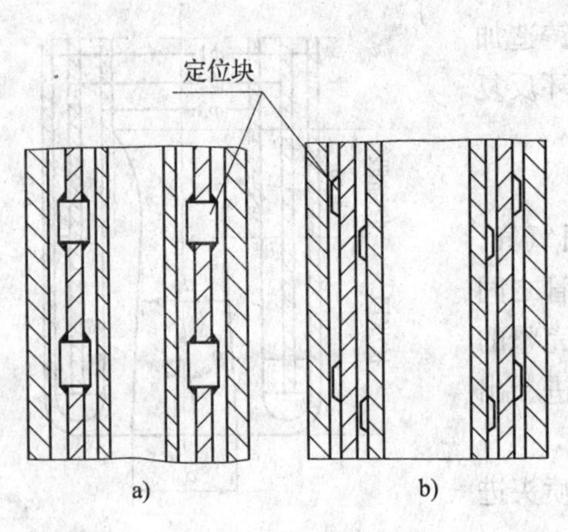

图 6—24　定位块的两种安装形式

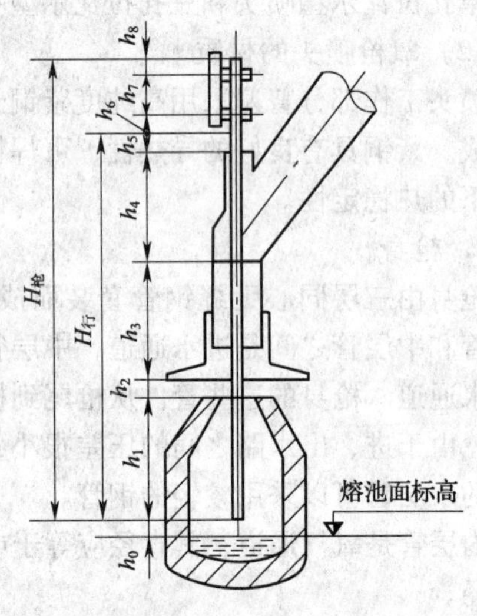

图 6—25　氧枪的总长和行程

式中 h_1——氧枪最低位置至炉口的距离；

h_2——炉口至烟罩下沿的距离，一般取 300 ~ 500 mm；

h_3——烟罩下沿至烟道拐点的距离；

h_4——烟道拐点至氧枪孔的距离；

h_5——为清理结渣和换枪需要的距离，一般取 500 ~ 800 mm；

h_6——根据把持器下段要求决定的距离；

h_7——把持器的两个卡座中心线间的距离；

h_8——根据把持器上段要求决定的距离。

在炉役后期，熔池液面下降，要保证这种情况下氧枪的点火枪位，因此，一般取 h_0 = 200 ~ 400 mm，大型转炉液面相对下降较小，h_0可取上限，小型转炉液面相对下降较大，取下限。氧枪行程 $H_{行}$为：

$$H_{行} = h_1 + h_2 + h_3 + h_4 + h_5 \quad (6—12)$$

三、氧枪的升降及更换机构

为了适应转炉工艺变化的要求，每炉钢吹炼过程中需要多次升降氧枪以调整枪位，氧枪损坏时需要及时更换，因此，转炉供氧系统除氧枪外，还包括有两个重要组成部分：氧枪的升降装置和更换装置。

1. 对氧枪的升降机构和更换装置的要求

为保证氧枪正常供氧吹炼，对氧枪的升降机构和更换装置提出以下要求：

（1）应具有合适的升降速度并可以变速。冶炼过程中，氧枪在炉口以上应快速升降，以缩短冶炼周期。当氧枪进入炉口以下时则应慢速升降，以便控制熔池反应。目前，国内大、中型转炉氧枪升降速度，快速高达 50 m/min，慢速为 5 ~ 10 m/min；小型转炉一般为 8 ~ 15 m/min。

（2）应保证氧枪升降平稳、控制灵活、操作安全。

（3）结构简单，便于维护。

（4）能快速换枪，一般大、中型转炉上多用横移小车式换枪装置，对于小型转炉一般采用旋转式换枪装置。

（5）应具有安全联锁装置。为了保证安全生产，氧枪升降机构设有下列安全联锁装置：

1）当转炉不在垂直位置（允许误差 ±3°）时，氧枪不能下降。当氧枪进入炉口后，炉子不能做任何方向的倾动。

2）当氧枪下降到炉内经过氧气开、停点时，氧气能自动接通，当提升氧枪经过此点时，氧气能自动切断。

3）当氧气压力或冷却水压低于给定值，或冷却水升温高于给定值时，氧枪能自动提升。

4）车间临时停电时，备有手动控制使氧枪能提升于炉口之上。

2. 氧枪升降机构

国内采取的两种类型的氧枪升降机构，一种是垂直布置的升降装置，另一种是旁立柱式升降装置。

（1）垂直布置的升降装置

垂直布置的升降装置的氧枪升降机构包括：氧枪、氧枪升降小车、导轨、平衡锤、卷扬机、横移装置、钢绳滑轮系统和氧枪高度指示标尺等几个部分。如图 6—26 所示，氧枪固定在升降小车上，升降小车沿导轨上下移动，利用钢绳将氧枪小车与平衡锤连接起来。

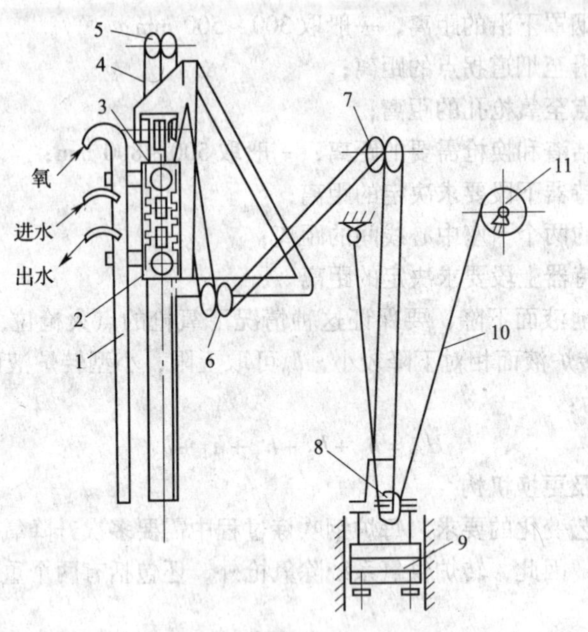

图 6—26　氧枪升降机构

1—氧枪　2—氧枪小车　3—导轨　4—钢绳　5，6，7，8—滑轮
9—平衡锤　10—钢绳　11—卷筒

当卷扬机将平衡锤提起时，氧枪及升降小车因自重而下降；反之，当放下平衡锤时，由于平衡锤的质量将氧枪提起。一旦发生供电事故，可通过手动装置，打开卷扬机的制动装置，利用平衡锤的质量将氧枪提起，以防止氧枪被烧坏。

为了不至于因氧枪烧坏而影响生产，需设置横移装置及换枪装置，如图 6—27 所示。在横移装置上并排安放设有两套氧枪的升降小车，其中一套工作，一套备用。当需要换枪时，可以迅速将氧枪提升至换枪位置，开动横移小车使备用氧枪对准固定导轨，可以立即投入生产。整个换枪时间约为 1.5 min，由于设置了换枪装置，整套装置中只需一台卷扬机。

为了保证工作可靠，氧枪升降小车采用两根钢绳，当一条钢绳损坏时，另一条钢绳仍能承担全部负荷，使氧枪不至于坠落损坏。

垂直布置的升降装置的所有传动及更换装置都布置在转炉的上方。这种方式的优点是：结构简单、运行可靠、换枪迅速。但由于枪身长，上下行程大，为布置上部升降机构及换枪设备，要求厂房要高。因此，垂直布置的方式只适用于大、中型氧气转炉车间。

(2) 旁立柱式（旋转塔型）升降装置

旁立柱式升降装置的传动机构布置在转炉一侧的旋转台上，采用旁立柱固定和升降氧枪，旋转立柱可移开氧枪至专门的平台进行检修和更换，如图 6—28 所示。

旁立柱式升降装置适合于厂房较矮的小型转炉车间，它占地面积小，结构紧凑。缺点是不能装设备用枪，换枪时间长，吹氧时氧枪振动较大，氧枪中心与转炉中心不易对准，但是基本能满足小型转炉炼钢车间生产上的要求。

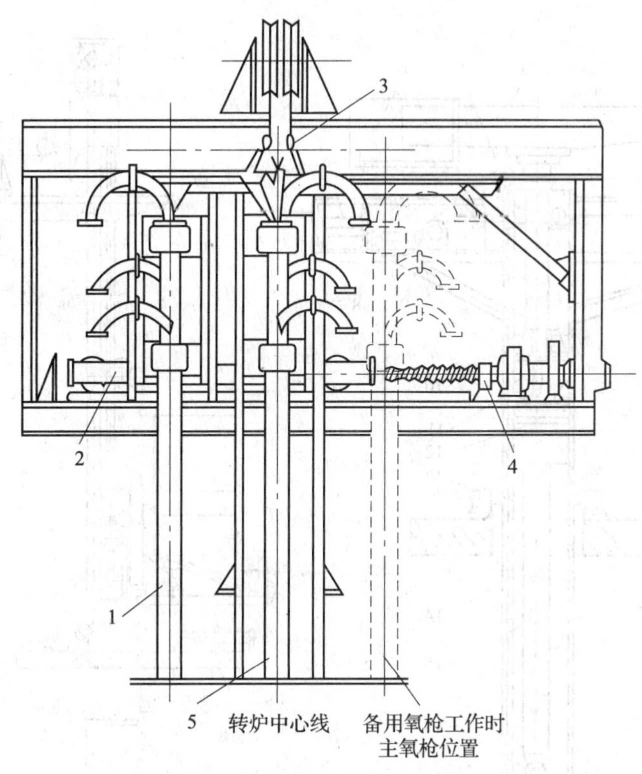

图 6—27　横移小车式换枪装置

1—备用氧枪　2—横移小车　3—氧枪升降装置（T 形块）　4—横移小车传动装置　5—主氧枪

四、副枪装置

转炉副枪是相对于氧枪而言的，它是设置在氧枪旁的另一根水冷枪管，有操作副枪和测试副枪两类。

操作副枪用于向炉内吹石灰粉、附加燃料或精炼用的气体。测试副枪能快速检测熔池温度，定碳、氧含量，液面位置及取样。通过它不但可以有效地提高吹炼终点命中率，而且能在不倒炉的情况下进行取样。目前，副枪已成为实现转炉炼钢过程自动化的重要工具。

1. 副枪装置的基本结构与类型

（1）副枪装置的基本结构

副枪装置主要由副枪枪身、副枪旋转机构、副枪升降机构、锁定装置、活动导向小车、装头系统、拔头机构、切头机构、溜槽、清渣装置等组成，如图 6—29 所示。

副枪枪身是整个副枪装置中的主要部件，由管体与探头两部分组成。管体结构与氧枪枪身类似，探头上装有检测元件。探头是副枪工作的关键元件，又称测试头。若探头不能顺利完成探测任务或所测数据不能反映全炉情况，就不能对冶炼进行准确控制，因此，对探头的要求如下：

1）检测精度高；

2）取出试样成功率高

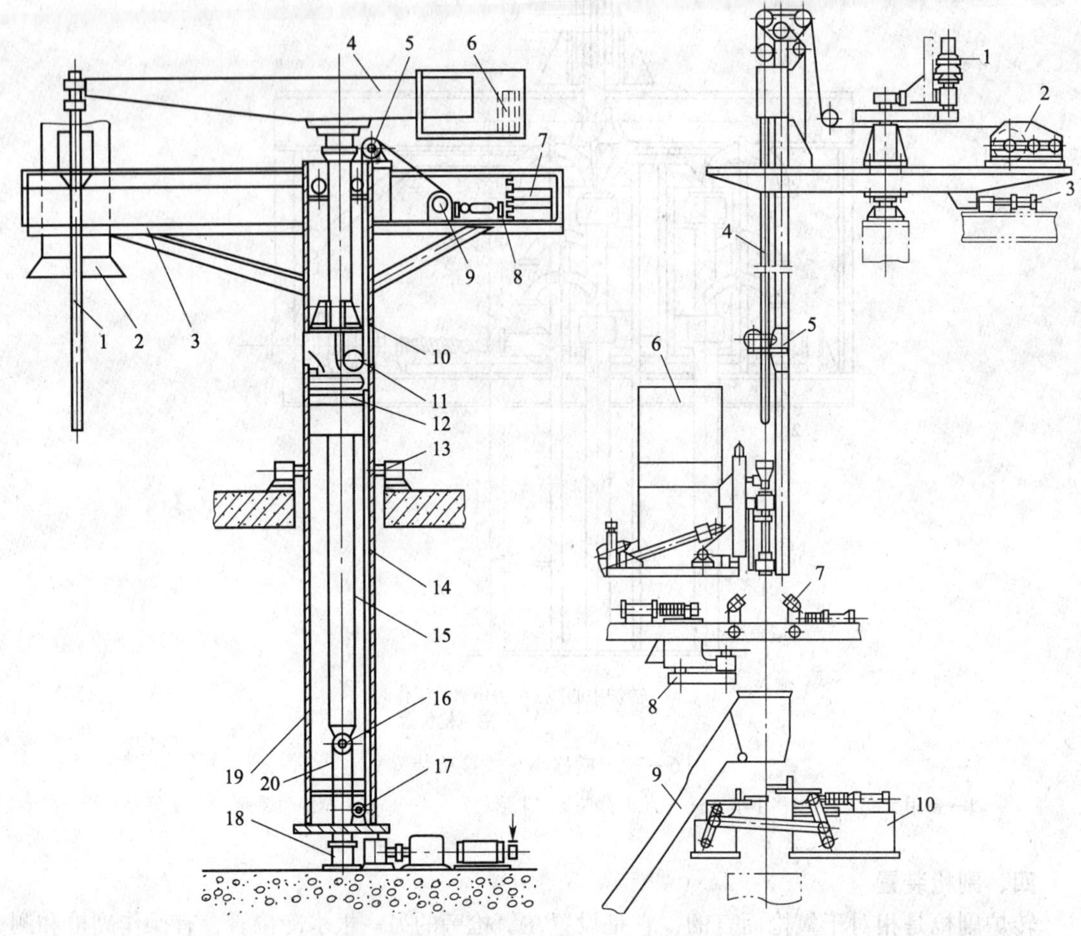

图 6—28　旁立柱式（旋转塔型）升降装置

1—氧枪　2—烟罩　3—桁架　4—横梁　5，10，16，17—滑轮　6，7—平衡锤　8—制动器　9—卷筒　11—导向辊　12—配重　13—挡轮　14—回转体　15，20—钢丝绳　18—向心推力轴承　19—立柱

图 6—29　某厂 300 t 转炉副枪装置

1—副枪旋转机构　2—副枪升降机构　3—锁定装置　4—副枪　5—活动导向小车　6—装头系统　7—拔头机构　8—切头机构　9—溜槽　10—清渣装置

探头的基本结构如图 6—30 所示。

（2）副枪类型

副枪按探头的供给方式可分为“上给头”和“下给头”两种。目前，“上给头”副枪已很少使用。探头借助于机械手等装置从下部插在副枪枪头插杆上的给头方式称为“下给头”。

2. 副枪装置的工作原理

在图 6—29 中，副枪 4 由副枪升降机构 2 带动升降，活动导向小车 5 为副枪提供一附加支点，以减轻管体振动，该小车通过气动滑轮组机构与副枪联动而一起升降，副枪旋转机构 1 吹炼时不转动，仅在检修时通过它把副枪移开，以方便检修。装头系统 6 中储存一定数量的探头，并根据需要将其安装在副枪管体头部的副枪插杆上。探头用一次后报废，探头降入熔池检测完毕后提升至拔头机构 7 处被拔下。拔头机构 7 利用汽缸及连杆机构推动左、右两颚板张开或闭合。拔头时探头处于两颚板之间，待两颚板闭合并夹紧探头后提升副枪，副枪插杆即从探头插入孔中脱出。之后，两颚板若张开，探头则落入溜槽 9 中。

对于定氧或多功能的复合探头，还须把所取到的试样进行分析，故在拔头后再利用切头机构 8 切下其试样部分。溜槽 9 中设有气动阀门，当切下的试样部分下落时，阀门向通往炉前回收箱的方向打开（如图 6—29 中虚线所示），试样部分经该通道掉入回收箱内。当探头残留部分或其他不需回收的废探头落下时，阀门转向通往炉内的方向打开，则它们经另一通道掉入炉内烧掉。为清除管体在炉内检测时黏附的渣壳，还设置了清渣装置 10 以及副枪矫直装置等。副枪装置的一个工作周期所需时间约为 90 ~ 95 s。

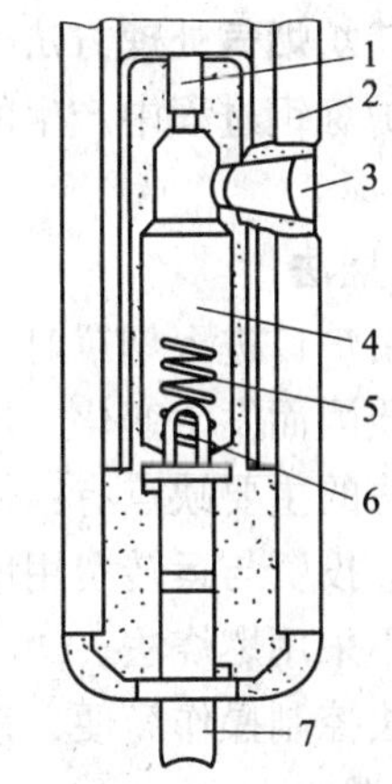

图 6—30　探头的基本结构
1—透气塞　2—纸质套管
3—钢水进入孔　4—样杯
5—铝丝　6—结晶定碳用热电偶
7—测温热电偶

■ 思考题

1. 氧气转炉炼钢车间的供氧系统由哪几部分组成？
2. 氧枪总长度如何计算？
3. 设置横移装置及换枪装置的目的是什么？

第六节　烟气净化与回收系统

一、炉气与烟气

氧气转炉吹炼过程中，产生大量含有 CO、少量 CO_2 及微量其他成分的高温气体。在气体中夹带着大量的氧化铁、金属铁和其他颗粒细小的固体烟尘，即炉口观察到的棕红色浓烟。这股高温含尘气流冲出炉口进入烟罩与净化系统。

炉内原生气体叫炉气，其主要成分是 CO 和少量的 CO_2、O_2、N_2。转炉冶炼过程中，由于三个期炉内反应状况不同，炉气量、炉气温度和成分是不断变化的，炉气的产生是间歇式的。

烟气是指炉气进入除尘系统与进入该系统的空气作用后的产物。转炉吹炼过程中，可观察到炉口排出大量棕红色的浓烟，这就是烟气。

生产小提示

转炉烟气的特点是温度高、气体成分多、含尘量大，气体具有毒性与爆炸性。倘若任由这种烟气放散，就会污染环境，损害周围农作物，影响人们身体健康，所以必须对转炉烟气进行净化处理。另外，转炉烟气中含有大量的物理热、化学热以及氧化铁粉尘，应该加以回收利用，变害为宝。

二、转炉烟气处理方法

对转炉炼钢过程中产生的数量大、温度高和CO含量很高的炉气有燃烧法和未燃法两种处理方法。

1. 燃烧法

炉气由炉口进入烟罩时，与足够数量的空气混合，使CO完全燃烧，废气的成分和所含烟尘的性质因而发生变化。烟气经冷却后进行除尘处理，然后排入大气。

燃烧法的主要缺点有：煤气未进行回收，吸入大量空气，废气量增大，从而使净化系统容量增大；投资与运转费用增加；烟尘粒度细小，烟气净化困难。因此，国内新建大、中型转炉一般不采用燃烧法。

燃烧法控制操作简便，系统运行安全，对不回收煤气的小型转炉仍可采用。

2. 未燃法

炉气离开炉口进入烟罩时，通过某种方法，如控制炉口压力或用氮气密封等，使空气尽可能少地进入炉气中，在这种情况下，炉气中的CO只有10%～20%燃烧，这种烟气经冷却和除尘后，加以回收或点火放散。

由于未燃法具有能够回收煤气、烟气量小、烟尘粒度较大、易于回收以及冷却净化装置小、投资省等优点，目前国内外采用此法处理烟气的厂家比较多。

采用未燃法处理转炉烟气时，控制炉口—烟罩间隙吸入空气量的方法主要有氮幕法、炉口微压差控制法、双烟罩法三种，其中以炉口微压差控制法应用最为广泛。

三、转炉烟气与烟尘的性质

1. 转炉烟气的性质

（1）烟气来源及化学组成

在吹炼过程中，熔池碳氧反应生成的CO和CO_2是转炉烟气的基本来源。其次是炉气从炉口喷出时吸入部分空气燃烧后所生成的废气，也有少量来自炉料和炉衬中的水分及生烧石灰中分解出来的CO_2气体。

转炉烟气化学成分随烟气处理方法不同而异。未燃法与燃烧法两种烟气成分差别很大，见表6—4。

表6—4　　未燃法和燃烧法烟气成分范围比较

烟气成分/%	CO	CO_2	N_2	O_2	H_2	CH_4
未燃法	60～80	14～19	5～10	0.4～0.6	—	—
燃烧法	0～0.3	7～14	74～80	11～20	0～0.4	0～0.2

（2）转炉烟气的温度

未燃法烟气温度一般为1 400～1 600℃，燃烧法烟气温度一般为1 800～2 400℃，因此，在转炉烟气净化系统中必须设置冷却设备。

（3）转炉烟气的数量

转炉烟气量一方面受处理方法的影响，未燃法平均烟气量为60～80 m^3/吨钢，燃烧法的烟气量为未燃法的3～4倍；另一方面，随着冶炼过程的变化，转炉烟气量也在不断变化，吹炼初期碳的氧化速度慢，烟气量较少，随着吹炼的继续进行，到中期碳的氧化速度增大，产生的烟气量增多，吹炼后期，碳的氧化速度减慢，烟气量减少。在吹炼中期脱碳速度达最大值时，烟气量也达最大值。

（4）转炉烟气的发热量

在未燃法中烟气含 CO 60% ~80%时，其发热量波动在 7 750 ~10 500 kJ/m^3，燃烧法的烟气只含有物理热。

2．转炉烟尘的性质

烟尘是指氧气转炉冶炼过程中，在氧流作用和高温下有一定数量的铁及其氧化物被蒸发而被炉气带出。此外，还有一些被炉气夹带出的散状料粉尘和随喷溅带出的细小渣粒等。

（1）烟尘的成分

未燃法烟尘主要成分为 FeO，含量在 60% 以上，颜色呈黑色；燃烧法烟尘的主要成分为 Fe_2O_3，含量在 90% 以上，其颜色为红棕色。FeO 颗粒容易聚集，粒径大；Fe_2O_3颗粒不可聚集，粒径小，所以未燃法除尘效果好。未燃法和燃烧法烟尘的成分比较见表 6—5。

表 6—5　　未燃法和燃烧法烟尘的成分比较

烟尘成分/%	金属铁	FeO	Fe_2O_3	SiO_2	MnO	P_2O_5	CaO	MgO	C
未燃法	0.58	67.16	16.20	3.64	0.74	0.57	9.04	0.39	1.68
燃烧法	0.4	2.3	92.00	0.8	1.60	—	1.6	1.6	—

由表 6—5 可见，转炉的烟尘是含铁量很高的精矿粉，可制成烧结矿、球团矿供高炉作为原料，也可作为转炉的冷却剂，应该回收利用。

（2）烟尘的数量

氧气转炉的含尘量一般以每标准立方米烟气中含尘的质量表示，单位为 g/m^3或 mg/m^3。氧气转炉的烟气含尘浓度在 80 ~150 g/m^3，相当于转炉金属装入量的 1% ~2%。对于一个年产 100 万吨钢的炼钢车间，一年内由炉口带出的尘粒达 1 ~2 万吨之多，可以回收金属铁近万吨。

四、转炉烟气净化与回收系统

1．转炉烟气的净化操作工艺

在操作工艺上可将转炉烟气的净化方法分为全湿法、干湿结合法和全干法三种。

（1）全湿法

烟气进入一级净化设备立即与水相遇，称为全湿法除尘系统。整个除尘系统中都是采用喷水的方式来达到烟气降温和除尘的目的，其除尘效率与文氏管、洗涤塔的用水量有关。这种系统耗水量大，需要有处理大量泥浆的设备。

全湿法除尘系统分为两塔一文式、两文一塔式和复喷管式。

转炉烟气的净化装置，国内外多采用湿法净化。图 6—31 所示为某厂转炉烟气湿式净化回收系统流程图。我国上海宝钢引进的日本的 OG 装置，是目前世界上较先进的湿法除尘系统，是未燃法的一种。OG 装置的烟尘排放浓度可达 50 ~100 mg/m^3，生产每吨钢可回收煤气 100 ~123 m^3（CO 含量为 60% ~70%）。

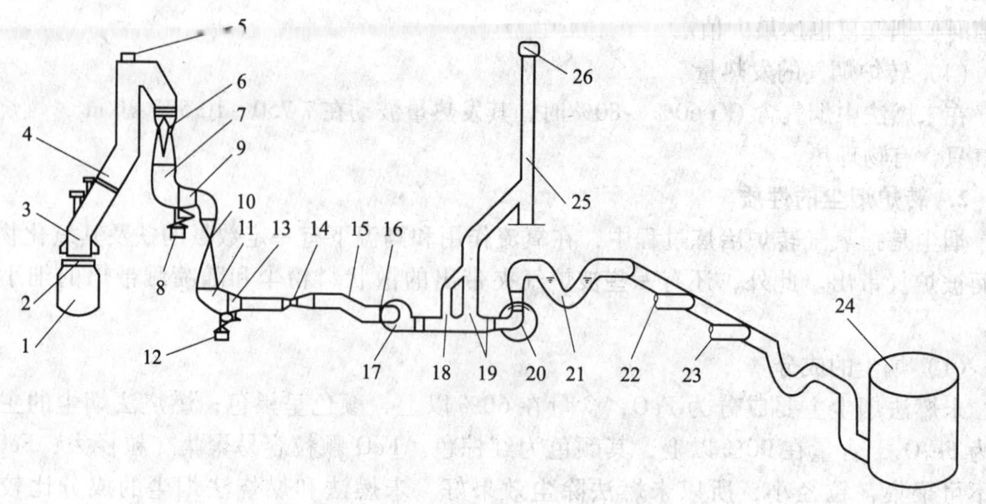

图 6—31　某厂转炉烟气湿式净化回收系统流程图

1—转炉　2—活动裙罩　3—固定裙罩　4—汽化冷却烟道　5—上部安全阀　6—第一级手动可调文氏管　7—第一级弯管脱水器　8，12—排水水封槽　9—水雾分离器　10—第二级 R-D 文氏管　11—第二级弯管脱水器　13—挡水板水雾分离器　14—文氏管流量计　15—下部安全阀　16—风机多叶启动阀　17—引风机及液力耦合器　18—旁通阀　19—三通切换阀　20—水封逆止阀　21—V 形逆止阀　22—2 号系统　23—3 号系统　24—煤气柜　25—放散塔　26—点火装置

（2）干湿结合法

烟气进入次级净化设备后才与水相遇，叫做干湿结合法除尘系统。

此除尘系统主要由平面旋风除尘器、文氏管、脱水器等主要设备组成，进入烟罩内的高温烟气经汽化冷却烟道冷却，然后进入平旋器除尘，可以除去 50% ~70% 的粗尘（干尘），余下的细小烟尘采用溢流文氏管进行净化。因此，需要处理的污水量甚小，污水处理简单，系统阻损小，除尘效果基本上可满足小型转炉的要求。

（3）全干法

净化过程烟气完全不与水相遇，称为全干法除尘系统。

全干法除尘所得的烟尘是干的，不需要处理污水。布袋除尘属于全干法除尘。全干法除尘的突出优点是避免了污水、污泥的处理，压力损失小，占地面积小，运转费用低，且回收的煤气含尘浓度低。但在管理上要求很严格。

2. 转炉烟气净化设备

烟气净化系统概括为烟气的收集与输导、降温与净化、抽引与放散三部分。主要设备如下：

（1）烟罩与烟道

1）烟罩。在未燃法中，烟罩由活动烟罩、固定烟罩两部分组成，两者之间用水封连接。活动烟罩的主要作用是使烟气顺利进入烟罩。既不使烟气外逸，又不会吸入大量空气，以保证煤气的质量。活动烟罩采用密闭热水循环系统对烟气进行冷却，在燃烧法中一般只设固定烟罩，不设活动烟罩。

2）烟道。烟道的作用是引导烟气进入除尘器并进行冷却，产生蒸汽并加以回收利用。

进入烟道的烟气必须进行冷却，以保护设备和提高净化回收率。

烟道的冷却形式有三种：水冷烟道、废热锅炉和汽化冷却烟道。

水冷烟道因耗水量大，余热未被利用，容易漏水且使用寿命短，目前很少采用。废热锅炉适用于燃烧法，可充分利用煤气的物理热和化学热产生蒸汽。但结构比较复杂，体积庞大，自动化水平要求高，不能回收煤气。

汽化冷却烟道是由无缝钢管排列围成的筒状烟道，管与管之间用肋板焊接而成，两端分别有进水及出水围管。转炉烟气通过烟罩进入烟道内，与烟道进行热交换，使烟气温度降低至 1 000℃左右。烟道壁内的水加热至 100℃以上产生蒸汽和水的混合物，经出口集箱引入汽包，进行汽水分离，蒸汽引出后可供生产和生活使用，留下的水和补充的新水循环使用。出烟道的烟气温度在 900 ~ 1 000℃，回收热量较少。但烟道结构简单，适用于未燃法煤气回收操作，目前国内新设计的转炉均采用汽化冷却烟道。

（2）文氏管

文氏管是一种湿法净化设备，主要起烟气冷却与净化作用。文氏管本体是由收缩段、喉口段、扩张段三部分组成。

文氏管工作原理如下：烟气进入文氏管通过收缩段达到喉口时被加速，高速烟气冲击由喷嘴喷入的水幕，使水二次雾化成小于烟尘粒径 100 倍的水滴。喷水量为 1.0 ~ 1.5 kg/m^{3}的时候，气流速度越大，喷入的水滴越细，在喉口分布越均匀，二次雾化效果越好。细小的水滴在高速气流中迅速吸收烟气的热量而蒸发，很快使烟气从 1 000℃冷却至 70 ~ 80℃。同时，被水滴捕集和润湿的烟尘互相碰撞而凝聚成较大的颗粒。经过与文氏管串联的气水分离装置，使含尘水滴与气体分离，烟气即得到净化。

在烟气净化系统中，常用的文氏管有以下几种：

1）溢流文氏管。其结构如图 6—32 所示。

它是一个定径文氏管，由溢流槽、收缩段、喉口段和扩张段组成。

溢流槽中连续充满低压水，保持槽内的水不断沿收缩段的内壁流动，形成一个水幕，隔离高温烟气对管壁的冲刷，并防止烟尘在管道中集垢而造成堵塞。

收缩段的角度为 20° ~ 25°，烟气经收缩段加速到喉口时速度可达 50 ~ 60 m/s，烟气与喉口雾化水混合，降温净化，喉口要求具有一定的长度。

扩张段的作用是使加速后的烟气减速，以利于烟气与污水分离。扩张段的角度为 60° ~ 80°。当烟气经过扩张段之后，速度为 10 ~ 15 m/s，以保证烟气顺利进入脱水器中。

在双文氏管串联的湿法净化系统中，溢流文氏管主要起降温与除尘作用。烟气出口温度为 70 ~ 80℃，除尘效果达 90% 以上。

2）可调文氏管。即在喉口部位装有调节机构的文氏管，主要用于粗除尘。

在炼钢过程中烟气量变化很大，为了保持喉口速度不变，以稳定除尘效率，通常采用可调喉口文氏管，它随烟气量的大小相应地增大或减小喉口面积，从而保持喉口速

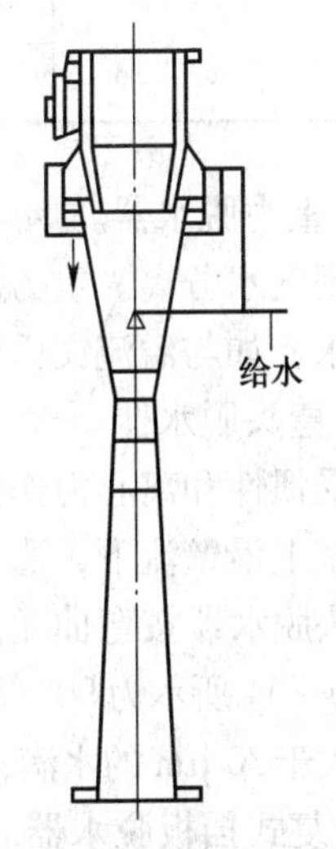

图 6—32　溢流文氏管结构

度一定，其结构如图6—33所示。

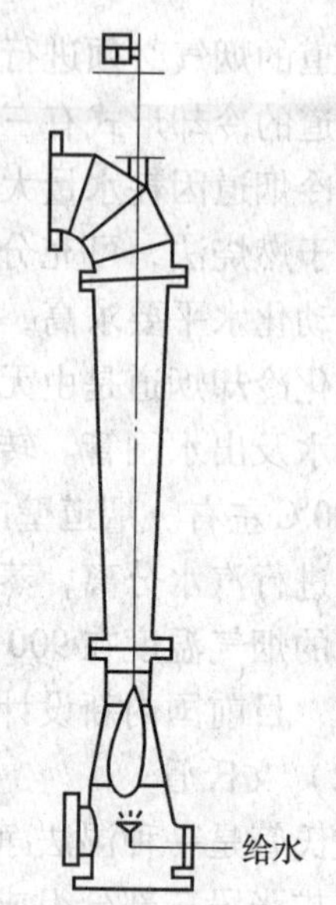

图6—33　可调文氏管结构

由图6—33可见，在喉口有一圆锥体的重铊，在烟气量变化时，可以通过电动执行器自动升降重铊，改变喉口的大小。除尘效率可达98%以上。可调喉口文氏管是未燃法除尘系统中的关键设备，它直接影响着除尘效果和回收煤气的效果。

3）多喉文氏管。在一个文氏管箱内，并列着许多文氏管，不装其他设备。其高度是单个文氏管的1/3或1/4。缺点是喉口不可调节，除尘效率往往达不到要求。此外，文氏管也容易积泥堵塞。

（3）脱水器

脱水器是湿法烟气净化系统中很重要的设备之一。烟气经过文氏管等净化过程中，产生了大量带烟尘的水，必须装有气水分离装置，即脱水器。净化系统的脱水过程也是排污过程、净化过程，脱水器的脱水效率取决于脱水器的结构。常用的脱水器形式见表6—6。

表6—6　常用的脱水器形式

脱水器的形式	脱水器名称	脱水效率/%	适用范围
重力式	灰泥捕集器	80～90	粗脱
撞击式	重力挡板脱水器	85～90	粗脱
	丝网除雾器	99	精脱
离心式	平旋脱水器	95	精脱
	弯头脱水器	90～95	粗脱
	叶轮旋转脱水器	95	精脱
	复式挡板脱水器	95	精脱

1）重力脱水器。烟气进入脱水器后，因流速下降，流向改变，含尘水滴在自身重力作用下实现气水分离。重力脱水器对细水滴的脱除效率不高，但结构简单，不易堵塞，一般用于粗脱水，如与溢流文氏管相连进行脱水。

2）弯头脱水器。含尘水滴的气流在进入脱水器后，因受惯性和离心力作用，水滴被甩至脱水器的叶片及器壁上沿壁流下，通过排污水槽排走。

弯头脱水器按弯曲角度不同可分为90°和180°两种。图6—34所示为90°弯头脱水器。弯头脱水器能分离粒径大于30 μm的水滴，脱水效率可达95%～98%。

3）复式挡板脱水器。它又称复挡脱水器，也是利用离心力原理进一步脱除烟气中的水分。在圆形的

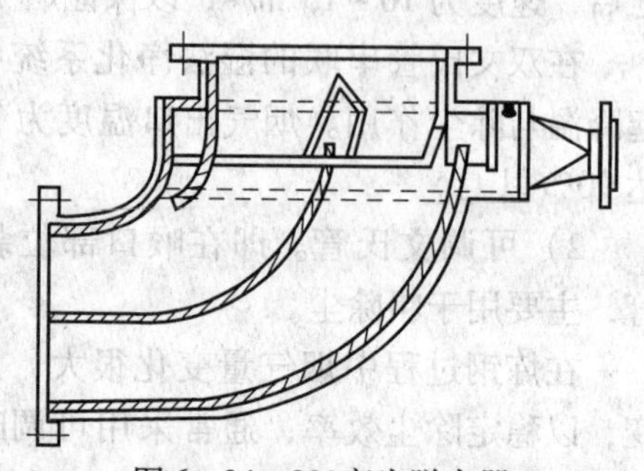
图6—34　90°弯头脱水器

器壳内装有若干同心圆挡板。当烟气进入后沿隔板旋转流动，烟气中的水分附着在隔板上，并沿隔板流下，隔板层数越多，则脱水效果越好。但当层数过多时，隔板的间距小，易于堵塞。

（4）静电除尘器

静电除尘器是一种干法烟气净化设备，在国外的烟气净化和车间通风除尘中应用比较普遍。适用于燃烧法，除尘效率可达99.9%，而且稳定，不受烟气量波动的影响。

（5）除尘风机

含尘的高温炉气经冷却降温、净化后，由抽风机排至烟囱放散或输送到煤气回收系统中备用。目前，国内转炉烟气净化系统主要采用三种类型风机：高压D型煤气鼓风机、8—18型风机和锅炉引风机。

3. 回收系统设备

（1）煤气柜

煤气柜是转炉回收系统中的主要设备。由于煤气回收是间断的，且每炉产生的煤气成分又不一致，为连续供给用户成分、压力和质量均稳定的煤气，必须设置煤气柜来储存煤气。

为保证煤气柜运转安全，应规定其最大的储气量，并需安装煤气自动放散装置来保证安全。在煤气回收过程中，系统中易形成爆炸性气体，为了保证设备的安全和回收煤气的质量，在回收中要有防爆安全措施，整个系统要求严密，回收时炉口必须为正压，并规定当煤气中O_2含量大于2%时停止回收。烟罩采用水封设施，氧枪孔、料仓采用充氮密封保持正压，防止因混入空气（O_2）而形成爆炸性气体。

在控制入柜煤气含氧量和杜绝火种的同时，为防止用户使用不当而引起煤气回火爆炸，在煤气加压机和煤气用户之间需加一个回火防止器，以保证煤气柜的安全。

（2）转炉烟尘及污水处理

对烟尘处理随净化回收方法的不同而不同。一种是干式净化设备排出的干灰处理，有机械运输和风力运输两种处理方法。另一种是湿法净化设备排出的含尘泥污水处理。近年来，国外大型转炉车间对转炉污水处理只要求在沉淀池中沉淀和真空过滤处理，所得产品为泥浆，即送往烧结厂进行球团烧结处理，成本低，还免除了炼钢车间由于干燥成型而带来的许多问题。

4. 烟气净化回收系统简介

目前，国内外的转炉烟气净化回收系统形式很多。这里介绍转炉采用的未燃法烟气净化系统，简称OG法，如图6—35所示。

OG法烟气净化回收装置主要由烟气冷却系统、烟气净化回收系统以及其他附属设备组成。

烟气冷却系统包括：活动烟罩、固定烟罩和汽化冷却烟道。

活动烟罩由液压装置操作升降，在吹炼过程中，当需要回收煤气时，就将活动烟罩降下，罩住炉口，1 450℃左右的高温烟气经过活动烟罩、固定烟罩后，温度降至1 200℃左右，再继续通过汽化冷却烟道，使烟气温度降至1 000℃以下，然后进入烟气净化系统。

烟气净化系统包括：两级文氏管洗涤器及其附属90°弯头脱水器和挡水板水雾分离器等。

第一级文氏管采用“手动可调喉口”形式，双文氏管并联安装。烟气由1 000℃降至75℃，并进行粗除尘。第二级文氏管采用“R－D”形式，也是双文氏管并联，进行精除尘，烟气温度降为67℃。

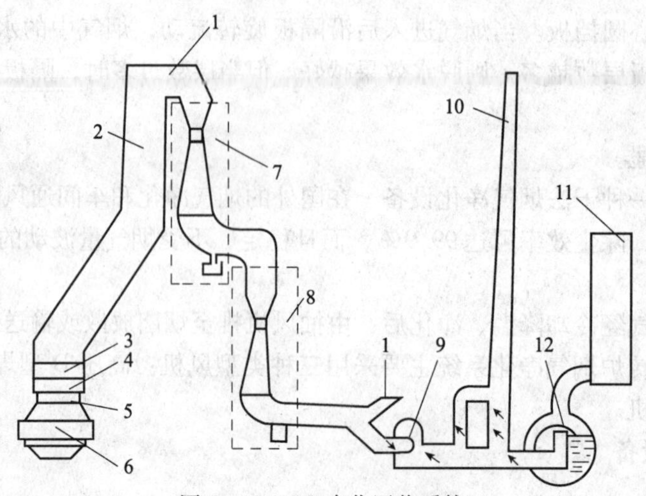

图 6—35　OG 净化回收系统

1—安全阀　2—辐射部　3—上烟罩　4—下烟罩　5—活动烟罩　6—转炉　7—一次除尘器　8—二次除尘器　9—抽风机　10—烟囱　11—储气罐　12—水封阀

烟气经文氏管降温除尘后，通过 90°弯头脱水器进行脱水，在第二个弯头脱水器后还设置挡水板水雾分离器，进一步分离烟气中的剩余水分，然后通过文氏管流量计由抽风机排出。根据时间顺序控制装置由三通阀进行切换，分别进行回收或放散。通常在吹炼初期和末期烟气中 CO 浓度不高，燃烧后向大气放散。

回收煤气时，煤气经水封逆止阀、V 形水封阀送入煤气柜。放散时，水封逆止阀切断，以防止煤气柜中的煤气回流，烟气由放散烟囱燃烧放散。

■ 思考题

1. 炉气的主要成分是什么？
2. 未燃法烟尘的主要成分是什么？
3. 转炉烟气的净化方法有哪几种？各有什么特点？
4. 脱水器的作用是什么？

第七节　转炉煤气、烟尘的综合利用

一、转炉煤气的回收利用

转炉煤气具有以下用途：

1. 用做燃料

转炉煤气是一种很好的燃料，含氢量少，燃烧时不产生水气，而且煤气中不含硫。安装转炉煤气回收装置，可大力开发转炉煤气在钢包及铁合金的烘烤、轧钢加热炉、发电等领域中的应用。

2. 用做化工原料

转炉煤气含有 CO 的量很高（依据煤气收集方式的不同达 60% ~90%），从理论上来说是一种很好的化工资源。

（1）制甲酸钠。甲酸钠是染料工业中生产保险粉的一种重要原料。用转炉煤气合成甲酸钠，要求煤气中的 CO 含量至少为60%左右，氮含量小于20%。

（2）制取合成氨、尿素、甲醇等产品。合成氨是中国农村普遍应用的一种化肥。

二、回收蒸汽

转炉炉气温度约为 1 450 ~ 1 600℃。在出炉口与空气混合燃烧以后温度可达 1 800 ~ 2 400℃（随空气燃烧系数而变化），这部分烟气的物理热可以通过采用汽化冷却烟道或余热锅炉以蒸汽形式回收，同时使烟气得到冷却，便于除尘。蒸汽既可用于生产又可用于生活，如用于 VD 法和 RH 法抽真空的蒸汽喷射泵。

三、回收烟尘

转炉烟尘的主要成分是 FeO 和 Fe_2O_3。未燃法 $w_{FeO}=67.16\%$、$w_{Fe_2O_3}=16.2\%$；燃烧法 $w_{FeO}=2.3\%$、$w_{Fe_2O_3}=92.0\%$。在湿法净化系统中所得到的烟尘是泥浆，泥浆脱水后，可以成为烧结矿和球团矿的原料，烧结矿为高炉的原料，球团矿可作为转炉的冷却剂，也可以与石灰制成合成渣，用于转炉造渣，能提高金属收得率。

四、钢渣的综合利用

钢渣是冶金工业生产中的第二大废渣，一般每炼 1 t 钢产生 200 ~ 300 kg 的钢渣。

钢渣中含有游离氧化钙，渣场在大气环境中经雨水长期冲刷，氧化钙溶解于水中，造成附近土壤碱化，附近水池或河水 pH 值升高，对整个生态环境污染严重。

钢渣的化学成分见表 6—7。钢渣中含有丰富的资源，炽热的钢渣还含有丰富的热能，温度为 1 600℃的钢渣含热量达 2 000 kJ/kg；钢渣中废钢含量为 10%，所含的 FeO、CaO、SiO_2 等化合物可作为生产砖、砌块、水泥、肥料等的原料。

表 6—7　钢渣的化学成分

名称	SiO_2/%	Al_2O_3/%	CaO/%	MgO/%	MnO/%	FeO/%	S/%	P_2O_5/%	游离 CaO/%	碱度
转炉钢渣	15 ~ 25	3 ~ 7	46 ~ 60	5 ~ 20	0.8 ~ 4	12 ~ 25	<0.4	0 ~ 1	1.6 ~ 7	2.1 ~ 3.5
电炉前期渣	21.3	11.05	41.6	13.48	1.39	9.14	0.04	—	—	1.18
电炉后期渣	17.38	3.44	58.53	11.34	1.79	0.85	0.10	—		3.6

钢渣的综合利用如下：

1. 用于烧结

烧结料中配入 5% ~ 10% 的直径小于 8 mm 的钢渣代替熔剂使用，可利用渣中的钢粒及 FeO、CaO、MgO、MnO 等有益成分，显著改善烧结矿的宏观及微观结构，提高转鼓指数及结块率，使风化率降低，成品率增加。水淬钢渣松散，粒度均匀，料层透气性好，有利于烧结造球及提高烧结速度。高炉使用配入钢渣的烧结矿，有利于高炉运行，产量提高，焦比降低。

2. 用来作熔剂

钢渣可以作为熔剂使用。含磷低的钢渣可作为高炉、化铁炉熔剂，也可返回转炉利用。钢渣作高炉熔剂时，一般要求粒度在 8 ~ 30 mm 之间。钢渣返回高炉，既可节约熔剂（石灰石、白云石、萤石）消耗，又可以利用其中的钢粒和氧化铁成分，还可以改善高炉炉渣的流动性。用转炉钢渣代替化铁炉石灰石和部分萤石熔剂，效果也比较好。

3. 提取稀有元素

从钢渣中提取稀有元素，可发挥二次资源的利用价值。用化学浸取的方法，可以提取钢渣中的铌、钒等稀有金属。也可采用钒渣代替钒铁直接合金化冶炼含钒（0.07% ~0.6%）的低合金钢。

4. 用于水泥生产

在钢渣中有许多成分与水泥熟料十分接近，为发挥钢渣本身的活性，可充分利用钢渣的特性生产水泥。钢渣水泥的主要原材料是钢渣、高炉水渣、石膏和熟料。

钢渣水泥具有后期强度高、抗折性能好、耐磨、耐冻等多种优良性能，该水泥除适用于一般的工用与民用建筑外，还可用于地下工程、防水工程、大体积混凝土工程、道路工程等。但钢渣水泥存在着早期强度偏低、性能不稳定等弱点，因此在使用范围上受到一定限制。为了克服上述缺点，发挥钢渣水泥本身的优点，又研究、开发了钢渣水泥早凝早强技术、钢渣道路技术、节能型钢渣水泥技术等。

钢渣水泥在我国已形成一种新的水泥系列，包括钢渣矿渣水泥、钢渣浮石水泥、钢渣粉煤灰水泥等。

5. 钢渣制砖

钢渣砖是以粉状钢渣或水淬钢渣为主要原料，掺入部分高炉水渣（或粉煤灰）和激发剂（石灰、石膏粉），加水搅拌，经轮碾、压型、蒸养而制成的建筑用砖。钢渣砖可用于民用建筑中砌筑墙体、柱子构造等。

6. 道路建设

经过适当处理后的钢渣具有较好的稳定性，可用于道路的基层、垫层及面层。宝钢、包钢、武钢、太钢、鞍钢等企业已用钢渣铺筑了大量道路。

7. 作地基回填料

用钢渣作地基回填料，关键是要控制钢渣的膨胀性能。钢渣的膨胀性能是长期的并有一定的规律，主要与钢渣的物化性能有关。有试验研究发现，新转炉渣和新平炉渣（堆放期未超过一年）不适宜作地基回填材料，堆放一年以上的钢渣基本已完成膨胀过程，在采用一定措施后（如粒径在 200 mm 以下，掺入粉煤灰等）可以作回填材料。一般回填 8 个月后，已基本稳定。在施工现场，一般在回填工程中地基下沉量是很大的，钢渣回填后的膨胀值有时会大于地基的下沉值，这样，钢渣作为地基回填材料，反而能够减少地基的下沉，这对工程施工是有利的。

8. 热能回收

国内外钢渣处理技术中，钢渣的显热回收是科研单位和钢渣处理厂开发和引进的一个重点科研项目。余热回收的应用应从简单的供热开始，然后逐渐过渡到蒸汽联网和发电。

9. 作肥料使用

钢渣磷肥是采用中、高磷铁水炼钢时，在不加萤石造渣的情况下回收的初期含磷渣，将其直接破碎磨细而成。钢渣磷肥的密度为 3 000 ~3 330 kg/m^3，为黑褐色粉末，是一种碱性磷肥。

■ 思考题

1. 转炉煤气回收后有哪些用途?
2. 钢渣回收后有哪些用途?

第七章

铁水炉外处理

第一节 铁水预处理

铁水预处理是指铁水在兑入炼钢炉之前，为去除或提取某种成分而进行的处理过程。例如，对铁水的炉外脱S、脱P和脱Si，即三脱技术就属于铁水预处理的一种。铁水进行三脱可以改善炼钢主原料的状况，实现少渣或无渣操作，简化炼钢操作工艺，以经济有效地生产低P、S优质钢。

一、铁水炉外脱硫

以往的炉外脱硫，只是作为避免出号外铁的补救措施。由于它技术上可行，经济上合算，逐渐演变成为提高钢的性能和质量、提高经济效益的必要手段之一。现在炉外脱硫技术日趋成熟，已成为现代钢铁生产的重要环节之一。

铁水的炉外脱硫原理与炼钢炉内脱硫的原理基本一样。从热力学角度讲，脱硫过程是选择与硫结合力大于铁与硫结合力的元素或化合物，并使硫转化成微溶或不溶于铁液的硫化物。同时创造良好的动力学条件，加速脱硫反应的进行。

研究表明，铁水脱硫条件比钢水脱硫优越，脱硫效率也比钢水脱硫高4~6倍。主要原因如下：

（1）铁水中含有较多的C、Si、P等元素，提高了铁水中硫的活度系数；

（2）铁水中氧含量低，利于脱硫。

1. 脱硫剂的选择

选择脱硫剂主要从脱硫能力、成本、资源、环境保护、对耐火材料的侵蚀程度、形成硫化物的性状、对操作的影响以及安全等因素综合考虑而确定。目前使用的脱硫剂有以下几种：

（1）电石粉

其主要成分为CaC_2，是一种重要脱硫剂，其粒度在0.1~1 mm。电石粉加入铁水后与硫发生反应如下：

$$CaC_{2(固)} + [FeS] = CaS_{(固)} + [Fe] + 2[C]$$

电石粉有以下特点：

1）在高硫铁水中，CaC_2分解出的Ca离子与S的结合力强，因此有很强的脱硫能力，脱硫反应又是放热反应，可减少脱硫过程铁水的温降。

2）脱硫产物CaS的熔点很高，为2 400℃，在铁水液面形成疏松固体渣，不易回硫，易于扒渣，同时对混铁车或铁水包内衬侵蚀较轻。

3）脱硫过程有石墨碳析出，同时还有少量的 CO 和 C_2H_2 气体逸出，并带出电石粉，因而污染环境，必须安装除尘装置。

4）电石粉是工业产品，价格较贵。

5）CaC_2 吸收水分后会产生下列反应：

$$CaC_{2(固)} + 2H_2O = Ca(OH)_2 + C_2H_2\uparrow$$

$$CaC_{2(固)} + H_2O = CaO_{(固)} + C_2H_2\uparrow$$

生成的 C_2H_2 是可燃气体，易产生爆炸。所以要特别注意电石粉在运输和储存过程中的安全。

（2）石灰粉

其主要成分是 CaO。石灰粉加入铁水后产生如下反应：

$$4CaO_{(固)} + 2[FeS] + [Si] = 2(CaS) + 2[Fe] + (2CaO \cdot SiO_2)$$

$$2CaO_{(固)} + 2[FeS] + [Si] = 2(CaS) + 2[Fe] + (SiO_2)$$

石灰粉具有以下特点：

1）在脱硫的同时，铁水中的 Si 被氧化生成 $2CaO \cdot SiO_2$ 和 SiO_2，相应地消耗了有效 CaO，同时在石灰粉颗粒表面容易形成 $2CaO \cdot SiO_2$ 的致密层，阻碍了硫向石灰颗粒内部扩散，影响了石灰粉脱硫速度和脱硫效率，所以石灰粉的脱硫效率只是电石粉的 1/4 ~ 1/3。为此，可在石灰粉中配加适量的 CaF_2、Al 或 Na_2CO_3 等成分，破坏石灰粉颗粒表面的 $2CaO \cdot SiO_2$ 层，改善石灰粉的脱硫状况。例如，加 Al 后可使石灰粉颗粒表面形成低熔点钙的铝酸盐，提高脱硫效率约 20%；加入 Na_2CO_3 可以使 CaO 反应速度常数由 0.3 增长为 1.2；若加 CaF_2 成分，反应速度常数可提高至 2.5。

2）脱硫产物为固态，便于扒渣，对铁水包内衬耐火材料侵蚀较轻，但渣量较大。

3）石灰粉在罐体内的流动性较差，容易堵料，同时石灰极易吸水潮解。

4）石灰粉价格便宜。

（3）石灰石粉

其主要成分是 $CaCO_3$，属于石灰脱硫范畴。石灰石粉受热分解反应如下：

$$CaCO_{3(固)} = CaO_{(固)} + CO_2\uparrow$$

石灰石粉有以下特点：

1）石灰石粉分解排出的 CO_2 强烈地搅动了铁水，利于脱硫反应；同时 $CaCO_3$ 在铁水深处分解时能生成极细的石灰粉粒，具有很高的活度，可提高脱硫效率。所以有时称 $CaCO_3$ 为脱硫的促进剂。

2）石灰石粉分解出的 CO_2 与铁水中 Si 反应会放出热量，其热量与 $CaCO_3$ 分解吸收热量大体相抵。因而，使用石灰石粉脱硫，铁水不会过分降温，与使用石灰粉脱硫大致相当。

3）资源丰富，价格便宜。

（4）金属镁和镁基材料

镁为碱土金属，其熔点与沸点都较低，熔点为 651℃，沸点是 1 107℃，在铁水存在的温度下呈气态。

镁与硫的结合力很强。镁在铁水中的溶解度取决于铁水温度和镁的蒸气压，因此，镁的溶解度随压力的增加而增大，随铁水温度的升高而大幅度下降。在 1×10^5 Pa 气压的条件下，

1 200℃、1 300℃和1 400℃时，镁的溶解度分别为0.45%、0.22%和0.12%；在2×10^5 Pa气压下，相当于铁水液面以下2 m处的压强，镁的溶解度增大1倍，分别为0.90%、0.44%和0.24%。铁水只要熔入0.05%~0.06%的镁（相当0.5~0.6 kg/t），脱硫就足够了。可见，铁水熔解镁的能力比脱硫处理需要镁的数量要高得多。

现在市场上的镁基材料有镁焦、镁硅合金和钝化金属镁等。镁的脱硫反应如下：

$$Mg_{(固)} \rightarrow Mg_{(液)} \rightarrow Mg_{(气)} \rightarrow [Mg]$$

$$[Mg] + [FeS] = MgS_{(固)} + [Fe]$$

由于金属镁的沸点很低，所以在铁水温度下呈气态。减缓镁的蒸发速度有两种方式：一种是将镁渗入焦炭中，并将其放入用黏土石墨制作的钟罩形容器内，再使其浸入铁水之中，通过金属镁汽化，蒸发沸腾离开焦炭表面与铁水接触生成MgS，并上浮到铁水液面形成熔渣；另一种方式是将钝化后的金属镁或镁合金，通过载流气体喷入铁水。

金属镁和镁基材料有以下特点：

1）镁的脱硫能力很强，脱硫效率高。

2）产物为固态硫化镁，易于扒除，对耐火材料侵蚀较轻。

3）消耗量少，处理时间短。

4）可实现自动控制。

5）金属镁价格较贵。

（5）苏打粉

苏打粉的主要成分是Na_2CO_3，其受热分解后与铁水中的硫反应。

$$Na_2CO_{3(固)} = Na_2O_{(固)} + CO_2\uparrow$$

$$3Na_2O_{(固)} + 2[FeS] + [Si] = 2(Na_2S) + (Na_2O\cdot SiO_2) + 2[Fe]$$

$$Na_2O_{(固)} + [C] + [FeS] = (Na_2S) + [Fe] + CO\uparrow$$

很早以前，曾经用苏打粉作过脱硫剂，但由于价格贵，污染又严重，未能持续下来。

上述脱硫剂可以单独使用，也可以几种配合使用，但其脱硫效率有较大的差别。

如电石粉+石灰粉、电石粉+石灰粉+石灰石粉、金属镁+石灰粉、金属镁+电石粉的复合剂。再如，CaO脱硫剂是电石粉和氨基石灰的混合料，氨基石灰是$w_{CaCO_3}=85\%$和$w_C=15\%$的混合材料。因此，CaO中含有相当于$w_{CO_2}=15\%$和$w_C=5\%$的成分。

2. 脱硫方法

迄今为止脱硫的方法有20余种，目前使用最广泛的有搅拌法和喷吹法。

（1）机械搅拌法

该法是将搅拌器（也叫搅拌桨）沉入铁水内部旋转，在铁水中央部位形成锥形旋涡，使脱硫剂与铁水充分混合、作用。如KR法、DORA法、RS法和NP法等都是搅拌法。

KR法脱硫装置的示意图如图7—1所示。它是由搅拌器和脱硫剂输送装置等部分组成。搅拌器头部是一个“十”字形叶轮，内骨架为钢结构，外包砌耐火泥料。搅拌器以70~120 r/min的速度旋转搅动铁水，1~1.5 min以后，使铁水形成旋涡，加入脱硫剂，通过搅动，铁水与脱硫剂密切接触，充分混合作用。

若使用电石粉为脱硫剂，每吨铁水用量为2~3 kg；苏打粉则是6~8 kg/t。每次处理时间约10~15 min，脱硫效率为80%~90%，最大处理量为350 t，处理周期约为30~35 min。

若用电石粉作为脱硫剂，当铁水中 $w_S=0.030\%$ 时，每吨铁耗量为 2 kg，处理后铁水中 w_S 可降至 0.001% 的水平，其脱硫效率在 96% ~97%。铁水处理前后必须扒渣。我国武钢二炼钢厂从日本引进了 KR 设备，于 1979 年投入使用，经消化改造，现以石灰粉为主要脱硫剂，效果不错。

（2）喷吹法

以干燥的空气或惰性气体为载流，将脱硫剂与气体混合吹入铁水中，同时也搅动了铁水，可以在混铁车或铁水包内处理。图 7—2 所示为喷吹法脱硫装置示意图。喷吹枪有倒 T 形和倒 Y 形两种，倒 T 形喷枪的喷吹效果较好，其结构示意图如图 7—3 所示。

喷枪垂直插入铁水液中，由于铁水的搅动，脱硫效果好。喷枪插入深度和喷吹强度直接关系到脱硫效率。宝钢在 20 世纪 80 年代从日本引进的脱硫技术就是喷吹法，也称 DTS 法，脱硫剂是电石粉。前西德蒂森冶金公司开发的 ATH 法也属喷吹法。乌克兰则采用带混合室的喷枪喷吹脱硫剂。

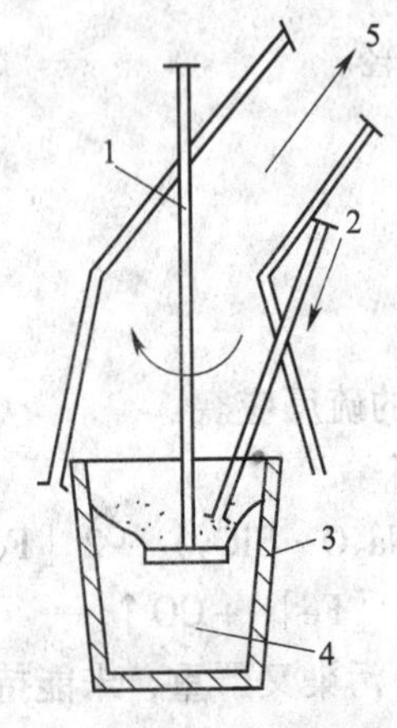

图 7—1　KR 法脱硫装置的示意图

1—搅拌器　2—脱硫剂输入　3—铁水包　4—铁水　5—排烟烟道

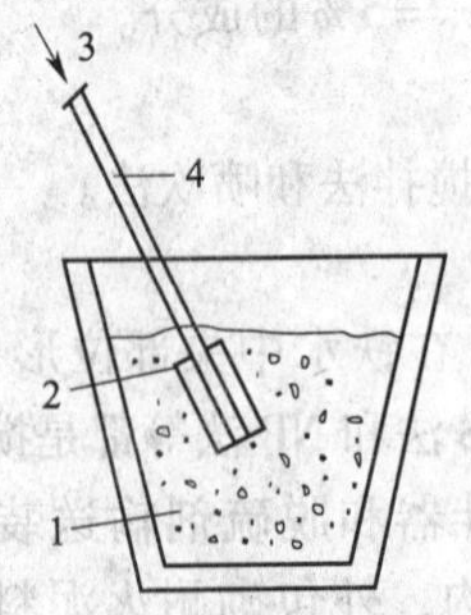

图 7—2　喷吹法脱硫装置示意图

1—铁水　2—铁水包　3—N_2 + 脱硫剂　4—喷枪

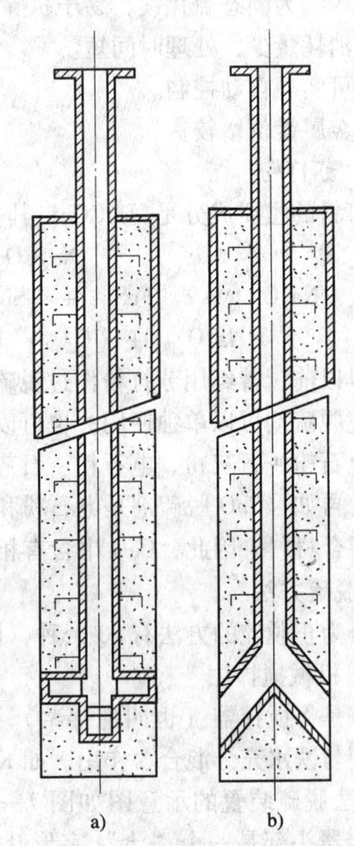

图 7—3　倒 T 形和倒 Y 形喷枪结构示意图

a）倒 T 形　b）倒 Y 形

用金属镁作脱硫剂，每吨铁耗量为 0.3 kg，铁水中 w_S 由 0.035% 降至 0.01%；当镁的消耗量为 0.4 kg/t 时，终点 w_S 可降到 0.005%，一般处理周期为 30 ~40 min。镁基材料脱硫技术在我国宝钢、鞍钢、本钢、唐钢已被采用。

二、铁水炉外脱硅

降低铁水硅含量可以减少转炉炼钢的炉渣量，实现少渣或无渣工艺，并为炉外脱磷创造条件。降低铁水硅含量可以通过发展高炉冶炼低硅铁水，或采用炉外铁水脱硅技术。炉外脱硅技术是将氧化剂加到流动的铁水中，硅氧化的产物形成熔渣。处理后铁水中的 w_{Si} 可达 0. 10% ~0. 15% 以下。

1. 脱硅剂

脱硅剂均为氧化剂。选择脱硅剂时，首先要考虑材料的氧化活性；其次是运输方便，价格便宜。目前使用的材料是以氧化铁皮和烧结矿粉为主的脱硅剂。其成分和粒度要求见表 7—1。

表 7—1　　脱硅剂成分和粒度要求

项目	化学成分 w/%					
	TFe	CaO	SiO_2	Al_2O_3	MgO	O_2
氧化铁皮	75. 86	0. 40	0. 53	0. 22	0. 14	24. 00
烧结矿	47. 50	13. 35	6. 83	3. 20	1. 34	20. 00

项目	粒度/mm			
	<0. 25	0. 25 ~0. 50	0. 50 ~1. 0	>1. 0
氧化铁皮	38%	52%	9%	1%
烧结矿	68%	17%	14%	1%

单纯使用氧化剂脱硅会发生以下现象：

（1）生成的熔渣黏，流动性不好；

（2）铁水中硅降低的同时产生脱碳反应，从而形成泡沫渣。泡沫渣严重时势必增加铁损，并影响铁水罐和混铁车装入量。为了改善熔渣流动性，在脱硅剂中配加适量的石灰和萤石，使碱度在 0. 9 ~1. 2，还能防止回硫，同时可以减少锰的损失。有的厂家还向罐中投加焦油无水炮泥，以抑制熔渣起泡。

各厂家使用的脱硅剂的配比也不完全一样，例如：

日本福山厂：　　氧化铁皮 70% ~100%
　　　　　　　　石灰 0% ~20%
　　　　　　　　萤石 0% ~10%

日本水岛厂：　　烧结矿粉 75%
　　　　　　　　石灰 25%

2. 脱硅剂的加入方法

（1）投入法

高炉出铁时，将脱硅剂投到铁水流的表面，借助铁水从主铁沟和摆动槽落入混铁车或铁水罐内的冲击搅拌作用，使脱硅剂与铁水充分混合进行脱硅反应。这是最早的一种脱硅方法，脱硅效率较低，一般为 50% 左右。

（2）顶喷法

该法也称砸入法。用工作气压为 0. 2 ~0. 3 MPa 的空气或氮气作载流，在铁水液面以上一定高度通过喷枪喷送脱硅剂。目前工业上采用的方法有三种形式，如图7—4所示。

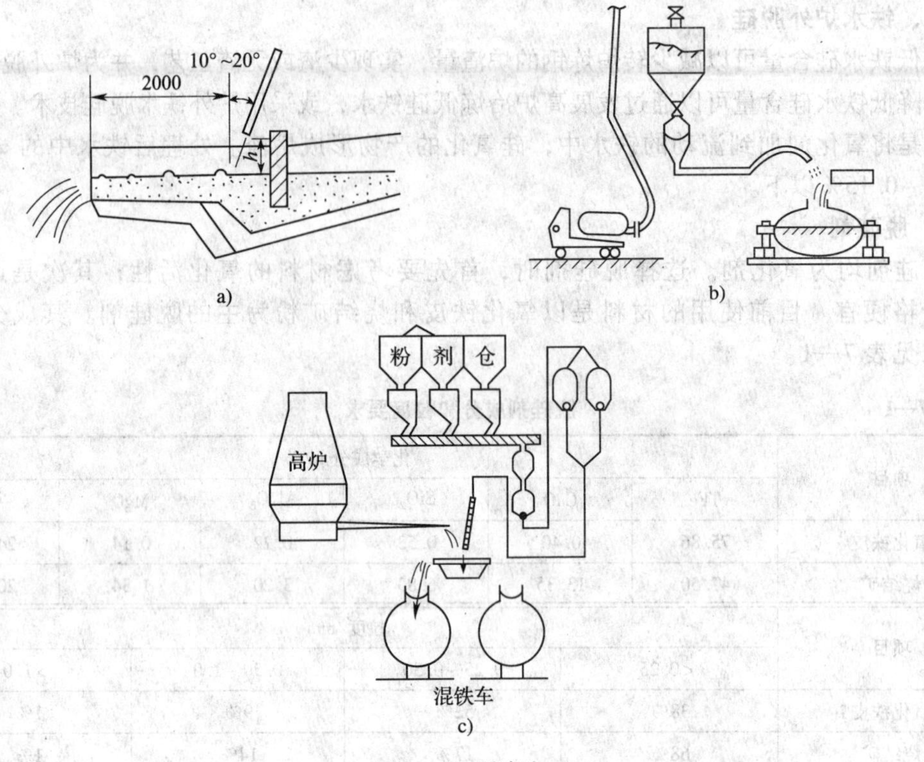

图 7—4 顶喷法

a）形式一 b）形式二 c）形式三

形式一：喷枪倾斜角为 10° ~20°，脱硅剂喷入一个设有挡墙的特殊出铁沟内，喷入铁水内部和浮在表面的粉剂随铁水流动落入混铁车或铁水罐内，靠落差冲击达到铁水与脱硅剂的混合。

形式二：将脱硅剂喷到流入混铁车或铁水罐的铁水流股内，靠铁水流的落差达到混合。

形式三：将脱硅剂喷至摆动槽的铁水落差区，然后经摆动槽落入混铁车或铁水罐中，这种方式铁水与脱硅剂经过两次混合，所以脱硅效果好，脱硅剂利用率高，脱硅效率可达 70% ~80%。最初是使用消耗性喷枪，烧损严重，约 300 mm/h，影响脱硅的稳定性，近些年来应用水冷却特殊结构的喷枪。

三、铁水炉外脱磷

知识链接

铁水炉外预脱磷已经发展成为改善和稳定转炉冶炼工艺操作，降低消耗和成本的重要技术手段。尤其当前热补偿技术的开发成功，能够解决脱磷过程铁水的降温问题，所以采用铁水预脱磷的厂家越来越多，铁水预脱磷的比例也越来越大。

铁水预脱磷与炉内脱磷的原理相同。即在低温、高氧化性、高碱度熔渣条件下脱磷。与钢水相比，铁水预脱磷具有低温、经济合理的优势。今后有可能达到 100% 铁水经过预处理，而转炉 100% 使用预处理的铁水炼钢。这样可以明显地减轻转炉精炼的负担，提高冶炼速度，100%达到成分控制的命中率，扩大钢的品种，大幅度提高钢质量。

1. 脱磷剂

目前广泛使用的脱磷材料有苏打系和石灰系脱磷剂。

（1）苏打系脱磷剂

苏打粉的主要成分为 Na_2CO_3，是最早用于脱磷的材料。

其脱磷反应式为：

$$5Na_2CO_{3(固)} + 4[P] = 2(P_2O_5) + 5[C] + 5(Na_2O)$$

用苏打粉脱磷的碱度 $w_{Na_2CO_3}/w_{SiO_2} > 3$ 时，$w_{P_2O_5}/w_{[P]}$ 指数能达到1 000以上，效率较高。但是在脱磷过程中苏打粉大量挥发，钠的损失严重，其反应式为：

$$Na_2CO_{3(固)} + 2[C] = 2Na_{(气)} + 3CO\uparrow$$

或

$$Na_2O_{(固)} + [C] = 2Na_{(气)} + CO\uparrow$$

苏打粉脱磷的特点有：

1）苏打粉脱磷的同时还可以脱硫；

2）铁水中锰几乎没有损失；

3）金属损失少；

4）可以回收铁水中 V、Ti 等贵重金属元素；

5）处理过程中苏打粉挥发，钠的损失严重，污染环境，产物对耐火材料有侵蚀；

6）处理过程铁水温度损失较大；

7）苏打粉价格较贵。

（2）石灰系脱磷剂

石灰系脱磷材料主要成分是 CaO，配入一定比例的氧化铁皮或烧结矿粉和适量的萤石。研究表明，这些材料的粒度较细，吹入铁水后，由于铁水内部氧位的差别，能够同时脱磷和脱硫。

使用石灰系脱磷剂不仅能达到脱磷效果，而且价格便宜，成本低。

无论是用苏打系还是石灰系材料脱磷，铁水中硅含量低对脱磷有利。为此在使用苏打系处理铁水脱磷时，要求铁水中 $w_{Si} < 0.10\%$；而使用石灰系脱磷剂时，铁水中 $w_{Si} < 0.15\%$ 为宜。

2. 脱磷方法

脱磷方法主要采用喷吹法，利用载流将脱磷剂吹入铁水内进行脱磷处理。可以在混铁车、铁水罐或专门用于脱磷的冶金炉中喷吹脱磷剂达到脱磷的目的。使用的喷吹枪与脱硫枪相近，可以用倒 T 形或“十”字形出口枪。枪体倾斜插入混铁车或铁水罐的铁水内。

在铁水罐内或在混铁车内脱磷处理，均受容器形状和空间的制约，因此开始在 H 炉内进行铁水预处理脱磷。H 炉与炼钢转炉相近，只是容积小些，炉容比 V/T 约为 0.52，喷枪从炉口伸入熔池喷吹脱磷剂，同时再插入另一支氧枪在距铁水液面 0.5 ~ 1.0 m 处吹氧；脱磷剂从铁水内上浮过程中发生脱磷反应。吹入的氧气，一方面可以使排出的 CO 燃烧补充热量，另一方面氧枪射流火点区可以增强脱磷反应。

采用 H 炉脱磷，反应容积大，并能充分发挥顶渣的作用，可以实现短时间内完成脱 S、脱 Si 和脱 P 的任务。图 7—5 所示为 H 炉脱磷处理物料平衡图。表 7—2 是使用石灰系脱磷、硫剂处理过程铁水成分变化的实例。

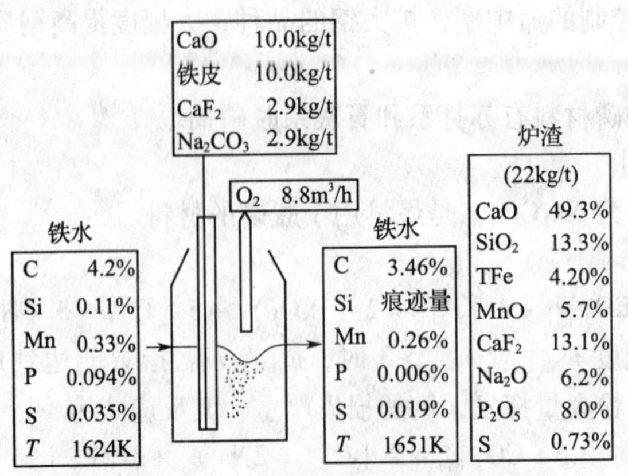

图 7—5 H 炉脱磷处理物料平衡图

表 7—2 处理过程铁水成分变化

时间	成分 w/%				
	C	Si	Mn	P	S
处理前	4.12	0.2	0.33	0.099	0.041
处理 4 min	3.90	0.12	0.33	0.083	0.036
处理 8 min	3.90	0.06	0.32	0.060	0.027
处理 12 min	3.80	0.03	0.30	0.040	0.018
处理 16 min	3.80	0.01	0.30	0.023	0.014
处理 20 min	3.58	0.01	0.28	0.015	0.012

注：脱磷、硫剂为石灰系材料，其中石灰占 83.4%、冰晶石占 16.6%。150 g 脱磷、硫剂与 150 g 氧化铁皮混合，分 5 批加入 5 kg 铁水中，处理 20 min。

思考题

1. 铁水炉外脱硫一般采用哪些脱硫剂？
2. 铁水炉外脱硫的方法有哪些？各有什么特点？
3. 铁水炉外脱硅的方法有哪些？
4. 铁水炉外脱磷一般采用哪些物质作为脱磷剂？

第二节 炉外精炼

一、炉外精炼的分类和方法

炉外精炼是把一般炼钢炉内要完成的精炼任务（如脱硫、脱磷，去除有害气体及非金属夹杂，调整成分和温度等）移到炉外的钢包或其他专用容器中进行的一种炉外处理技术。通过炉外处理能获得更为优质、高产、低耗和多品种的钢。

炉外精炼相当于把炼钢工艺分成了两步：在一般炼钢炉中进行熔化和粗炼；在钢包或专

用容器中进行精炼。

常压下，常用的精炼方法有钢包吹氩、调整合金成分等。

真空下，常用的精炼方法按其功能大致分为以下四种。

（1）真空脱气；

（2）真空精炼、电弧加热、电磁或氩气搅拌；

（3）真空吹氧脱碳、氩气精炼；

（4）喷粉冶金。

常见的炉外精炼方法包括钢包吹氩、钢液真空脱气处理、钢包喷粉冶金、LF 钢包精炼炉等。

二、钢包吹氩

钢包吹氩是一个简单的炉外处理方法，各厂普遍采用，它利用安装在盛钢桶底部的透气砖，将氩气吹入钢液，使其形成大量的气泡上浮，搅动钢液。由于氩气中氢和氮含量很低，对钢中溶解的气体来说，像一个个“小真空室”，氢、氮不断向其中扩散，并随气泡上浮逸出。同时上浮过程还能吸附、夹带走钢液中的非金属夹杂物。因此，钢液经吹氩搅拌后，不仅能降低气体含量和非金属夹杂含量，还能起到均匀钢液成分和温度的作用。

钢包吹氩处理方法的设备简单，投资少，操作方便，适应性也强，可在出钢结束后进行，也可在出钢开始时进行，还可在钢包移动过程中进行。

三、钢液真空脱气处理

钢液真空脱气处理是众多炉外精炼方法中的一种。目前，广泛使用的脱气方法主要有四种：液面脱气法、滴流脱气法、钢液提升脱气法（DH 法）、真空循环脱气法（RH 法）。这些脱气法中由于 RH 法和 DH 法能在短时间内处理大量钢液，因此，成为炉外处理中主要的脱气方法。

1. 钢液提升脱气法（DH 法）

钢液提升脱气法是原 D·H·H·U 联合公司发明创造的，故简称 DH 脱气法。

（1）DH 法的工作原理

DH 法的工作原理如图 7—6 所示。先将吸管插入钢液中，然后启动真空泵，将真空室抽成真空，与外界大气间形成压力差，促使钢液沿吸管上升进入真空室，当真空室内压力降为 26.7 ~ 66.7 Pa 时，吸上来的钢液高度可达 1.5 m 左右，此时真空吸取气体，使钢液纯洁。通过升降钢包，使被脱过气的钢液回到钢包里，同时又一批新的钢液进入真空室内。如此反复多次操作，直至脱气处理结束。

（2）DH 法的设备

DH 法的设备主要有真空脱气室、升降装置、加热装置、合金加料装置及真空排气装置等。

1）真空脱气室。真空脱气室有直桶形和梨形两种，如图 7—7 所示。直桶形仅适宜处理小容量的钢液。而梨形脱气室由于其熔池部分的尺寸比上部大，在石墨电极棒长度受到限制时，也能保证钢液有足够的脱气表面积和较浅的熔池深度。因此，能处理大容量的钢液，是广泛采用的一种装置。

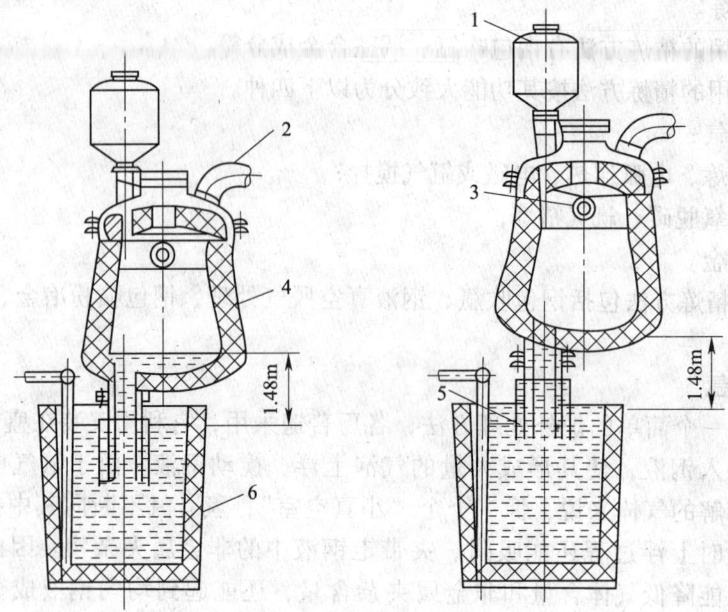

图 7—6　DH 法的工作原理

1—合金料罐　2—抽气管道　3—电阻加热棒　4—真空室　5—吸管　6—钢包

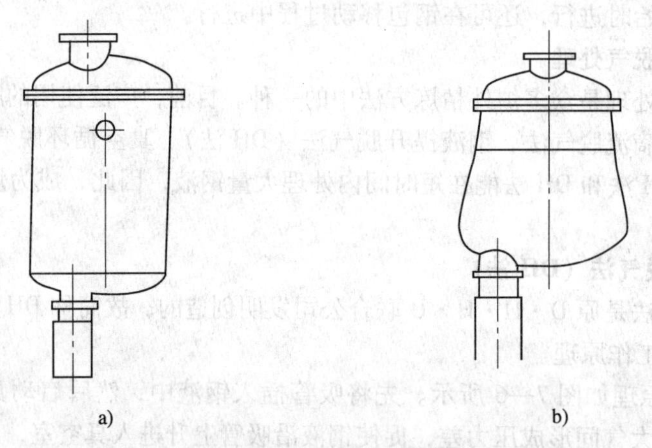

图 7—7　真空脱气室类型

a）直桶形　b）梨形

真空脱气室外壳用钢板焊接而成，内壁砌耐火砖衬。真空脱气室分上盖、室体和吸嘴三部分，各部分之间用水冷法兰连接。上盖上还设有抽气孔、合金加料孔、窥视孔等。室体上设有电极孔、热电偶孔和观察孔等。

2）升降装置。升降装置有两种形式：上动型（真空室升降运动）和下动型（钢包升降运动）。具体采用哪一种形式主要由处理容量、机电设备能力、车间条件等决定。一般中小型真空提升装置均采用下动型，而大容量装置则多采用上动型。两种形式大都采用液压驱动机构来实现升降。

3）加热装置。加热装置用以补偿温度损失。加热的方法有两种，一种是电加热，采用石墨电阻棒加热。另一种是燃料加热，利用煤气或重油加热。

燃料加热可利用废气，但易发生钢液氧化，脱气过程中不能进行加热。电加热在脱气进行中可加热，但电阻棒的更换较复杂。一般适合于中小型的处理设备。

生产中还有将上面二者结合起来使用的方法。即先用燃料把真空脱气室预热至1 200℃左右，再利用安装在脱气室上部的石墨电阻棒进行脱气过程中的加热。显然此法兼备了上面二者的优点。

4）合金加料装置。DH法的特点之一是在处理过程中可同时进行脱氧、合金化。合金加料装置一般采用自动称量设备。由控制室控制合金加入量，以达到准确控制钢液的目的。并采用电子秤或电磁振动给料器控制给料量。为实现连续加料，可将储料仓设在加料罐附近，通过转换阀将各种料加入合金料罐内，再由料罐通过料斗槽加入真空室内。

5）真空排气装置。真空脱气处理的抽真空系统（包括RH、DH法）主要采用蒸汽喷射泵。蒸汽喷射泵由喷嘴、混合室和扩压器三部分组成，如图7—8所示。

工作蒸汽通过拉瓦尔喷嘴的喉口达到音速，其后在渐扩部分进行绝热膨胀，压力能转为速度能，并以超音速射出，在混合室与被抽气体混合，两股气流进行能量交换，被抽气体速度增加，由工作气流携带着进入扩压器，在扩压器中气体与蒸汽边继续交换能量，边逐渐压缩，动能又转为压力能。到达扩压器的喉部时完成混合过程，达到同一速度（音速），再经过扩散段，速度降至亚音速，从而将被抽气体排出扩散泵。

为在短时间内达到低真空，提高工作效益，一般采用多极泵串接使用，使被抽气体压力逐级增加，直至排入大气中。

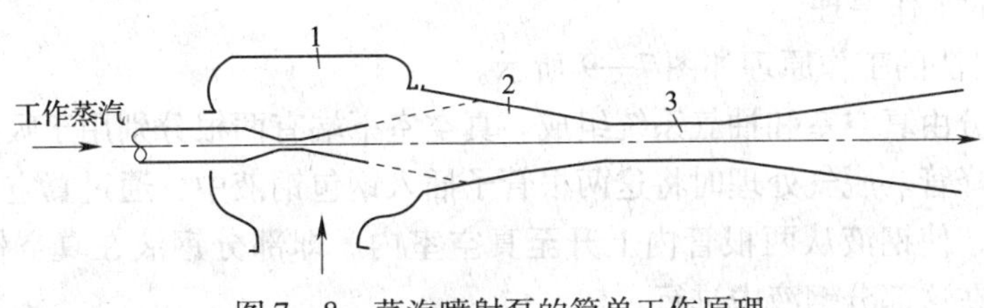

图7—8　蒸汽喷射泵的简单工作原理

1—喷嘴　2—混合室　3—扩压器

（3）脱气工艺操作

首先根据冶炼钢种、取样结果和出钢量确定需要配加的合金种类和数量。并将这些合金预先加入到料罐内。根据钢包尺寸及钢液量选定每次钢液的吸入量。再根据升降装置的能力等确定调整好升降速度及升降行程。

脱气室电加热功率调整至大功率范围。然后，将盛有钢液的钢包送至DH室下，测温、取样，吸管插入钢液，抽真空。同时，反复升降钢包或脱气室，使一批一批的钢液吸入真空室内，在低压作用下，开始脱气反应。处理后的钢液回流到钢包中进行剧烈的搅拌。

每次升降至极限位置时，均需停留几分钟，一方面使钢液接受一定时间的真空作用，提高脱气效果；另一方面使脱气后的钢液完全返回钢包，同时抽入未脱气的钢液。

处理过程中，根据需要添加合金及脱氧剂等。之后，为使成分均匀，可继续进行几次升降，直至脱气结束。最后，破真空，测温，取样，送至后道工序。

（4）脱气效果

DH法处理钢液可进行脱氧、脱碳、脱气，减少氧化物夹杂，调整均匀钢液成分等，使钢的质量显著提高。

1）脱氧。脱氧是通过加入脱氧剂使被处理钢液产生碳、氧反应来进行的。脱氧效果与处理前钢中的氧含量高低有关，处理前氧含量高，则处理后氧含量也高。在处理未脱氧的中、低碳钢时，一般用硅、铝等脱氧剂进行脱氧处理，脱氧后，钢的纯度较高。

2）脱碳。真空处理过程中能发生碳、氧反应，使钢中碳含量显著降低，可生产超低碳钢。若向真空室内吹入惰性气体或采用高速升降真空室等方法，可进一步加强真空脱碳。

3）脱气。DH 法的脱氢率可达 50% 以上。采用吹入惰性气体的方法则可进一步提高 10% 的脱氢率。基本消除了大断面钢件上的白点缺陷。但是，DH 法的去氮效果不明显。当钢液中氮含量高于 0.01% 时，经过处理后脱去的氮量可达 0.002% ~0.003%。

4）减少氧化物夹杂。由于抽真空，碳的脱氧能力提高，碳、氧反应生成的 CO 气体从钢中排出，降低了钢中的氧含量，使加脱氧剂后产生的脱氧产物量减少。同时，钢液的不断运动与搅拌更促进了夹杂物的上浮排出。

5）成分均匀，合金收得率提高。真空处理时钢液的剧烈搅拌，使钢液成分均匀充分。又由于真空条件下碳、氧反应激烈，脱氧剂的加入使钢中的残氧很低。因此，合金元素的收得率高而且稳定，通常可达 99% 以上。

2. 真空循环脱气法（RH 法）

真空循环脱气法又称 RH 真空脱气法，它是由原西德鲁尔钢铁公司（Ruhrstahl A. G）和黑罗伊斯公司（C. Heraeus）共同开发的真空脱气法。所以，取此二厂的第一个英文字母，简称为 RH 真空脱气法。

（1）RH 法的工作原理

RH 真空脱气法的工作原理如图 7—9 所示。

真空脱气部分由真空室和抽气系统组成。真空室下端有两根分别用于吸入钢液和排出钢液的上升管和下降管。脱气处理时将这两根管子插入钢包钢液中，通过真空室抽真空，与外界产生大气压差，使钢液从两根管内上升至真空室内。即部分钢液在真空作用下进入真空室，脱气反应就在这部分钢液中进行。

为了使全部钢液都能得到处理，在上升管的下部 1/3 处吹入驱动气体氩气，使上升管瞬间产生大量气泡，充满气泡的钢液不断被吸入真空室内分散开来，钢液中的气体夹杂会不断向氩气泡内扩散，在高温、低压作用下，氩气气泡体积迅速膨胀，膨胀的气泡使上升管侧的钢液密度变小，增加钢液的上升速度，从而产生上升管侧的钢液比下降管侧的钢液上涨得高的现象。上升的钢液经脱气后，由于自重流向下降管侧，再回到钢包内。如此循环，钢包内的钢液就可以得到充分地脱气。

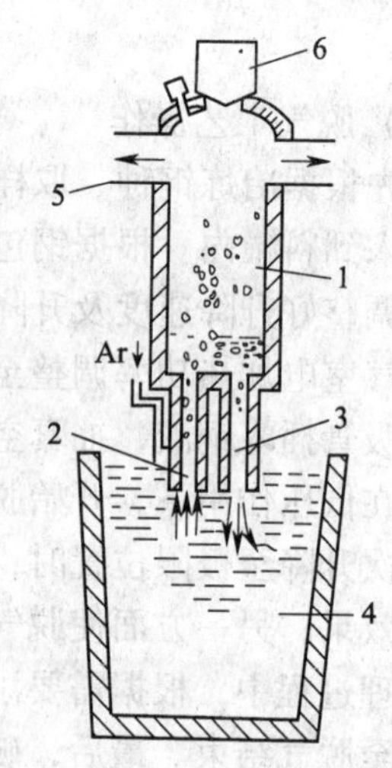

图 7—9　RH 真空脱气法的工作原理

1—真空槽　2—上升管　3—下降管　4—钢包　5—排气孔　6—合金添加孔

（2）RH 法的设备概况

RH 真空脱气装置的主体设备包括真空脱气室本体、钢包升降装置、加热装置、预热装置、真空抽气系统及除尘、仪表检测系统等。其中加料、预热及真空排气系统等均类似于 DH 法。

1）结构形式。RH 脱气装置的结构形式主要有三种：

①脱气室旋转升降式。即真空室悬吊在一固定旋转架的一端。通过旋转架的旋转与升降，带动脱气室沿一圆周旋转并任意升降。

②脱气室固定式。脱气室固定在钢结构上，通过液压传动机构将钢包提升至脱气位置进行处理，处理后钢包下降，通过钢包台车移出。

③脱气室上下运动式。脱气室由液压传动机构或卷扬机等支撑悬吊，当钢包移至脱气室下方时，下降脱气室进行处理，结束后，提高至待机位置。

三种方式中，脱气室固定式因为具有密封效果好、加料系统易于配置、脱气室容量可增大、维修方便、操作稳定等特点被广泛采用。

2）真空室。真空室有单真空室和双真空室之分。由于RH法吹入驱动气体，使钢液做环流运动，造成真空耐火材料损耗大增。为降低耐火材料修补或更换所需的时间，提高生成率，采用双真空室交替使用，可确保连续作业。

双真空室系统具有一个处理位置、两个待机位置，修理和预热等作业在待机位置上进行。在待机位置上的真空室事先经过预热处于热态，一旦需要马上可以开始作业。双真空室的交换方式分为水平移动式和旋转移动式两种。

真空室呈圆筒形结构，外壳由钢板焊成，内砌耐火材料。总体上分成顶盖、上部槽、下部槽及浸渍管四部分。各部分的连接采用水冷法兰结构。顶盖上部设有加料孔、旋转监视孔等。

上部槽设有电极加热的插入口、两个热电偶安装孔，还设有排气口，用以排除钢液脱气后的气体或加热时产生的废气。采用电极加热装置的目的是为了减少真空处理中钢液温度的下降和防止飞溅钢液滴黏附在室内耐火材料上。真空抽气系统由三级增压泵、三级蒸汽喷射泵及两级启动用蒸汽喷射泵组成。

下部槽设有浸渍管安装法兰和吹氧用的两个喷嘴安装口，还设有一个热电偶安装口，在下部槽下面安装着作为保护钢板防止钢液辐射热的不锈钢制的防热板。浸渍管一部分沉浸在钢液中，浸渍管内层砌耐火砖，外层用可塑性耐火材料覆盖；吹氩用的喷嘴共有6个，安装在上升管侧。

3）升降装置。图7—10所示是上海宝钢一炼钢的RH处理系统中的钢包升降装置。此RH设备中真空室与钢包之间的相对运动采用真空室固定钢包向上运动式。

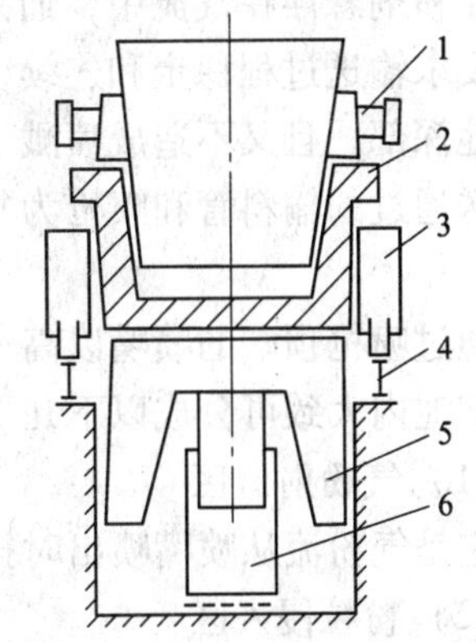

图7—10　钢包升降装置示意图

1—钢包　2—钢包支撑台　3—钢包台车　4—钢包台车轨道　5—升降框架　6—油缸

装载有钢包的钢包台车行至指定的处理位置后，由操作室控制液压设备，使底坑内的液压缸工作，升降框架上升，然后将钢包承受台顶起，使钢包上升，当上升管和下降管浸入钢包钢液内一定深度时，上升停止，进行脱气处理。脱气后，再次操作液压缸，钢包下降，恢复到原位后，由钢包台车送至浇注跨。

（3）脱气处理工艺流程

需要处理的钢液经转炉冶炼后倒入钢包内，用吊车吊到脱气台车上，运送到RH真空脱气装置下，然后通过液压缸顶起钢包，使脱气室下部循环用的浸渍管插入钢液中，同时脱气室内抽真空。处理时，使钢包内的全部钢液在脱气室内循环流动 3 ~4 次，然后根据需要添加各种合金，并再使钢液在脱气室内循环几分钟。处理结束后，放下钢包，台车开出，由吊车运往连铸车间。

四、钢包喷粉冶金

钢包喷粉冶金是将固体物料制成粉剂，利用气体作载体，连续地喷入熔池深部。钢包喷粉冶金的目的和其他炉外精炼方法相同，广义地说，它也是目前工业生产中经常使用的炉外精炼方法之一。

1. 钢包喷粉冶金的定义及优点

(1) 钢包喷粉冶金的定义

喷粉是利用压缩气体作载体，向金属熔池喷吹粉剂进行搅拌和精炼的一种冶金工艺。如果将粉剂直接喷射到钢液深部，避免粉剂与炉气或熔渣的接触，则称为钢包喷粉冶金。

钢包喷粉冶金常用的载体是氩气，此外也有用氮气和氧气的；粉剂有石灰、萤石、电石等造渣材料及各类合金元素。合金元素中应用最广的是硅钙粉，通常要求 $w_{Ca}>30\%$、$w_{Ca+Si}>90\%$、$w_C<0.5\%$、平均粒度为 0.1 mm。

(2) 钢包喷粉冶金的优点

1) 提高钢的质量。它能降低钢中氧和硫的含量，控制或改善钢中夹杂物的组成和形态。此外，由于气体的搅拌作用，也有利于夹杂物的聚集长大和上浮去除。

2) 提高收得率。合金粉剂被直接喷入熔池深部，避免了与空气和炉渣的接触，防止了它们的氧化，从而提高了合金元素的收得率。能更好地解决易氧化元素、微量合金元素及炼钢温度下的高蒸气压元素的加入问题，如 Al、Ti、B、Ca 等。

3) 提高生产率。由于钢包喷粉冶金改善了熔池中冶金反应的动力学条件，因此加快了反应速度，提高了熔炼炉的生产率。

4) 其他方面。它比其他炉外精炼方法更为方便可靠，而且具有设备简单、投资少、操作费用低、灵活性大、工作环境好等优点。

2. 喷粉的基本理论

喷粉的基本过程是：将粉料悬浮于气体中，通过输料管和喷枪，压缩输送气体将粉料直接喷射到熔池深部，使粉料与钢液之间强烈混合搅拌，从而达到精炼的目的。

使粉剂悬浮在气流中，通过管道进行输送的过程称为气力输送。该技术应用于喷粉冶金，要求输送过程稳定和连续，对粉剂的流量可以调节，并要求喷出速度足以保证粉剂能进入熔池深部，且又不造成喷溅。总之，要根据喷粉冶金的工艺要求来进行气力输送。由于气力输送通过的输料管和喷枪为封闭系统，因此，大大降低了车间的粉尘含量，使环境得到保护。

通过喷枪顶端的喷嘴以高速进入熔池的气粉混合物称为气粉射流。它与熔池相互作用，金属熔池内大致可分成以下几个区域：

(1) 气粉射流区

它是气粉流从喷嘴喷出时排开金属液而形成的，其中难免会卷入一些金属液滴。

(2) 粉粒侵入区

它在气粉射流区下部，由动能较大的粉粒侵入金属熔池深部而形成。

(3) 气—液卷流区

作为载体的气泡在上浮过程中带动钢液运动，发生强烈的搅拌作用。

（4）气泡逸出区

它是由上浮的气泡排开熔池表面的渣层而造成的，通常是在喷枪四周靠近熔池中央的部位。

（5）金属液水平流区

气—液流上升到钢渣界面，待气泡逸出后液体形成表面流，表面流呈放射状向四周散开，在这里发生熔渣—金属界面间剧烈的冶金反应。

（6）循环区

水平流在熔池壁面附近向下流动，在熔池下部又向中心流动，再次被气—液流抽引而发生循环运动。

五、LF 钢包精炼炉

LF 钢包精炼炉是以采用炉渣精炼为目的而发展起来的精炼方法。不仅能提高钢的质量，而且能降低金属材料的消耗。尤其是在与连铸机匹配方面，体现了充分的优越性。

LF 的特点是：将电炉的还原期移至专门的钢包内进行，使电炉只具有初炼炉的任务，所以它是一种炉渣精炼炉。其主要特征是：在有电极加热装置的钢包精炼炉内，一边搅拌钢液，一边在还原性气氛下精炼炉渣。

LF 钢包精炼过程的实质是：往钢液内吹入惰性气体 Ar，创造必要的化学动力学条件，从而达到使钢液脱硫、脱氧、去气、去夹杂的良好效果。其基本原理如图 7—11 所示。

LF 钢包精炼炉的精炼任务是：脱氧、脱硫、去除夹杂物、去除有害气体、金属氧化物还原、温度和成分的调整及均匀等。

LF 钢包精炼炉的优点是：设备简单、投资少、见效快；工艺组合性强、灵活性大；设备上技术难点少，可靠性强；钢液的成分、温度极其均匀，生产率提高，钢的品种扩大等。

1. LF 钢包精炼炉工艺设备简介

LF 钢包精炼炉主体设备包括：钢包、水冷炉盖、加热装置、铁合金称量及添加装置、底吹氩装置等。辅助设备包括喂丝机、事故顶枪、扒渣机、自动测温取样枪等。LF 钢包精炼炉设备结构简图如图 7—12 所示。

水冷炉盖的炉盖体及其提升机构皆由炉体支撑结构支撑。炉盖的内圈为耐火材料，外圈水冷，电极孔周围高温区铺有耐火材料和绝缘材料，其周边刚好与钢包口相吻合。炉盖的作用主要是：保温，提高热效率；保持钢包内还原性气氛；减少烟气外逸，降低噪声；防止钢液吸气等。

电极加热系统主要由电极提升立柱、电极横臂等组成。电极提升立柱由炉体支撑结构支撑。电极横臂主要包括箱形支撑梁、母线排和电极夹持器等；电极夹持器由其上钻有许多冷却水沟槽的铸造电解铜组成，电极的夹紧是用碟形弹簧来实现的，由液压缸驱动。电极加热系统的作用主要是加热升温、加热化渣、周转保温等。

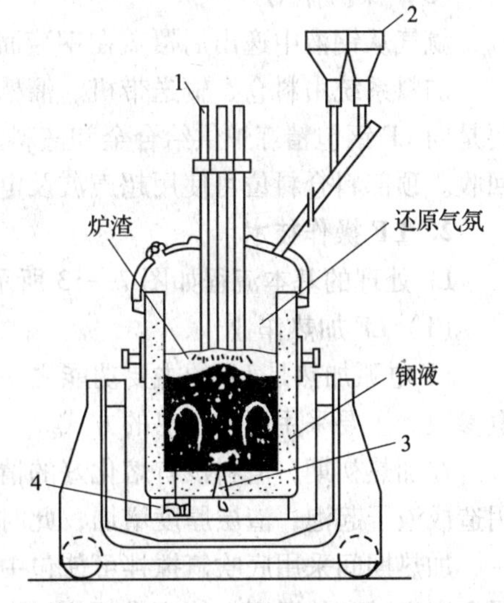

图 7—11　LF 钢包精炼炉的精炼原理

1—电极　2—合金料斗

3—透气砖　4—滑动水口

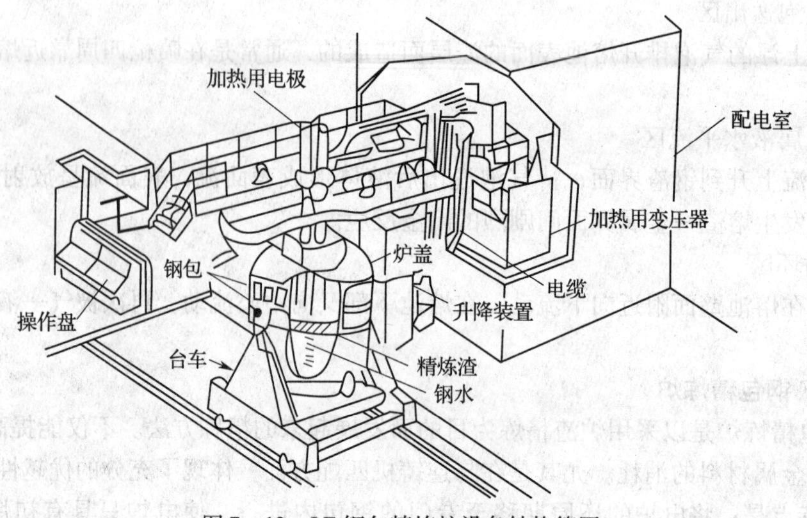

图 7—12　LF 钢包精炼炉设备结构简图

钢包系统的主体即是钢包，它是 LF 钢包精炼炉的炉体，它的包口外圈上装有放置水冷炉盖的法兰圈，用以加强密封；包底装有透气砖，可底吹气体进行搅拌；钢包具有一定的净空高度，以提高钢液的搅拌效率，扩大钢渣接触面。

底吹氩系统由管线及各类阀门组成，气体流量控制可通过计算机操作来实现。底吹氩系统的作用主要有以下三方面：

（1）搅拌作用

去夹杂，辅助脱［S］，均匀温度、成分。

（2）发泡、气洗作用

使钢中［H］、［N］含量降低，并进一步脱去钢中的［O］。

（3）保护作用

氩气从钢液中逸出后覆盖在钢液面上，可避免钢液的二次氧化。

加料系统由料仓、输送带机、溜槽、称量料斗、储料斗等设备组成。加料系统的作用主要是向 LF 钢包精炼炉供给合金和渣料。称量出错时，输送带机可逆向输送，经过排料溜槽回收。顶部料仓料位可使用超声波及电容双重检测，安全可靠。

2. LF 操作技术

LF 处理的基本流程如图 7—13 所示。

（1）LF 加热作业

LF 电弧加热是 LF 的主要功能之一，它采用三相交流电控制，操作时通过计算机设定供电参数。主要采用埋弧加热的方式。

在加热初期，渣料没有熔化好的情况下，采用低功率供电，渣子熔化后，底部供气的作用造成渣子起泡，渣层厚度增加，此时可采用高功率输入。

加热期间采用底吹氩搅拌可使包中钢液保持均匀，而不致局部升温；如果中断搅拌，渣层会产生过高的温度，使渣线部位耐火材料很快熔损，但是搅拌强度太大会引起电弧不稳定或闪烁。

（2）LF 底吹氩操作